国家精品课程、国家精品资源共享课程配套教材
国家在线精品课程配套教材
"十四五"高等职业教育新形态一体化系列教材

Linux 网络操作系统与实训
（第五版）

李谷伟　吴　敏　杨　云 ◆ 主编

中国铁道出版社有限公司
CHINA RAILWAY PUBLISHING HOUSE CO., LTD.

内 容 简 介

本书是国家精品课程、国家精品资源共享课程和国家在线精品课程配套教材。书中以目前被广泛应用的 Red Hat Enterprise Linux 8（兼容 CentOS 8）服务器发行版为例，采用教、学、做相结合的模式，以理论为基础，着眼企业应用，全面系统地介绍了 Linux 操作系统管理及服务器的配置。全书共五个学习情境，包括安装与配置 Linux 操作系统、Linux 常用命令、shell 与 vim 编辑器、管理用户和组、管理文件系统和磁盘、配置网络和使用 SSH 服务、配置与管理网络文件系统、配置与管理防火墙、配置与管理代理服务器、配置与管理 samba、DHCP、DNS、Apache、FTP、Postfix 邮件服务器，拓展与提高等内容。教材、知识点微课＋课堂慕课＋项目实训慕课、电子活页使"教、学、做、导、考"融为一体，实现理论与实践的完美统一。

本书是一本"纸质教材＋电子活页"的融媒体教材，可作为计算机应用技术、计算机网络技术、等计算机类相关专业的理论与实践一体化教材，也可作为 Linux 系统管理和其他网络管理人员的自学指导书。

图书在版编目（CIP）数据

Linux 网络操作系统与实训 / 李谷伟，吴敏，杨云主编 . —5 版 . — 北京：中国铁道出版社有限公司，2023.11
"十四五"高等职业教育新形态一体化系列教材
ISBN 978-7-113-30546-8

Ⅰ.①L… Ⅱ.①李… ②吴… ③杨… Ⅲ.① Linux 操作系统－高等职业教育－教材 Ⅳ.① TP316.85

中国国家版本馆 CIP 数据核字（2023）第 170486 号

书 名：	Linux 网络操作系统与实训
作 者：	李谷伟 吴 敏 杨 云

策 划：	王春霞	编辑部电话：	（010）63551006
责任编辑：	王春霞　王占清		
封面设计：	刘 颖		
责任校对：	苗 丹		
责任印制：	樊启鹏		

出版发行：中国铁道出版社有限公司（100054，北京市西城区右安门西街 8 号）
网　　址：http://www.tdpress.com/51eds/

印　　刷：天津嘉恒印务有限公司
版　　次：2008 年 8 月第 1 版　2023 年 11 月第 5 版　2023 年 11 月第 1 次印刷
开　　本：880 mm×1 230 mm 1/16　印张：17　字数：467 千
书　　号：ISBN 978-7-113-30546-8
定　　价：52.00 元

版权所有　侵权必究

凡购买铁道版图书，如有印制质量问题，请与本社教材图书营销部联系调换。电话：（010）63550836
打击盗版举报电话：（010）63549461

前　言

党的二十大报告对加快建设网络强国作出了重要战略部署，网络强国建设已成为社会主义现代化国家建设的重要内容。要做到网络强国，不但要在网络技术上领先和创新，而且要确保网络不受国内外敌对势力的攻击，保障重大应用系统正常运营。因此，网络技能型人才的培养显得尤为重要。

1. 编写背景

《Linux 网络操作系统与实训》（第四版）出版3年来，得到了众多院校师生的厚爱，已经重印多次。

第五次改版，落实二十大报告精神，根据教育部发布的《教育信息化2.0行动计划》、国家精品在线开放课程建设、"三教"改革及金课建设要求，结合计算机领域发展及企业工程师和广大读者的反馈意见，在保留原书特色的基础上，将版本升级到 Red Hat Enterprise Linux 8（CentOS 8）。

2. 教材特点

本教材共包含15个项目，最大的特色是"易教易学"，音视频等配套教学资源丰富而实用。

（1）落实立德树人根本任务。

本书精心设计，在专业内容的讲解中融入科学精神和爱国情怀，通过讲解中国计算机领域的重要事件和人物，弘扬精益求精的专业精神、职业精神和工匠精神，培养学生的创新意识，激发爱国热情。

（2）打造"教、学、做、导、考"一体化教材，提供一站式"课程整体解决方案"。

① 教材、知识点微课+课堂慕课+项目实训慕课、电子活页、国家在线精品课程网站为教和学提供最大便利。

② 授课计划、项目指导书、电子教案、电子课件、课程标准、大赛、试卷、拓展提升、项目任务单、实训指导书、5 GB 以上的视频、多个扩展项目的完整资料，为教师备课、学生预习、教师授课、学生实训、课程考核提供了一站式"课程整体解决方案"。

③ 利用 QQ 群实现24小时在线答疑、分享教学资源和教学心得。

（3）本教材是校企深度融合、"双元"合作开发的"项目导向、任务驱动"的理实一体教材。

① 行业专家、教学名师、专业负责人等跨地区、跨行业联合编写。编者既有教学名师，又有行业企业的工程师、红帽认证高级讲师。其中，主编杨云教授是省级教学名师、微软系统工程师。

② 采用基于工作过程导向的"教、学、做"一体化的编写方式。

③ 内容对接职业标准和企业岗位需求，产教融合、书证融通、课证融通。

④ 项目来自企业，并由业界专家参与拍摄配套的项目视频，充分体现了产教的深度融合和校企"双元"的合作开发。

（4）遵循"三教"改革精神，创新教材形态，采用"纸质教材＋电子活页"的形式对教材进行全面修订。

① 利用互联网技术扩充内容，在纸质教材外，增加大量的数字资源，从而实现纸质教材三年修订、电子活页随时增减和修订的目标。电子活页放到本教材最后，随时随地，扫码即可学习。

② 本教材融合了互联网新技术，以嵌入二维码的纸质教材为载体，嵌入各种数字资源，将教材、课堂、教学资源、教法四者融合，实现了线上线下有机结合，是翻转课堂、混合课堂改革的理想教材。

3. 编写分工

本书由李谷伟、吴敏、杨云任主编，余建浙、许艳春、薛立强任副主编，戴万长、郑泽、刁琦、王瑞等参加了部分章节编写。

感谢您选择本教材。购买后，您可以登录中国铁道出版社有限公司教育资源数字化平台http://www.tdpress.com/51eds/下载或向编者（QQ：68433059；计算机资源共享群：30539076）索要全套教学资源。

编　者

2023 年 7 月

目 录

学习情境一　系统安装与常用命令

项目1　安装与配置Linux操作系统 2
1.1　项目相关知识 2
  1.1.1　Linux操作系统的历史 3
  1.1.2　Linux的版权问题及特点 3
  1.1.3　理解Linux的体系结构 3
  1.1.4　Linux的版本 4
  1.1.5　RHEL 8 5
1.2　项目设计与准备 5
  1.2.1　项目设计 5
  1.2.2　项目准备 6
1.3　项目实施 7
  任务1-1　安装与配置虚拟机 7
  任务1-2　安装RHEL 8 10
  任务1-3　使用yum和dnf 16
  任务1-4　启动shell 18
  任务1-5　制作系统快照 18
1.4　拓展阅读　核高基与国产操作系统 18
1.5　项目实训　安装与基本配置Linux操作
       系统 19
练习题 20

项目2　使用Linux常用命令 22
2.1　项目相关知识 22
  2.1.1　了解Linux命令的特点 23
  2.1.2　后台运行程序 23

2.2　项目设计与准备 23
2.3　项目实施 23
  任务2-1　熟练使用文件目录类命令 23
  任务2-2　熟练使用系统信息类命令 34
  任务2-3　熟练使用进程管理类命令 35
  任务2-4　熟练使用其他常用命令 38
2.4　拓展阅读　中国计算机的主奠基者 41
2.5　项目实训　熟练使用Linux基本命令 41
练习题 41

项目3　shell与vim编辑器 43
3.1　项目相关知识 43
  3.1.1　shell概述 44
  3.1.2　shell环境变量 45
  3.1.3　正则表达式 48
3.2　项目设计与准备 49
3.3　项目实施 49
  任务3-1　使用输入/输出重定向 50
  任务3-2　使用管道 51
  任务3-3　编写shell脚本 52
  任务3-4　使用vim编辑器 54
3.4　拓展阅读　为计算机事业做出过巨大
       贡献的王选院士 57
3.5　项目实训 58
  项目实训一　shell编程 58
  项目实训二　vim编辑器 58
练习题 59

学习情境二 系统管理与配置

项目4 管理用户和组 62

4.1 项目相关知识 62
　4.1.1 理解用户账户和组 62
　4.1.2 理解用户账户文件 63
　4.1.3 理解组文件 65
4.2 项目设计与准备 66
4.3 项目实施 66
　任务4-1 新建用户 66
　任务4-2 设置用户账户口令 67
　任务4-3 维护用户账户 68
　任务4-4 管理组 70
　任务4-5 使用su命令 71
　任务4-6 使用常用的账户管理命令 72
4.4 拓展阅读 中国国家顶级域名"CN" 73
4.5 项目实训 管理用户和组 73
练习题 74

项目5 管理文件系统和磁盘 76

5.1 项目相关知识 76
　5.1.1 认识文件系统 76
　5.1.2 理解Linux文件系统结构 78
　5.1.3 理解绝对路径与相对路径 79
5.2 项目设计与准备 79
5.3 项目实施 80
　任务5-1 管理Linux文件权限 80
　任务5-2 常用磁盘管理工具 84
　任务5-3 在Linux中配置软RAID 90
　任务5-4 管理LVM逻辑卷 94
5.4 拓展阅读 图灵奖 100
5.5 项目实训 100
　项目实训一 管理文件系统 100
　项目实训二 管理文件权限 100

项目实训三 管理动态磁盘 101
项目实训四 管理LVM逻辑卷 101
练习题 101

项目6 配置网络和使用SSH服务 104

6.1 项目相关知识 104
6.2 项目设计与准备 106
6.3 项目实施 106
　任务6-1 使用系统菜单配置网络 106
　任务6-2 使用图形界面配置网络 108
　任务6-3 使用nmcli命令配置网络 110
　任务6-4 配置远程控制服务 113
6.4 拓展阅读 全球IPv4地址耗尽是怎么
　　　　　 回事 116
6.5 项目实训 配置TCP/IP网络接口和配置
　　　　　 远程管理 117
练习题 117

项目7 配置与管理网络文件系统 119

7.1 项目知识准备 119
　7.1.1 NFS服务概述 119
　7.1.2 NFS服务的守护进程 121
7.2 项目设计与准备 121
7.3 项目实施 122
　任务7-1 配置一台完整的NFS服务器 122
　任务7-2 在客户端挂载NFS 126
　任务7-3 了解NFS服务的文件存取权限 ...128
7.4 拓展阅读 国家最高科学技术奖 128
7.5 项目实训 配置与管理NFS服务器 128
练习题 129

学习情境三 网络系统安全

项目8 配置与管理防火墙 132

8.1 项目相关知识 132

8.1.1 防火墙概述 132
8.1.2 iptables与firewalld 133
8.1.3 NAT基础知识 133
8.2 项目设计及准备 135
8.2.1 项目设计 135
8.2.2 项目准备 135
8.3 项目实施 135
任务8-1 使用firewalld服务 135
任务8-2 完成NAT（SNAT和DNAT）企业
实战 141
8.4 拓展阅读 中国的"龙芯" 146
8.5 项目实训 配置与管理firewall防火墙 ... 147
练习题 148

项目9 配置与管理代理服务器 149

9.1 项目相关知识 149
9.1.1 代理服务器的工作原理 149
9.1.2 代理服务器的作用 150
9.2 项目设计与准备 150
9.3 项目实施 151
任务9-1 安装、启动、停止squid服务 151
任务9-2 配置squid服务器 152
任务9-3 企业实战与应用 154
9.4 拓展阅读 国产操作系统
"银河麒麟" 160
9.5 项目实训 配置与管理squid代理服务器 ... 160
练习题 161

学习情境四 网络服务器配置与管理

项目10 配置与管理samba服务器 163

10.1 项目相关知识 163

10.1.1 了解samba应用环境 164
10.1.2 了解SMB协议 164
10.2 项目设计与准备 164
10.2.1 了解samba服务器配置的工作流程 ... 164
10.2.2 设备准备 165
10.3 项目实施 165
任务10-1 安装并启动samba服务 165
任务10-2 了解主要配置文件smb.conf 165
任务10-3 samba服务的日志文件和密码文件 ... 168
任务10-4 user服务器实例解析 169
任务10-5 配置可匿名访问的samba服务器 ... 174
10.4 拓展阅读 "龙芯之母"
——黄令仪院士 176
10.5 项目实训 配置与管理samba服务器 ... 176
练习题 177

项目11 配置与管理DHCP服务器 179

11.1 项目相关知识 179
11.1.1 DHCP服务器概述 179
11.1.2 DHCP的工作过程 180
11.1.3 DHCP服务器分配给客户端的IP地址
类型 180
11.2 项目设计与准备 181
11.2.1 项目设计 181
11.2.2 项目准备 181
11.3 项目实施 182
任务11-1 在服务器Server01上安装DHCP
服务器 182
任务11-2 熟悉DHCP主配置文件 183
任务11-3 配置DHCP服务器的应用实例 ... 186
11.4 拓展阅读 中国的超级计算机 189
11.5 项目实训 配置与管理DHCP服务器 ... 189
练习题 192

III

项目12 配置与管理DNS服务器 193

- 12.1 项目相关知识 193
  - 12.1.1 域名空间 193
  - 12.1.2 域名解析过程 194
- 12.2 项目设计与准备 195
  - 12.2.1 项目设计 195
  - 12.2.2 项目准备 195
- 12.3 项目实施 195
  - 任务12-1 安装与启动DNS 195
  - 任务12-2 掌握BIND配置文件 196
  - 任务12-3 配置主DNS服务器实例 199
  - 任务12-4 配置缓存DNS服务器 203
  - 任务12-5 测试DNS的常用命令及常见错误 204
- 12.4 拓展阅读 "雪人计划" 205
- 12.5 项目实训 配置与管理DNS服务器 205
- 练习题 206

项目13 配置与管理Apache服务器 ... 208

- 13.1 项目相关知识 208
  - 13.1.1 Web服务概述 208
  - 13.1.2 HTTP 209
- 13.2 项目设计与准备 209
  - 13.2.1 项目设计 209
  - 13.2.2 项目准备 209
- 13.3 项目实施 209
  - 任务13-1 安装、启动与停止Apache服务器 209
  - 任务13-2 认识Apache服务器的配置文件 211
  - 任务13-3 设置文档根目录和首页文件的实例 212
  - 任务13-4 用户个人主页实例 213
  - 任务13-5 虚拟目录实例 214
  - 任务13-6 配置基于IP地址的虚拟主机 215
  - 任务13-7 配置基于域名的虚拟主机 217
  - 任务13-8 配置基于端口号的虚拟主机 218
- 13.4 拓展阅读 文化自信的历史担当 220

- 13.5 项目实训 配置与管理Web服务器 220
- 练习题 221

项目14 配置与管理FTP服务器 223

- 14.1 项目相关知识 223
  - 14.1.1 FTP的工作原理 223
  - 14.1.2 匿名用户 224
- 14.2 项目设计与准备 224
- 14.3 项目实施 225
  - 任务14-1 安装、启动与停止vsftpd服务 225
  - 任务14-2 认识vsftpd的配置文件 225
  - 任务14-3 配置匿名用户FTP实例 227
  - 任务14-4 配置本地模式的常规FTP服务器实例 229
  - 任务14-5 设置vsftp虚拟账号 232
- 14.4 拓展阅读 文化自信的历史根基 235
- 14.5 项目实训 配置与管理FTP服务器 236
- 练习题 237

项目15 配置与管理电子邮件服务器 ... 238

- 15.1 项目相关知识 238
  - 15.1.1 电子邮件服务概述 238
  - 15.1.2 电子邮件系统的组成 239
  - 15.1.3 电子邮件传输过程 239
  - 15.1.4 与电子邮件相关的协议 240
  - 15.1.5 邮件中继 241
- 15.2 项目设计与准备 241
  - 15.2.1 项目设计 241
  - 15.2.2 项目准备 241
- 15.3 项目实施 242
  - 任务15-1 配置Postfix常规服务器 242
  - 任务15-2 配置dovecot服务程序 246
  - 任务15-3 配置一个完整的收发邮件服务器并测试 248

任务15-4　使用Cyrus-SASL实现SMTP认证 253
15.4　拓展阅读　中国Internet的先驱
　　　　　　——钱天白 256
15.5　项目实训　配置与管理电子邮件
　　　　　　服务器 257
练习题 257

学习情境五　拓展与提高
（电子活页视频）

电子活页 260

参考文献 261

学习情境一 系统安装与常用命令

项目 1　安装与配置 Linux 操作系统
项目 2　使用 Linux 常用命令
项目 3　shell 与 vim 编辑器

　　合抱之木，生于毫末；九层之台，起于累土；千里之行，始于足下。

——《道德经》

项目 1

安装与配置 Linux 操作系统

学习要点

◎ 理解 Linux 操作系统的体系结构。
◎ 掌握搭建 RHEL 8 服务器的方法。
◎ 掌握登录、退出 Linux 服务器的方法。
◎ 掌握 yum 软件仓库的使用方法。
◎ 掌握启动和退出系统的方法。

素养要点

◎ "天下兴亡,匹夫有责",了解核高基和国产操作系统,理解自主可控于我国的重大意义,激发学生的爱国情怀和学习动力。
◎ 明确操作系统在新一代信息技术中的重要地位,激发科技报国的家国情怀和使命担当。

Linux 是当前有很大发展潜力的计算机操作系统,Internet 的旺盛需求正推动着 Linux 的发展热潮一浪高过一浪。自由与开放的特性,加上强大的网络功能,使 Linux 在 21 世纪有着无限的发展前景。

1.1 项目相关知识

Linux 操作系统是一个类似 UNIX 的操作系统。Linux 操作系统是 UNIX 在计算机上的完整实现,它的标志是一个名为 Tux 的可爱的小企鹅形象,如图 1-1 所示。UNIX 操作系统是 1969 年由肯尼思·莱恩·汤普森(Kenneth Lane Thompson)和丹尼斯·里奇(Dennis Ritchie)在美国贝尔实验室开发的一种操作系统。由于其具有良好且稳定的性能,该

图 1-1 Linux 的标志 Tux

操作系统迅速在计算机中得到广泛的应用，在随后的几十年中又不断地被改进。

1.1.1 Linux 操作系统的历史

1990 年，芬兰人莱纳斯·贝内迪克特·托瓦尔兹（Linus Benedict Torvalds）（以下简称莱纳斯）接触了为教学而设计的 Minix 系统后，开始着手研究编写一个开放的、与 Minix 系统兼容的操作系统。1991 年 10 月 5 日，莱纳斯在芬兰赫尔辛基大学的一台 FTP 服务器上发布了一个消息，这也标志着 Linux 操作系统的诞生。莱纳斯公布了第一个 Linux 的内核版本——0.0.2 版。在最开始时，莱纳斯的兴趣在于了解操作系统的运行原理，因此 Linux 早期的版本并没有考虑最终用户的使用，只是提供了最核心的框架，使得 Linux 开发人员可以享受编制内核的乐趣，但这样也保证了 Linux 操作系统内核的强大与稳定。互联网（internet）的兴起，使得 Linux 操作系统也十分迅速地发展，很快就有许多程序员加入 Linux 操作系统的编写行列。

视频 1-1
自由开源的 Linux
操作系统

随着编程小组的扩大和完整的操作系统基础软件的出现，Linux 开发人员认识到，Linux 已经逐渐变成一个成熟的操作系统。1994 年 3 月，内核 1.0 版本的推出，标志着 Linux 第一个正式版本的诞生。

1.1.2 Linux 的版权问题及特点

1. Linux 的版权问题

Linux 是基于 Copyleft（无版权）的软件模式进行发布的。其实 Copyleft 是与 Copyright（版权所有）相对立的新名称，它是 GNU 项目制定的通用公共许可证（General Public License, GPL）。GNU 项目是由理查德·斯托尔曼（Richard Stallman）于 1984 年提出的。他建立了自由软件基金会（Free Software Foundation, FSF），并提出 GNU 计划的目的是开发一个完全自由的、与 UNIX 类似但功能更强大的操作系统，以便为所有的计算机用户提供一个功能齐全、性能良好的基本系统。GNU 的标志（角马）如图 1-2 所示。

图 1-2 GNU 的标志（角马）

小知识：GNU 这个名字使用了有趣的递归缩写，它是 "GNU's Not UNIX" 的缩写形式。由于递归缩写是一种在全称中递归引用它自身的缩写，因此无法精确地解释出它的真正全称。

2. Linux 操作系统的特点

Linux 操作系统作为一个自由、开放的操作系统，其发展势不可当。它拥有高效、安全、稳定，支持多种硬件平台，用户界面友好，网络功能强大，以及支持多任务、多用户等特点。

1.1.3 理解 Linux 的体系结构

Linux 一般由三部分组成：内核（kernel）、命令解释层（shell 或其他操作环境）、实用工具。

1. 内核

内核是系统的"心脏"，是运行程序、管理磁盘及打印机等硬件设备的核心程序。命令解释层向用户提供一个操作界面，从用户那里接收命令，并且把命令送给内核去执行。由于内核提供的都是操作系统最基本的功能，所以如果内核发生问题，那么整个计算机系统就可能会崩溃。

2. 命令解释层

shell 是系统的用户界面，提供用户与内核进行交互操作的接口。它接收用户输入的命令，并且将命令送入内核去执行。

命令解释层在操作系统内核与用户之间提供操作界面，可以称其为一个解释器。操作系统对用户输入的命令进行解释，再将其发送到内核。Linux 存在几种操作环境，分别是桌面

（desktop）、窗口管理器（window manager）和命令行 shell（command line shell）。Linux 操作系统中的每个用户都可以拥有自己的用户操作界面，即根据自己的需求进行定制。

shell 也是一个命令解释器，解释由用户输入的命令，并把命令送到内核。不仅如此，shell 还有自己的编程语言，可用于命令的编辑，它允许用户编写由 shell 命令组成的程序。shell 编程语言具有普通编程语言的很多特点，如它也有循环结构和分支控制结构等。用这种编程语言编写的 shell 程序与其他应用程序具有同样的效果。

3. 实用工具

标准的 Linux 操作系统都有一套叫作实用工具的程序，它们是专门的程序，如编辑器、执行标准的计算操作等。用户也可以使用自己的工具。

实用工具可分为以下三类。

（1）编辑器：用于编辑文件。

（2）过滤器：用于接收数据并过滤数据。

（3）交互程序：允许用户发送信息或接收来自其他用户的信息。

1.1.4 Linux 的版本

Linux 的版本分为内核版本和发行版本两种。

1. 内核版本

内核是系统的"心脏"，是运行程序、管理磁盘及打印机等硬件设备的核心程序，提供了一个在裸设备与应用程序间的抽象层。例如，程序本身不需要了解用户的主板芯片集或磁盘控制器的细节就能在高层次上读/写磁盘。

内核的开发和规范一直由莱纳斯领导的开发小组控制着，版本也是唯一的。开发小组每隔一段时间公布新的版本或其修订版，从 1991 年 10 月莱纳斯向世界公开发布的内核 0.0.2 版本（0.0.1 版本功能相当"简陋"，所以没有公开发布），到目前最新的内核为 5.10.12 版本（编者写稿时间），Linux 的功能越来越强大。

Linux 内核的版本号命名是有一定规则的，版本号的格式通常为"主版本号.次版本号.修正号"。主版本号和次版本号标志着重要的功能变更，修正号表示较小的功能变更。以 2.6.12 为例，2 代表主版本号，6 代表次版本号，12 代表修正号。读者可以到 Linux 内核官方网站下载最新的内核代码，如图 1-3 所示。

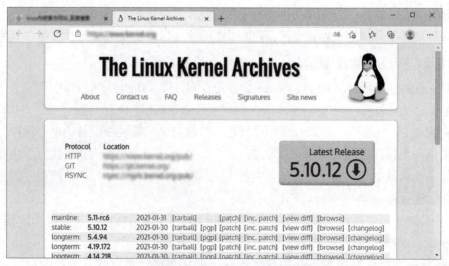

图 1-3　Linux 内核官方网站

2. 发行版本

仅有内核而没有应用软件的操作系统是无法使用的，所以许多公司或社团将内核、源代码及相关的应用程序组织构成一个完整的操作系统，让一般的用户可以简便地安装和使用 Linux，这就是所谓的发行版（distribution）。一般谈论的 Linux 操作系统便是针对这些发行版的。目前各种发行版超过 300 种，它们的发行版本号各不相同，使用的内核版本号也可能不一样，现在流行的 Linux 操作系统套件有 RHEL、CentOS、Fedora、openSUSE、Debian、Ubuntu 等。

本书是基于 RHEL 8 编写的，书中内容及实验完全通用于 CentOS、Fedora 等系统。也就是说，当你学完本书后，即便公司内的生产环境部署的是 CentOS，也照样会使用。更重要的是，本书配套资料中的 ISO 映像文件与红帽认证系统管理员（Red Hat Certified System Administrator，RHCSA）及红帽认证工程师（Red Hat Certified Engineer，RHCE）考试内容基本保持一致，因此也适合备考红帽认证的考生使用 [加入 QQ 群 30539076（仅限老师）可随时索要备课包、ISO 映像文件及其他资料，后面不再说明]。

1.1.5 RHEL 8

作为面向云环境和企业 IT 的强大企业级 Linux 操作系统，RHEL 8 版本于 2019 年 5 月 8 日发布。在 RHEL 7 系列发布约 5 年之后，RHEL 8 在优化诸多核心组件的同时引入了诸多强大的新功能，支持各种工作负载，从而可以让用户轻松驾驭各种环境。

RHEL 8 为"混合云时代"的到来引入了大量新功能，包括用于配置、管理和修复 RHEL 8 的 Red Hat Smart Management 扩展程序，以及包含快速迁移框架、编程语言和诸多开发者工具在内的 Application Streams。

RHEL 8 同时对管理员和管理区域进行了改善，让系统管理员、Windows 管理员更容易访问。此外，通过 Red Hat Enterprise Linux System Roles，Linux 初学者可以更快地自动化执行复杂任务，以及通过 RHEL Web 控制台管理和监控 RHEL 的运行状况。

在安全方面，RHEL 8 内置了对 OpenSSL 1.1.1 和 TLS 1.3 加密标准的支持。它还为 Red Hat 容器工具包提供全面的支持，用于创建、运行和共享容器化应用程序，改进对 ARM 和 POWER 架构、SAP 解决方案和实时应用程序，以及 Red Hat 混合云基础架构的支持。

1.2 项目设计与准备

中小型企业在选择网络操作系统时，首选企业版 Linux 网络操作系统。一是由于其开源的优势，二是考虑到其安全性较高。

要想成功安装 Linux，首先必须对硬件的基本要求、硬件的兼容性、多重引导、磁盘分区和安装方式等进行充分准备，并获取发行版、查看硬件是否兼容，再选择适合的安装方式。只有做好这些准备工作，Linux 安装之旅才会一帆风顺。

1.2.1 项目设计

本项目需要的设备和软件如下。

（1）1 台安装了 Windows 10 操作系统的计算机，名称为 Win10-1，IP 地址为 192.168.10.31/24。

（2）1 套 RHEL 8 的 ISO 映像文件。

（3）1 套 VMware Workstation 15.5 Pro 软件。

说明：原则上，本书中 RHEL 8 服务器可使用的 IP 地址范围是 192.168.10.1/24 ～ 192.168.10.

10/24，Linux 客户端可使用的 IP 地址范围是 192.168.10.20/24 ～ 192.168.10.30/24，Windows 客户端可使用的 IP 地址范围是 192.168.10.30/40 ～ 192.168.10.50/24。

本项目借助虚拟机软件完成如下三项任务。
- 安装 VMware Workstation。
- 安装 RHEL 8 第一台虚拟机，名称为 Server01。
- 完成对 Server01 的基本配置。

1.2.2 项目准备

RHEL 8 支持目前绝大多数主流的硬件设备，不过由于硬件配置、规格更新极快。若想知道自己的硬件设备是否被 RHEL 8 支持，最好去访问硬件认证网页，查看哪些硬件通过了 RHEL 8 的认证。

1. 多重引导

Linux 和 Windows 的多重引导（多系统引导）。

使用最多的是通过 Linux 的 GRUB 或者 LILO 实现。

2. 安装方式

任何硬盘在使用前都要进行分区。硬盘的分区有两种类型：主分区和扩展分区。RHEL 8 提供了多达四种安装方式支持，可以从 CD-ROM/DVD 启动安装、从硬盘安装、从 NFS 服务器安装或者从 FTP/HTTP 服务器安装。

3. 规划分区

在启动 RHEL 8 安装程序前，需根据实际情况的不同，准备 RHEL 8 DVD 安装映像，同时要进行分区规划。

对于初次接触 Linux 的用户来说，分区方案越简单越好，所以最好的选择就是为 Linux 准备三个分区，即用户保存系统和数据的根分区（/）、启动分区（/boot）和交换分区（swap）。其中，交换分区不用太大，与物理内存同样大小即可；启动分区用于保存系统启动时所需要的文件，一般 500 MB 就够了；根分区则需要根据 Linux 操作系统安装后占用资源的大小和所需要保存数据的多少来调整大小（一般情况下，划分 15 ～ 20 GB 就足够了）。

注意：如果选择的固件类型为"UEFI"，则 Linux 操作系统至少必须建立四个分区，分别为根分区、启动分区、EFI 启动分区（/boot/efi）和交换分区。

当然，对于"Linux 熟手"，或者要安装服务器的管理员来说，这种分区方案就不太适合了。此时，一般会再创建一个 /usr 分区，操作系统基本都在这个分区中；还需要创建一个 /home 分区，所有的用户信息都在这个分区下；还有 /var 分区，服务器的登录文件、邮件、Web 服务器的数据文件都会放在这个分区中，Linux 服务器常见分区方案如图 1-4 所示。

挂载点	设备	说明
/	/dev/sda1	10GB，主分区
/home	/dev/sda2	8GB，主分区
/boot	/dev/sda3	500MB，主分区
swap	/dev/sda5	4GB（内存的 2 倍）
/var	/dev/sda6	8GB，逻辑分区
/usr	/dev/sda7	8GB，逻辑分区

图 1-4 Linux 服务器常见分区方案

下面，开始安装 RHEL 8。

1.3 项目实施

Linux 的版本分为内核版本和发行版本。

任务 1-1　安装与配置虚拟机

（1）成功安装 VMware Workstation 后的界面，如图 1-5 所示。

视频 1-2
安装与基本配置
Linux 操作系统

图 1-5　虚拟机软件的管理界面

（2）在图 1-5 所示的界面中，单击"创建新的虚拟机"选项，在弹出的"欢迎使用新建虚拟机向导"对话框中，选中"典型"单选按钮，然后单击"下一步"按钮，如图 1-6 所示。

（3）在"安装客户机操作系统"对话框，选中"稍后安装操作系统"单选按钮，然后单击"下一步"按钮，如图 1-7 所示。

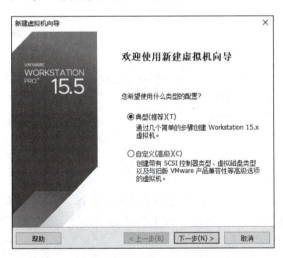

图 1-6　"欢迎使用新建虚拟机向导"对话框

图 1-7　"安装客户机操作系统"对话框

注意：请一定选中"稍后安装操作系统"单选按钮。如果选中"安装程序光盘映像文件"单选按钮，并把下载好的 RHEL 8 的映像选中，则虚拟机会通过默认的安装策略部署最精简的 Linux 操作系统，而不会再询问安装设置的选项。

（4）在图 1-8 所示的对话框中，选择客户机操作系统的类型为"Linux"，版本为"Red Hat Enterprise Linux 8 64 位"，然后单击"下一步"按钮。

（5）在"命名虚拟机"对话框输入虚拟机名称，单击"浏览"按钮，并在选择安装位置之后单击"下一步"按钮，如图1-9所示。

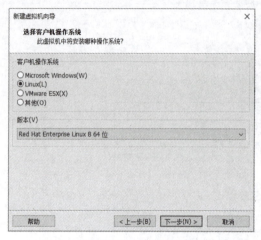

图1-8 "选择客户机操作系统"对话框　　　图1-9 "命名虚拟机"对话框

（6）在"指定磁盘容量"对话框，将虚拟机的"最大磁盘大小"设置为100.0 GB（默认20 GB），然后单击"下一步"按钮，如图1-10所示。

（7）在"已准备好创建虚拟机"对话框，单击"自定义硬件"按钮，然后单击"完成"按钮，如图1-11所示。

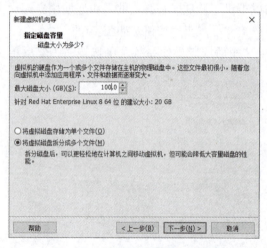
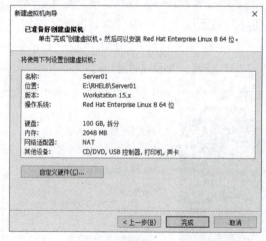

图1-10 "指定磁盘容量"对话框　　　图1-11 "已准备好创建虚拟机"对话框

（8）在图1-12所示的对话框中，单击"内存"项，将虚拟机的内存可用量设置为2 GB（最低应不低于1 GB）。单击"处理器"项，根据"宿主"的性能设置处理器的数量以及每个处理器的核心数量，并开启虚拟化功能，如图1-13所示。

（9）单击"新CD/DVD（SATA）"项，此时应在"使用ISO映像文件"中选择下载好的RHEL系统映像文件，如图1-14所示。

（10）单击"网络适配器"项，选中"仅主机模式"单选按钮，如图1-15所示。虚拟机软件为用户提供了三种可选的网络模式，分别为桥接模式、NAT模式与仅主机模式。

① 桥接模式：相当于在物理主机与虚拟机网卡之间架设了一座桥梁，从而可以通过物理主机的网卡访问外网。在实际使用中，桥接模式虚拟机网卡对应的网卡为VMnet0。

② NAT模式：让虚拟机的网络服务发挥路由器的作用，使得通过虚拟机软件模拟的主机可以通过物理主机访问外网。在实际使用中，NAT虚拟机网卡对应的网卡是VMnet8。

③ 仅主机模式：仅让虚拟机内的主机与物理主机通信，不能访问外网。在真机中，仅主机模式模拟网卡对应的网卡是 VMnet1。

图 1-12　设置虚拟机的内存可用量对话框

图 1-13　设置虚拟机的处理器参数对话框

图 1-14　设置虚拟机的光驱设备对话框

图 1-15　设置虚拟机的网络适配器对话框

（11）把 USB 控制器、声卡、打印机等不需要的设备移除。移除声卡后可以避免在输入错误后发出提示声音，确保自己在今后实验中思绪不被打扰。单击"关闭"→"完成"按钮。

（12）右击刚刚新建的虚拟机，在弹出的快捷菜单中选择"设置"命令，在打开的"虚拟机设置"对话框中单击"选项"标签，再单击"高级"命令，根据实际情况选择固件类型，如图 1-16 所示。

（13）单击"确定"按钮，虚拟机的配置顺利完成。当看到图 1-17 所示的界面时，说明虚拟机已经配置成功了。

小知识：① 可扩展固件接口（unified extensible firmware interface,UEFI）启动需要一个独立的分区，它将系统启动文件和操作系统本身隔离，可以更好地保护系统的启动。

② UEFI 启动方式支持的硬盘容量更大。传统的基本输入输出系统（basic input output system,BIOS）启动由于受主引导记录（master boot record,MBR）的限制，默认无法引导 2.1 TB

以上的硬盘。随着硬盘价格的不断下降，2.1 TB 以上的硬盘会逐渐普及，因此 UEFI 启动也是今后主流的启动方式。

③ 本书主要采用 UEFI 启动，但在某些关键点会同时讲解两种方式，请读者学习时注意。

图 1-16 "虚拟机设置"对话框

图 1-17 虚拟机配置成功的界面

任务 1-2　安装 RHEL 8

安装 RHEL 8 时，计算机的 CPU 需要支持虚拟化技术（virtualization technology, VT）。VT 指的是让单台计算机能够分割出多个独立资源区，并让每个资源区按照需要模拟系统的一项技术，其本质就是通过中间层实现计算机资源的管理和再分配，让系统资源的利用率最大化。如果开启虚拟机后依然提示"CPU 不支持 VT"等报错信息，请重启计算机并进入 BIOS，把 VT 虚拟化功能开启即可。

（1）在虚拟机管理界面中单击"开启此虚拟机"按钮后数秒就可看到 RHEL 8 安装界面，如图 1-18 所示。在界面中，"Test this media & install Red Hat Enterprise Linux 8.2"和"Troubleshooting"的作用分别是校验光盘完整性后再安装和启动救援模式。此时通过方向键选择"Install Red Hat Enterprise Linux 8.2"选项来直接安装 Linux 操作系统。

（2）接下来按【Enter】键，开始加载安装映像，所需时间 30～60 s，请耐心等待。选择系统的安装语言（简体中文）后单击"继续"按钮，如图 1-19 所示。

（3）在图 1-20 所示的"安装信息摘要"对话框，"软件选择"保留系统默认值，不必更改。

RHEL 8 的软件定制界面可以根据用户的需求来调整系统的基本环境,例如,把 Linux 操作系统作为基础服务器、文件服务器、Web 服务器或工作站等。RHEL 8 已默认选中"带 GUI 的服务器"单选按钮(如果不选中此单选按钮,则无法进入图形界面),可以不做任何更改。然后单击"软件选择"按钮即可,如图 1-21 所示。

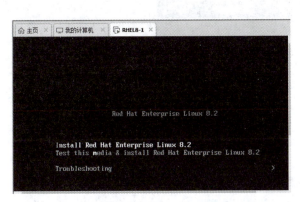

图 1-18　RHEL 8 安装对话框

图 1-19　选择系统的安装语言对话框

图 1-20　"安装信息摘要"对话框

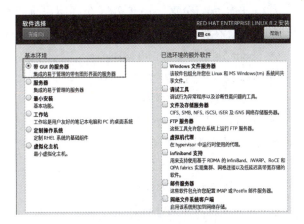

图 1-21　"软件选择"对话框

(4)单击"完成"按钮返回 RHEL 8"安装信息摘要"对话框,选择"网络和主机名"选项后,将"主机名"字段设置为 Server01,将以太网的连接状态改成"打开"状态,然后单击左上角的"完成"按钮,如图 1-22 所示。

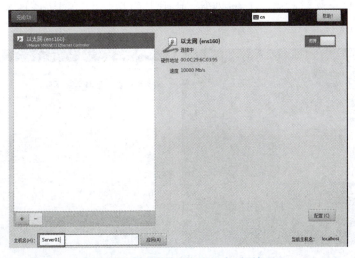

图 1-22　配置网络和主机名对话框

(5)返回 RHEL 8 "安装信息摘要"对话框,选择"时间和日期"选项,设置时区为亚洲/上海,单击"完成"按钮。

(6)返回"安装信息摘要"对话框,选择"安装目的地"选项后,单击"自定义"按钮,然后单击左上角的"完成"按钮,如图 1-23 所示。

图 1-23 "安装目标位置"对话框

(7)开始配置分区。磁盘分区允许用户将一个磁盘划分成几个单独的部分,每一部分都有自己的盘符。在分区之前,首先规划分区,以 100 GB 硬盘为例,做如下规划。

- /boot 分区大小为 500 MB。
- /boot/efi 分区大小为 500 MB。
- / 分区大小为 10 GB。
- /home 分区大小为 8 GB。
- swap 分区大小为 4 GB。
- /usr 分区大小为 8 GB。
- /var 分区大小为 8 GB。
- /tmp 分区大小为 1 GB。
- 预留 60 GB 左右。

下面进行具体分区操作。

① 创建启动分区。在"新挂载点将使用以下分区方案"下拉列表框中选择"标准分区"。单击"+"按钮,选择挂载点为"/boot"(也可以直接输入挂载点),容量大小设置为 500 MB,然后单击"添加挂载点"按钮,如图 1-24 所示。在图 1-25 所示的界面中设置文件系统类型,默认文件系统类型为"xfs"。

图 1-24 添加 /boot 挂载点

图 1-25 设置 /boot 挂载点的文件系统类型

注意：
- 一定要选中标准分区，以保证 /home 为单独分区，为后面配额实训做必要准备。
- 单击图 1-25 所示的"–"按钮，可以删除选中的分区。

② 创建交换分区。单击"+"按钮，创建交换分区。在"文件系统"类型中选择"swap"选项，大小一般设置为物理内存的两倍即可。例如，计算机物理内存大小为 2 GB，那么设置的 swap 分区大小为 4 GB。

说明：什么是 swap 分区？简单地说，swap 分区就是虚拟内存分区，它类似于 Windows 的 PageFile.sys 页面交换文件。就是当计算机的物理内存不够时，利用硬盘上的指定空间作为"后备军"来动态扩充内存的大小。

③ 创建 EFI 启动分区。用与上面类似的方法创建 EFI 启动分区，大小为 500 MB。
④ 创建根分区。用与上面类似的方法创建根分区，大小为 10 GB。
⑤ 用与上面类似的方法，创建 /home 分区（大小为 8 GB）、/usr 分区（大小为 8 GB）、/var 分区（大小为 8 GB）、/tmp 分区（大小为 1 GB）。文件系统类型全部设置为"xfs"，设置设备类型全部为"标准分区"。设置完成如图 1-26 所示。

注意：
- 不可与根分区分开的目录是 /dev、/etc、/sbin、/bin 和 /lib。系统启动时，核心只载入一个分区，那就是根分区，核心启动要加载 /dev、/etc、/sbin、/bin 和 /lib 五个目录的程序，所以以上几个目录必须和 / 根目录在一起。
- 最好单独分区的目录是 /home、/usr、/var 和 /tmp。出于安全和管理的目的，最好将以上四个目录独立出来。例如，在 samba 服务中，/home 目录可以配置磁盘配额；在 postfix 服务中，/var 目录可以配置磁盘配额。

⑥ 单击左上角的"完成"按钮。然后单击"接受更改"按钮完成分区，如图 1-27 所示。

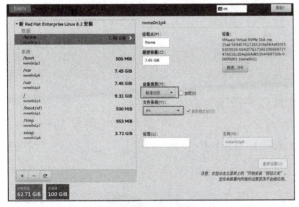

图 1-26　手动分区界面

图 1-27　完成分区后的结果界面

本例中，/home 使用了独立分区 /dev/nvme0n1p2。分区号与分区顺序有关。

注意：对于非易失性存储器标准（non-volatile memory express，NVMe）硬盘要特别注意，这是一种固态硬盘。/dev/nvme0n1 是第一个 NVMe 硬盘，/dev/nvme0n2 是第二个 NVMe 硬盘，而 /dev/nvme0n1p1 表示第一个 NVMe 硬盘的第一个主分区，/dev/nvme0n1p5 表示第一个 NVMe 硬盘的第一个逻辑分区，以此类推。

（8）返回"安装信息摘要"对话框，如图 1-28 所示，单击"开始安装"按钮后即可看到安装进度。接着选择"根密码"选项，如图1-29所示。

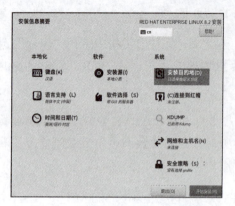

图1-28 "安装信息摘要"对话框　　　　图1-29 RHEL 8的配置对话框

（9）设置根密码。若坚持用弱口令的密码，则需要单击两次"完成"按钮才可以确认。这里需要说明，在虚拟机中做实验的时候，密码无所谓强弱，但在生产环境中一定要让root管理员的密码足够复杂，否则系统将面临严重的安全问题。完成根密码设置后，单击"完成"按钮。

（10）Linux安装时间在30～60 min，用户在安装期间耐心等待即可。安装完成后单击"重启"按钮。

（11）重启系统后将看到系统初始化界面，选择"License Information"选项，如图1-30所示。

图1-30 系统初始化界面

（12）选中"我同意许可协议"复选框，然后单击左上角的"完成"按钮。

（13）返回系统初始化界面后，单击"结束配置"按钮，系统自动重启。

（14）重启后，连续单击"前进"或"跳过"按钮，直到出现图1-31所示的设置本地普通用户界面，输入用户名和密码等信息，例如，该账户的用户名为"yangyun"，密码为"12345678"，然后单击两次"前进"按钮。

图1-31 设置本地普通用户界面

（15）在图 1-32 所示的界面中，单击"开始使用 Red Hat Enterprise Linux（S）"按钮后，系统自动重启，出现图 1-33 所示的登录界面。

图 1-32 系统初始化结束界面

图 1-33 登录界面

（16）单击"未列出？"按钮，以 root 管理员身份登录 RHEL 8。
（17）语言选项选择默认设置"汉语"，然后单击"前进"按钮。
（18）选择系统的键盘布局或输入方式的默认值"汉语"，然后单击"前进"按钮。
（19）单击"开始使用 Red Hat Enterprise Linux(S)"按钮后，系统再次自动重启，出现图 1-34 所示的"设置系统的输入来源类型"界面。

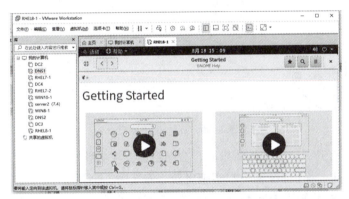

图 1-34 "设置系统的输入来源类型"界面

（20）关闭欢迎界面，呈现新安装的 RHEL 8 的炫酷界面。与之前版本不同，之前版本右击就可以打开命令行界面，RHEL 8 则需要在"活动"菜单中打开需要的应用。单击"活动"→"显示应用程序"命令，如图 1-35 所示。

图 1-35 RHEL 8 初次安装完成后的界面

注意：单击"活动"→"显示应用程序"命令，会显示全部应用程序，包括工具、设置、文件和 Firefox 等常用应用程序。

任务 1-3 使用 yum 和 dnf

尽管 RPM 命令能够帮助用户查询软件相关的依赖关系，但具体问题还是要运维人员自己来解决。而有些大型软件可能与数十个程序都有依赖关系，在这种情况下安装软件是非常痛苦的。yum 软件仓库便是为了进一步降低软件安装难度和复杂度而设计的软件。

1. yum 软件仓库

RHEL 先将发布的软件存放到 yum 服务器内，再分析这些软件的依赖属性问题，将软件内的记录信息写下来，然后将这些信息分析后记录成软件相关的清单列表。这些列表数据与软件所在的位置可以称为容器（repository）。当 Linux 客户端有软件安装的需求时，Linux 客户端主机会主动向网络上的 yum 服务器的容器网址请求下载清单列表，然后通过清单列表的数据与本机 RPM 数据库已存在的软件数据相比较，就能够一次性安装所有需要的具有依赖属性的软件了。yum 使用流程如图 1-36 所示。

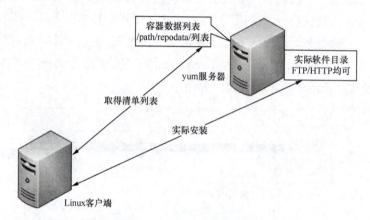

图 1-36 yum 使用流程

当 Linux 客户端有升级、安装的需求时，会向容器要求更新清单列表，使清单列表更新到本机的 /var/cache/yum 中。当 Linux 客户端实施更新、安装时，会用清单列表的数据与本机的 RPM 数据库进行比较，这样就知道该下载什么软件了。接下来会到 yum 服务器下载所需要的软件，然后通过 RPM 的机制开始安装软件。这就是整个流程，仍然离不开 RPM。

RHEL 8 提供了基于 Fedora 28 中 DNF 的包管理系统 yum v4 和兼容 RHEL 7 的 yum v3。常见的 dnf 命令如表 1-1 所示。

表 1-1 常见的 dnf 命令

命 令	作 用
dnf repolist all	列出所有仓库
dnf list all	列出仓库中的所有软件包
dnf info 软件包名称	查看软件包信息
dnf install 软件包名称	安装软件包
dnf reinstall 软件包名称	重新安装软件包
dnf update 软件包名称	升级软件包
dnf remove 软件包名称	移除软件包
dnf clean all	清除所有仓库缓存
dnf check-update	检查可更新的软件包
dnf grouplist	查看系统中已经安装的软件包组
dnf groupinstall 软件包组	安装指定的软件包组
dnf groupremove 软件包组	移除指定的软件包组
dnf groupinfo 软件包组	查询指定的软件包组信息

2. BaseOS 和 AppStream

在 RHEL 8 中提出了一个新的设计理念，即应用程序流（AppStream），这样就可以比以往更轻松地升级用户空间软件包，同时保留核心操作系统软件包。AppStream 允许在独立的生命周期中安装其他版本的软件，并使操作系统保持最新。这使用户能够安装同一个程序的多个主要版本。

RHEL 8 软件源分成了两个主要仓库：BaseOS 和 AppStream。

① BaseOS 仓库以传统 RPM 软件包的形式提供操作系统底层软件的核心集，是基础软件安装库。

② AppStream 包括额外的用户空间应用程序、运行时语言和数据库，以支持不同的工作负载和用例。AppStream 中的内容有两种格式——熟悉的 RPM 格式和称为模块的 RPM 格式扩展。

【例 1-1】配置本地 yum 源，安装 network-scripts。

创建挂载 ISO 映像文件的文件夹。/media 一般是系统安装时建立的，读者可以不必新建文件夹，直接使用该文件夹即可。但如果想把 ISO 映像文件挂载到其他文件夹，则请自建文件夹。

（1）新建配置文件 /etc/yum.repos.d/dvd.repo。

```
[root@Server01 ~]# vim /etc/yum.repos.d/dvd.repo
[root@Server01 ~]# cat /etc/yum.repos.d/dvd.repo
[Media]
name=Meida
baseurl=file:///media/BaseOS
gpgcheck=0
enabled=1

[rhel8-AppStream]
name=rhel8-AppStream
baseurl=file:///media/AppStream
gpgcheck=0
enabled=1
```

注意：baseurl 语句的写法，baseurl=file:/// media/BaseOS 中有三个"/"。

（2）挂载 ISO 映像文件（保证 /media 存在）。在本书代码中，黑体一般表示输入命令。

```
[root@Server01 ~]# mount /dev/cdrom /media
mount: /media: WARNING: device write-protected, mounted read-only.
[root@Server01 ~]#
```

（3）清理缓存并建立元数据缓存。

```
[root@Server01 ~]# dnf clean all
[root@Server01 ~]# dnf makecache          //建立元数据缓存
```

（4）查看软件包信息。

```
[root@Server01 ~]# dnf repolist                   //查看系统中可用和不可用的所有 DNF 软件库
[root@Server01 ~]# dnf list                       //列出所有 RPM 包
[root@Server01 ~]# dnf list installed             //列出所有安装了的 RPM 包
[root@Server01 ~]# dnf search network-scripts     //搜索软件库中的 RPM 包
[root@Server01 ~]# dnf provides /bin/bash         //查找某一文件的提供者
[root@Server01 ~]# dnf info network-scripts       //查看软件包详情
```

（5）安装 network-scripts 软件（无须信息确认）。

```
[root@Server01 ~]# dnf install network-scripts -y
```

任务 1-4　启动 shell

Linux 中的 shell 又称为命令行，在这个命令行的终端窗口中，用户输入命令，操作系统执行并将结果返回显示在屏幕上。

1. 使用 Linux 操作系统的终端窗口

现在的 RHEL 8 默认采用图形界面的 GNOME 或者 KDE 操作方式，要想使用 shell 功能，就必须像在 Windows 中那样打开一个终端窗口。一般用户可以通过执行"活动"→"终端"命令来打开终端窗口，如图 1-37 所示。

图 1-37　RHEL8 的终端窗口

执行以上命令后，就打开了一个白字黑底的终端窗口，这里可以使用 RHEL 8 支持的所有命令行的命令。

2. 使用 shell 提示符

登录之后，普通用户的 shell 提示符以"$"结尾，超级用户的 shell 提示符以"#"结尾。

```
[root@RHEL 8-1 ~]#                      ;root用户以"#"结尾
[root@RHEL 8-1 ~]# su - yangyun         ;切换到普通账户yangyun，"#"提示符将变为"$"
[yangyun@RHEL 8-1 ~]$ su - root         ;再切换回root账号，"$"提示符将变为"#"
密码：
```

3. 退出系统

在终端窗口输入"shutdown -P now"，或者单击右上角的关机按钮 ⏻，选择"关机"命令，可以关闭系统。

4. 再次登录

如果再次登录，为了后面的实训顺利进行，请选择 root 用户。在图 1-38 所示的选择用户登录界面，单击"未列出？"按钮，在出现的登录对话框中输入 root 用户及密码，以 root 身份登录计算机。

图 1-38　选择用户登录界面

任务 1-5　制作系统快照

安装成功后，请一定使用虚拟机的快照功能进行快照备份，一旦需要可立即恢复到系统的初始状态。提醒读者，对于重要实训节点，也可以进行快照备份，以便后续可以恢复到适当断点。

1.4　拓展阅读　核高基与国产操作系统

"核高基"就是"核心电子器件、高端通用芯片及基础软件产品"的简称，是中华人民共和国国务院于 2006 年发布的《国家中长期科学和技术发展规划纲要（2006—2020 年）》中与载人航天、探月工程并列的 16 个重大科技专项之一。近年来，一批国产基础软件的领军企业的强势发展给中国软件市场增添了几许信心，而"核高基"犹如助推器，给了国产基础软件更强劲的发展支持力量。

近些年我国大量的计算机用户将目光转移到国产Linux操作系统和办公软件上，国产Linux操作系统和办公软件的下载量大幅度地增长，国产Linux操作系统和办公软件的发展也引起了大家的关注。

中国国产软件尤其是基础软件的时代已经来临，希望我国所有的信息化建设都能建立在"安全、可靠、可信"的国产基础软件平台上。

1.5 项目实训 安装与基本配置 Linux 操作系统

1. 视频位置

实训前请扫描二维码观看：项目实录 安装与基本配置 Linux 操作系统。

2. 项目实训目的

- 掌握安装 Linux 的方法和技能。
- 掌握基本配置 Linux 操作系统的方法和技能。

视频 1-3
项目实录
安装与基本配置
Linux 操作系统

3. 项目背景

某公司需要新安装一台带有 RHEL 8 的计算机，该计算机硬盘大小为 300 GB，固件启动类型仍采用传统的 BIOS 模式，而不采用 UEFI 启动模式。

4. 项目要求

（1）规划好 2 台计算机（Server01 和 Client1）的 IP 地址、主机名、虚拟机网络连接方式等内容。

（2）在 Server01 上安装完整的 RHEL 8。

（3）硬盘大小为 300 GB，按以下要求完成分区创建。

- /boot 分区大小为 600 MB。
- swap 分区大小为 4 GB。
- / 分区大小为 10 GB。
- /usr 分区大小为 8 GB。
- /home 分区大小为 8 GB。
- /var 分区大小为 8 GB。
- /tmp 分区大小为 6 GB。
- 预留约 255 GB 不进行分区。

（4）简单设置新安装的 RHEL 8 的网络环境。

（5）安装 GNOME 桌面环境，将显示分辨率调至 1 280×768。

（6）制作快照。

（7）使用虚拟机的"克隆"功能新生成一个 RHEL 8，主机名为 Client1，并设置该主机的 IP 地址等参数（"克隆"生成的主机系统要避免与原主机冲突）。

（8）使用 ping 命令测试这 2 台 Linux 主机的连通性。

深度思考：

（1）分区规划为什么必须慎之又慎？

（2）第一个系统的虚拟内存设置至少多大？为什么？

5. 做一做

请将该项目完整地做一遍。

练习题

一、填空题

1. GNU 的含义是_____。
2. Linux 内核一般有三个主要部分：_____、_____、_____。
3. 目前被称为纯种的 UNIX 的就是_____及_____这两套操作系统。
4. Linux 是基于_____的软件模式发布的，它是 GNU 项目制定的通用公共许可证，通用公共许可证英文是_____。
5. 斯托尔曼成立了自由软件基金会，它的英文是_____。
6. POSIX 是_____的缩写，重点在规范核心与应用程序之间的接口，这是由美国电气与电子工程师学会（Institute of Electrical and Electronics Engineers，IEEE）发布的一项标准。
7. 当前的 Linux 常见的应用可分为_____与_____两个方面。
8. Linux 的版本分为_____和_____两种。
9. 安装 Linux 最少需要两个分区，分别是_____和_____。
10. Linux 默认的系统管理员账号是_____。
11. UEFI 是_____的缩写，中文含义是_____。
12. NVMe 是_____的缩写，中文含义是_____。
13. 非易失性存储器标准硬盘是一种固态硬盘。/dev/nvme0n1 表示第_____个 NVMe 硬盘，/dev/nvme0n2 表示第_____个 NVMe 硬盘，而 /dev/nvme0n1p1 表示_____，/dev/nvme0n1p5 表示_____，以此类推。
14. 传统的基本输入输出系统（basic input output system,BIOS）启动由于_____的限制，默认是无法引导超过_____TB 以上的硬盘的。
15. 如果选择的固件类型为"UEFI"，则 Linux 操作系统至少必须建立四个分区：_____、_____、_____和_____。

二、选择题

1. Linux 最早是由计算机爱好者（　　）开发的。
   A. Richard Petersen　　　　B. Linus Torvalds
   C. Rob Pick　　　　　　　　D. Linux Sarwar
2. 下列（　　）是自由软件。
   A. Windows 10　　　　　　B. UNIX
   C. Linux　　　　　　　　　D. Windows Server 2016
3. 下列（　　）不是 Linux 的特点。
   A. 多任务　　　B. 单用户　　　C. 设备独立性　　　D. 开放性
4. Linux 的内核版本 2.3.20 是（　　）的版本。
   A. 不稳定　　　B. 稳定　　　C. 第三次修订　　　D. 第二次修订
5. Linux 安装过程中的硬盘分区工具是（　　）。
   A. PQmagic　　　B. FDISK　　　C. FIPS　　　D. Disk Druid

6. Linux 的根分区可以设置成（　　）。
   A. FAT16　　　　　B. FAT32　　　　　C. xfs　　　　　D. NTFS

三、简答题

1. 简述 Linux 的体系结构。
2. 使用虚拟机安装 Linux 操作系统时，为什么要选择"稍后安装操作系统"单选按钮，而不是选择"安装程序光盘映像文件"单选按钮？
3. 安装 RHEL 系统的基本磁盘分区有哪些？
4. RHEL 系统支持的文件类型有哪些？
5. 丢失 root 口令如何解决？
6. RHEL 8 采用了 systemd 作为初始化进程，那么如何查看某个服务的运行状态？

项目 2

使用 Linux 常用命令

学习要点

◎ 熟悉 Linux 操作系统的命令基础。
◎ 掌握文件目录类命令。
◎ 掌握系统信息类命令。
◎ 掌握进程管理类命令及其他常用命令。

素养要点

◎ 明确职业技术岗位所需的职业规范和精神，树立社会主义核心价值观。
◎ "大学之道，在明明德，在亲民，在止于至善。""高山仰止，景行行止。虽不能至，然心向往之"。了解计算机的主奠基人——华罗庚教授，知悉读大学的真正含义，以德化人，激发学生的科学精神和爱国情怀。

在文本模式和终端模式下，经常使用 Linux 命令来查看系统的状态和监视系统的操作，如对文件和目录进行浏览、操作等。在 Linux 较早的版本中，由于不支持图形化操作，用户基本上都是使用命令行方式对系统进行操作，所以掌握常用的 Linux 命令是必要的。本项目将对 Linux 的常用命令进行分类介绍。

视频 2-1
Linux 常用命令
与 vim1

2.1 项目相关知识

掌握 Linux 命令对于管理 Linux 网络操作系统是非常必要的。

Linux 命令是对 Linux 操作系统进行管理的命令。对于 Linux 操作系统来说，无论是中央处理器、内存、磁盘驱动器、键盘、鼠标，还是用户等，都是文件。Linux 命令是 Linux 正常运行的核心，与 DOS 命令类似。掌握 Linux 命令对于管理 Linux 操作系统是非常必要的。

2.1.1 了解 Linux 命令的特点

在 Linux 操作系统中，命令区分大小写。在命令行中，可以使用【Tab】键来自动补齐命令，即可以只输入命令的前几个字母，然后按【Tab】键补齐。

按【Tab】键时，如果系统只找到一个与输入字符相匹配的目录或文件，则自动补齐；如果没有匹配的内容或有多个相匹配的名字，系统将发出警鸣声，再按【Tab】键将列出所有相匹配的内容（如果有），以供用户选择。

例如，在命令提示符后输入"mou"，然后按【Tab】键，系统将自动补全该命令为"mount"；如果在命令提示符后只输入"mo"，然后按【Tab】键，将发出一声警鸣，再次按【Tab】键，系统将显示所有以"mo"开头的命令。

另外，利用向上或向下的方向键，可以翻查曾经执行过的命令，并可以再次执行。

如果要在一个命令行上输入和执行多条命令，可以使用分号来分隔命令，如"cd /;ls"。

如果要断开一个长命令行，可以使用反斜杠"\"。它可以将一个较长的命令分成多行表达，增强命令的可读性。执行后，shell 自动显示提示符">"，表示正在输入一个长命令，此时可继续在新的命令行上输入命令的后续部分。

2.1.2 后台运行程序

一个文本控制台或一个仿真终端在同一时刻只能执行一个程序或命令。在执行结束前，一般不能进行其他操作。此时可采用在后台执行程序的方式，以释放控制台或终端，使其仍能进行其他操作。要使程序以后台方式执行，只需在要执行的命令后跟上一个"&"符号即可，如"top &"。

2.2 项目设计与准备

本项目的所有操作都在 Server01 上进行，主要命令包括文件目录类命令、系统信息类命令、进程管理类命令以及其他常用命令等。

可使用"hostnamectl set-hostname Server01"修改主机名（关闭终端后重新打开即生效）。

```
[root@localhost ~]# hostnamectl set-hostname Server01
```

2.3 项目实施

下面通过实例来了解常用的 Linux 命令。先把打开的终端关闭，再重新打开，让新修改的主机名生效。

任务 2-1 熟练使用文件目录类命令

文件目录类命令是对目录和文件进行各种操作的命令。

1. 熟练使用浏览目录类命令

1) pwd 命令

pwd 命令用于显示用户当前所处的目录。

```
[root@Server01 ~]# pwd
/root
```

视频 2-2
Linux 常用命令与 vim2

2) cd 命令

cd 命令用来在不同的目录中进行切换。用户在登录系统后，会处于用户的"家目录"（$HOME）中，该目录一般以 /home 开始，后接用户名，这个目录就是用户的初始登录目录（root 用户的家目录为 /root）。如果用户想切换到其他的目录中，就可以使用 cd 命令，其后接想要切换的目录名。例如：

```
[root@Server01 ~]# cd ..              // 改变目录位置至当前目录的父目录
[root@Server01 /]# cd etc             // 改变目录位置至当前目录下的 etc 子目录下
[root@Server01 etc]# cd ./yum         // 改变目录位置至当前目录下的 yum 子目录下
[root@Server01 yum]# cd ~             // 改变目录位置至用户登录时的主目录（用户的家目录）
[root@Server01 ~]# cd ../etc          // 改变目录位置至当前目录的父目录下的 etc 子目录下
[root@Server01 etc]# cd /etc/xml      // 利用绝对路径表示改变目录到 /etc/xml 目录下
[root@Server01 xml]# cd               // 改变目录位置至用户登录时的工作目录
[root@Server01 ~]#
```

说明：在 Linux 操作系统中，用"."代表当前目录；用".."代表当前目录的父目录；用"～"代表用户的家目录（主目录）。例如，root 用户的家目录是 /root，则不带任何参数的"cd"命令相当于"cd ～"，即将目录切换到用户的家目录。

3) ls 命令

ls 命令用来列出文件或目录信息。该命令的格式为：

```
ls [选项] [目录或文件]
```

ls 命令的常用选项如下。

- -a：显示所有文件，包括以"."开头的隐藏文件。
- -A：显示指定目录下所有的子目录及文件，包括隐藏文件。但不显示"."和".."。
- -t：依照文件最后修改时间的顺序列出文件。
- -F：列出当前目录下的文件名及其类型。
- -R：显示目录下及其所有子目录的文件名。
- -c：按文件的修改时间排序。
- -C：分成多列显示各行。
- -d：如果参数是目录，则只显示其名称，而不显示其下的各个文件。往往与"-l"选项一起使用，以得到目录的详细信息。
- -l：以长格形式显示文件的详细信息。
- -g：同上，并显示文件的所有者工作组名。
- -i：在输出的第一列显示文件的 i 节点号。

例如：

```
[root@Server01 ~]#ls        // 列出当前目录下的文件及目录
[root@Server01 ~]#ls -a     // 列出包括以"."开始的隐藏文件在内的所有文件
[root@Server01 ~]#ls -t     // 依照文件最后修改时间的顺序列出文件
[root@Server01 ~]#ls -F     // 列出当前目录下的文件名及其类型
// 以"/"结尾表示为目录名，以"*"结尾表示为可执行文件，以"@"结尾表示为符号连接
[root@Server01 ~]#ls -l     // 列出当前目录下所有文件的权限、所有者、文件大小、修改时间及名称
[root@Server01 ~]#ls -lg    // 同上，并显示出文件的所有者工作组名
[root@Server01 ~]#ls -R     // 显示出目录下及其所有子目录下的文件名
```

2. 熟练使用浏览文件类命令

1）cat 命令

cat 命令主要用于滚动显示文件内容，或将多个文件合并成一个文件。该命令的格式为：

```
cat  [选项]    文件名
```

cat 命令的常用选项如下。
- -b：对输出内容中的非空行标注行号。
- -n：对输出内容中的所有行标注行号。

通常使用 cat 命令查看文件内容，但是 cat 命令的输出内容不能分页显示，要查看超过一屏的文件内容，需要使用 more 或 less 等其他命令。如果在 cat 命令中没有指定参数，则 cat 会从标准输入（键盘）中获取内容。

例如，查看 /etc/passwd 文件内容的命令为：

```
[root@Server01 ~]#cat  /etc/passwd
```

利用 cat 命令还可以合并多个文件。例如，把 file1 和 file2 文件的内容合并为 file3，且 file2 文件的内容在 file1 文件的内容前面，则命令为：

```
[root@Server01 ~]# echo "This is file1!">file1      //先建立 file1 示例文件
[root@Server01 ~]# echo "This is file2!">file2      //先建立 file2 示例文件
[root@Server01 ~]# cat file2 file1>file3            //如果 file3 文件存在，则此命令的执行结果
                                                    //会覆盖 file3 文件中的原有内容
[root@Server01 ~]# cat file3
This is file2!
This is file1!
[root@Server01 ~]# cat file2 file1>>file3
```
// 如果 file3 文件存在，此命令的执行结果将把 file2 和 file1 文件的内容附加到 file3 文件中原有内容的后面

2）more 命令

在使用 cat 命令时，如果文件内容太长，则用户只能看到文件的最后一部分。这时可以使用 more 命令一页一页地分屏显示文件内容。more 命令通常用于分屏显示文件内容。在大部分情况下，可以不加任何选项直接执行 more 命令查看文件内容。执行 more 命令后，进入 more 状态，按【Enter】键可以向下移动一行，按【Space】键可以向下移动一页，按【Q】键可以退出 more 命令。该命令的格式为：

```
more  [选项]    文件名
```

more 命令的常用选项如下。
- -num：这里的 num 是一个数字，用来指定分页显示时每页的行数。
- +num：指定从文件的第 num 行开始显示。

例如：

```
[root@Server01 ~]#more /etc/passwd          //以分页方式查看 /etc/passwd 文件的内容
[root@Server01 ~]#cat /etc/passwd |more     //以分页方式查看 passwd 文件的内容
```

more 命令经常在管道中被调用，以实现各种命令输出内容的分屏显示。上述的第二个命令就是利用 shell 的管道功能分屏显示 passwd 文件的内容。关于管道的内容在项目 3 中有详细介绍。

3）less 命令

less 命令是 more 命令的改进版，比 more 命令的功能强大。more 命令只能向下翻页，而 less 命令不但可以向下、向上翻页，还可以前后左右移动。执行 less 命令后，进入 less 状态，按【Enter】键可以向下移动一行，按【Space】键可以向下移动一页，按【B】键可以向上移动一页，也可以用方向键向前、后、左、右移动，按【Q】键可以退出 less 命令。

less 命令还支持在一个文本文件中进行快速查找。先按【/】键，再输入要查找的单词或字符。less 命令会在文本文件中进行快速查找，并把找到的第一个搜索目标高亮显示。如果希望继续查找，就再次按【/】键，再按【Enter】键即可。

less 命令的用法与 more 基本相同，例如：

```
[root@Server01 ~]#less /etc/passwd    // 以分页方式查看 passwd 文件的内容
```

4）head 命令

head 命令用于显示文件的开头部分，默认情况下只显示文件前 10 行的内容。该命令的格式为：

```
head [选项] 文件名
```

head 命令的常用选项如下。
- -n num：显示指定文件内容的前 num 行。
- -c num：显示指定文件内容的前 num 个字符。

例如：

```
[root@Server01 ~]#head -n 20 /etc/passwd    // 显示 passwd 文件内容的前 20 行
```

说明：若 -n num 中 num 为负值，则表示从倒数 |num| 行后面的所有行不显示。例如，num=-3 表示文件中倒数第 3 行后面的行不显示，其余都显示。

5）tail 命令

tail 命令用于显示文件内容的末尾部分，默认情况下，只显示文件内容的末尾 10 行。该命令的格式为：

```
tail [选项] 文件名
```

tail 命令的常用选项如下。
- -n num：显示指定文件内容的末尾 num 行。
- -c num：显示指定文件内容的末尾 num 个字符。
- -n +num：从第 num 行开始显示指定文件的内容。

例如：

```
[root@Server01 ~]#tail -n 20 /etc/passwd    // 显示 passwd 文件内容的末尾 20 行
```

tail 命令最强大的功能是可以持续刷新一个文件的内容，想要实时查看最新日志文件时，这个功能特别有用。此时命令的格式为：

```
tail -f 文件名
```

例如：

```
[root@Server01 ~]# tail -f /var/log/messages
```

```
    Aug 19 17:37:44 RHEL8-1 dbus-daemon[2318]: [session uid=0 pid=2318]
Successfully activated service 'org.freedesktop.Tracker1.Miner.Extract'
    ……
    Aug 19 17:39:11 RHEL8-1 dbus-daemon[2318]: [session uid=0 pid=2318]
Successfully activated service 'org.freedesktop.Tracker1.Miner.Extract'
```

3. 熟练使用目录操作类命令

1）mkdir 命令

mkdir 命令用于创建一个目录。该命令的格式为：

```
mkdir  [选项]  目录名
```

上述目录名可以为相对路径，也可以为绝对路径。

mkdir 命令的常用选项如下。

-p：在创建目录时，如果父目录不存在，则同时创建该目录及该目录的父目录。

例如：

```
[root@Server01 ~]#mkdir dir1      // 在当前目录下创建 dir1 子目录
[root@Server01 ~]#mkdir -p dir2/subdir2
// 在当前目录的 dir2 目录中创建 subdir2 子目录，如果 dir2 目录不存在，则同时创建
```

2）rmdir 命令

rmdir 命令用于删除空目录。该命令的格式为：

```
rmdir  [选项]  目录名
```

上述目录名可以为相对路径，也可以为绝对路径。但所删除的目录必须为空目录。

rmdir 命令的常用选项如下。

-p：在删除目录时，一同删除父目录，但父目录中必须没有其他目录及文件。

例如：

```
[root@Server01 ~]#rmdir dir1      // 在当前目录下删除 dir1 空子目录
[root@Server01 ~]#rmdir -p dir2/subdir2
// 删除当前目录中 dir2/subdir2 空子目录，删除 subdir2 目录时，如果 dir2 目录中无其他目录，
则一同删除
```

4. 熟练使用 cp 命令

1）cp 命令的使用方法

cp 命令主要用于文件或目录的复制。该命令的格式为：

```
cp  [选项]  源文件  目标文件
```

cp 命令的常用选项如下。

- -a：尽可能将文件状态、权限等属性按照原状予以复制。
- -f：如果目标文件或目录存在，则先删除它们再进行复制（覆盖），并且不提示用户。
- -i：如果目标文件或目录存在，则提示是否覆盖已有的文件。
- -R：递归复制目录，即包含目录下的各级子目录。

注意：若加选项 -f 后仍提示用户，则说明"cp -i"设置了别名 cp。可取消别名设置：unalias cp。

2）使用 cp 命令的范例

cp 这个命令是非常重要的，不同身份执行这个命令会有不同的结果产生，尤其是 -a、-p 选项，对于不同身份来说，差异非常大。在下面的练习中，有的身份为 root，有的身份为一般账号（在这里用 yangyun 这个账号），练习时请特别注意身份的差别。请观察下面的复制练习。另外，/tmp 是在安装时建立的独立分区，如果安装时没有建立，则请自行建立。

【例 2-1】用 root 身份，将家目录下的 .bashrc 复制到 /tmp 下，并更名为 bashrc。

```
[root@Server01 ~]# cp ~/.bashrc /tmp/bashrc
[root@Server01 ~]# cp -i ~/.bashrc /tmp/bashrc
cp: 是否覆盖'/tmp/bashrc'？ n 不覆盖，y 为覆盖
# 重复两次，由于 /tmp 下已经存在 bashrc 了，加上 -i 选项后
# 在覆盖前会询问用户是否确定！可以按"N"键或者"Y"键来二次确认
```

【例 2-2】变换目录到 /tmp，并将 /var/log/wtmp 复制到 /tmp，且观察其目录属性。

```
[root@Server01 ~]# cd /tmp
[root@Server01 tmp]# cp /var/log/wtmp .    <== 复制到当前目录，最后的"."不要忘记
[root@Server01 tmp]#ls -l /var/log/wtmp wtmp
-rw-rw-r--. 1 root utmp 7680 8月  19 17:09 /var/log/wtmp
-rw-r--r--. 1 root root 7680 8月  19 18:02 wtmp
# 注意上面的特殊字体，在不加任何选项复制的情况下，文件的某些属性/权限会改变
# 这是个很重要的特性，连文件建立的时间也不一样了，要注意
```

如果想要将文件的所有特性都一起复制过来该怎么办？可以加上 -a，如下所示。

```
[root@Server01 tmp]# cp -a /var/log/wtmp wtmp_2
[root@Server01 tmp]# ls -l /var/log/wtmp wtmp_2
-rw-rw-r--. 1 root utmp 7680 8月  19 17:09 /var/log/wtmp
-rw-rw-r--. 1 root utmp 7680 8月  19 17:09 wtmp_2
```

cp 命令的功能很多，由于常常会进行一些数据的复制，所以也会常常用到这个命令。一般来说，如果复制别人的数据（当然，必须要有 read 的权限），总是希望复制到的数据最后是自己的。所以，在预设的条件中，cp 命令的源文件与目的文件的权限是不同的，目的文件的拥有者通常会是命令操作者本身。

例如，在例 2-2 中，由于是 root 的身份，因此复制过来的文件拥有者与群组就变为 root 所有。由于具有这个特性，所以在进行备份的时候，需要特别注意某些特殊权限文件。例如，密码文件（/etc/shadow）以及一些配置文件，就不能直接用 cp 命令来复制，而必须加上 -a 或 -p 等选项。若加 -p 选项，则表示除复制文件的内容外，还把修改时间和访问权限也复制到新文件中。

注意：想要复制文件给其他用户，也必须要注意文件的权限（包含读、写、执行以及文件拥有者等），否则，其他用户还是无法对所给的文件进行修改。

【例 2-3】复制 /etc/ 目录下的所有内容到 /tmp 文件夹。

```
[root@Server01 tmp]# cp /etc /tmp
cp: 未指定 -r；略过目录'/etc'   <== 如果是目录则不能直接复制，要加上 -r 选项
[root@Server01 tmp]# cp -r /etc /tmp
# 再次强调：-r 可以复制目录，但是文件与目录的权限可能会被改变
# 所以，在备份时，常常利用"cp -a /etc /tmp"命令保持复制前后的对象权限不发生变化
```

【例2-4】只有~/.bashrc 比 /tmp/bashrc 更新，才进行复制。

```
[root@Server01 tmp]# cp -u ~/.bashrc /tmp/bashrc
# -u 的特性是只有在目标文件与来源文件有差异时，才会复制
# 所以 -u 常用于"备份"的工作中
```

思考：你能否使用yangyun身份，完整地复制 /var/log/wtmp 文件到 /tmp，并更名为 bobby_wtmp 呢？

参考答案：

```
[root@Server01 tmp]# su - yangyun
[yangyun@Server01 ~]$ cp -a /var/log/wtmp /tmp/bobby_wtmp
[yangyun@Server01 ~]$ ls -l /var/log/wtmp /tmp/bobby_wtmp
-rw-rw-r--. 1 yangyun yangyun 7680 8月 19 17:09 /tmp/bobby_wtmp
-rw-rw-r--. 1 root    utmp    7680 8月 19 17:09 /var/log/wtmp
[yangyun@Server01 ~]$ exit
[root@Server01 tmp]#
```

5. 熟练使用文件操作类命令

1）mv命令

mv命令主要用于文件或目录的移动或改名。该命令的格式为：

```
mv [选项] 源文件或目录 目标文件或目录
```

mv命令的常用选项如下。
- -i：如果目标文件或目录存在，则提示是否覆盖目标文件或目录。
- -f：无论目标文件或目录是否存在，均直接覆盖目标文件或目录，不提示。

例如：

```
// 将当前目录下的 /tmp/wtmp 文件移动到 /usr/ 目录下，文件名不变
[root@Server01 tmp]# cd
[root@Server01 ~]# mv /tmp/wtmp /usr/
// 将 /usr/wtmp 文件移动到根目录下，移动后的文件名为 tt
[root@Server01 ~]# mv /usr/wtmp /tt
```

2）rm命令

rm命令主要用于文件或目录的删除。该命令的格式为：

```
rm [选项] 文件名或目录名
```

rm命令的常用选项如下。
- -i：删除文件或目录时提示用户。
- -f：删除文件或目录时不提示用户。
- -R：递归删除目录，即包含目录下的文件和各级子目录。

例如：

```
// 删除当前目录下的所有文件，但不删除子目录和隐藏文件
[root@Server01 ~]# mkdir /dir1;cd /dir1              // ";" 分隔连续运行的命令
[root@Server01 dir1]# touch aa.txt bb.txt; mkdir subdir11;ll
[root@Server01 dir1]# rm *
```

```
// 删除当前目录下的子目录 subdir11，包含其下的所有文件和子目录，并且提示用户确认
[root@Server01 dir]# rm -iR subdir11
```

3）touch 命令

touch 命令用于建立文件或更新文件的修改日期。该命令的格式为：

```
touch [选项] 文件名或目录名
```

touch 命令的常用选项如下。

- -d yyyymmdd：把文件的存取或修改时间改为 yyyy 年 mm 月 dd 日。
- -a：只把文件的存取时间改为当前时间。
- -m：只把文件的修改时间改为当前时间。

例如：

```
[root@Server01 dir]# cd
[root@Server01 ~]# touch aa
// 如果当前目录下存在 aa 文件，则把 aa 文件的存取和修改时间改为当前时间
// 如果不存在 aa 文件，则新建 aa 文件
[root@Server01 ~]# touch -d 20220808 aa  // 将 aa 文件的存取和修改时间改为 2022 年 8 月 8 日
```

4）rpm 命令

rpm 命令主要用于对 RPM 软件包进行管理。RPM 软件包是 Linux 的各种发行版中应用最为广泛的软件包格式之一。学会使用 rpm 命令对 RPM 软件包进行管理至关重要。该命令的格式为：

```
rpm [选项] 软件包名
```

rpm 命令的常用选项如下。

- -qa：查询系统中安装的所有软件包。
- -q：查询指定的软件包在系统中是否安装。
- -qi：查询系统中已安装软件包的描述信息。
- -ql：查询系统中已安装软件包包含的文件列表。
- -qf：查询系统中指定文件所属的软件包。
- -qp：查询 RPM 软件包文件中的信息，通常用于在未安装软件包之前了解软件包中的信息。
- -i：用于安装指定的 RPM 软件包。
- -v：显示较详细的信息。
- -h：以"#"显示进度。
- -e：删除已安装的 RPM 软件包。
- -U：升级指定的 RPM 软件包。软件包的版本必须比当前系统中安装的软件包的版本高才能正确升级。如果当前系统中并未安装指定的软件包，则直接安装。
- -F：更新软件包。

【例 2-5】使用 rpm 命令查询软件包及文件。

```
[root@Server01 ~]#rpm -qa|more              // 查询系统安装的所有软件包
[root@Server01 ~]#rpm -q selinux-policy     // 查询系统是否安装了 selinux-policy
[root@Server01 ~]#rpm -qi selinux-policy    // 查询系统已安装的软件包的描述信息
[root@Server01 ~]#rpm -ql selinux-policy    // 查询系统已安装软件包包含的文件列表
[root@Server01 ~]#rpm -qf /etc/passwd       // 查询 passwd 文件所属的软件包
```

【例2-6】可以利用 RPM 安装 network-scripts 软件包（在 RHEL 8 中，网络相关服务管理已经转移到 NetworkManager 了，不再是 network。若想使用网卡配置文件，则必须安装 network-scripts 包，该包默认没有安装）。安装与卸载过程如下。

```
[root@Server01 ~]# mount /dev/cdrom /media        // 挂载光盘
[root@Server01 ~]#cd /medai/BaseOS/Packages       // 改变目录到软件包所在的目录
[root@Server01 Packages]# rpm -ivh network-scripts-10.00.6-1.el8.x86_64.rpm
// 安装软件包，系统将以"#"显示安装进度和安装的详细信息
[root@Server01 Packages]#rpm –Uvh network-scripts-10.00.6-1.el8.x86_64.rpm
// 升级 network-scripts 软件包
[root@Server01 Packages]#rpm -e network-scripts-10.00.6-1.el8.x86_64
// 卸载 network-scripts 软件包
```

注意：卸载软件包时不加扩展名 .rpm，如果使用命令 rpm -e network-scripts-10.00.6-1.el8.x86_64-- nodeps，则表示不检查依赖性。另外，软件包的名称会因系统版本而稍有差异，不要机械照抄。

5）whereis 命令

whereis 命令用来查找命令的可执行文件所在的位置。该命令的格式为：

```
whereis   [选项]   命令名称
```

whereis 命令的常用选项如下。

- -b：只查找二进制文件。
- -m：只查找命令的联机帮助手册部分。
- -s：只查找源码文件。

例如：

```
// 查找命令 rpm 的位置
[root@Server01 Packages]# cd
[root@Server01 ~]# whereis rpm
rpm: /usr/bin/rpm /usr/lib/rpm /etc/rpm /usr/share/man/man8/rpm.8.gz
```

6）whatis 命令

whatis 命令用于获取命令简介。它从某个程序的使用手册中抽出一行简单的介绍性文件，帮助用户迅速了解这个程序的具体功能。该命令的格式为：

```
whatis   命令名称
```

例如：（若不成功，请先运行"mandb"命令进行初始化或手动更新索引数据库缓存）

```
[root@Server01 ~]# whatis ls
ls (1)               - list directory contents
ls (1p)              - list directory contents
```

7）find 命令

find 命令用于查找文件。它的功能非常强大。该命令的格式为：

```
find   [路径]   [匹配表达式]
```

find 命令的匹配表达式主要有以下几种类型。

- -name filename：查找指定名称的文件。
- -user username：查找属于指定用户的文件。
- -group grpname：查找属于指定组的文件。
- -print：显示查找结果。
- -size n：查找大小为 n 块的文件，一块为 512 B。符号 "+n" 表示查找大小大于 n 块的文件；符号 "-n" 表示查找大小小于 n 块的文件；符号 "nc" 表示查找大小为 n 个字符的文件。
- -inum n：查找索引节点号为 n 的文件。
- -type：查找指定类型的文件。文件类型有：b（块设备文件）、c（字符设备文件）、d（目录）、p（管道文件）、l（符号链接文件）、f（普通文件）。
- -atime n：查找 n 天前被访问过的文件。"+n" 表示查找超过 n 天前被访问的文件；"-n" 表示查找未超过 n 天前被访问的文件。
- -mtime n：类似于 atime，但检查的是文件内容被修改的时间。
- -ctime n：类似于 atime，但检查的是文件索引节点被改变的时间。
- -perm mode：查找与给定权限匹配的文件，必须以八进制的形式给出访问权限。
- -newer file：查找比指定文件更新的文件，即最后修改时间离现在较近。
- -exec command {} \;：对匹配指定条件的文件执行 command 命令。
- -ok command {} \;：与 exec 相同，但执行 command 命令时请求用户确认。

例如：

```
[root@Server01 ~]# find . -type f -exec ls -l {} \;
// 在当前目录下查找普通文件，并以长格形式显示
[root@Server01 ~]# find /tmp -type f -mtime 5 -exec rm {} \;
// 在 /tmp 目录中查找修改时间为 5 天以前的普通文件，并删除。保证 /tmp 目录存在
[root@Server01 ~]# find /etc -name "*.conf"
// 在 /etc/ 目录下查找文件名以 ".conf" 结尾的文件
[root@Server01 ~]# find . -type d -perm 755 -exec ls {} \;
// 在当前目录下查找权限为 755 的目录并显示
```

注意：由于 find 命令在执行过程中将消耗大量资源，所以建议以后台方式运行。

8）grep 命令

grep 命令用于查找文件中包含指定字符串的行。该命令的格式为：

```
grep [选项] 要查找的字符串 文件名
```

grep 命令的常用选项如下。
- -v：列出不匹配的行。
- -c：对匹配的行计数。
- -l：只显示包含匹配模式的文件名。
- -h：抑制包含匹配模式的文件名的显示。
- -n：每个匹配行只按照相对的行号显示。
- -i：对匹配模式不区分大小写。

在 grep 命令中，字符 "^" 表示行的开始，字符 "$" 表示行的结尾。如果要查找的字符串中带有空格，则可以用单引号或双引号标注。

例如：

```
[root@Server01 ~]# grep -2 root /etc/passwd
//在文件 passwd 中查找包含字符串"root"的行，如果找到，则显示该行及该行前后各2行的内容
[root@Server01 ~]# grep "^root$" /etc/passwd
//在 passwd 文件中搜索只包含"root"四个字符的行
```

提示：grep 命令和 find 命令的差别在于，grep 命令是在文件中搜索满足条件的行，而 find 命令是在指定目录下根据文件的相关信息查找满足指定条件的文件。

【例 2-7】可以利用 grep 命令的 -v 选项，过滤掉带"#"的注释行和空白行。下面的例子是将 /etc/man_db.conf 中的空白行和注释行删除，将简化后的配置文件存放到当前目录下，并更改名字为 man_db.bak。

```
[root@Server01 ~]# grep -v "^#" /etc/man_db.conf |grep -v "^$">man_db.bak
[root@Server01 ~]# cat man_db.bak
```

9）dd 命令

dd 命令用于按照指定大小和数量的数据块来复制文件或转换文件，该命令的格式为：

```
dd [选项]
```

dd 命令是一个比较重要而且有特色的命令，它能够让用户按照指定大小和数量的数据块来复制文件的内容。当然如果需要，还可以在复制过程中转换其中的数据。Linux 操作系统中有一个名为 /dev/zero 的设备文件，因为这个文件不会占用系统存储空间，却可以提供无穷无尽的数据，所以可以使用它作为 dd 命令的输入文件来生成一个指定大小的文件。dd 命令的参数及其作用如表 2-1 所示。

表 2-1　dd 命令的参数及其作用

参　数	作　用
if	输入的文件名称
of	输出的文件名称
bs	设置每个"块"的大小
count	设置要复制"块"的数量

例如，可以用 dd 命令从 /dev/zero 设备文件中取出两个大小为 560 MB 的数据块，然后保存成名为 file1 的文件。理解这个命令后，就能创建任意大小的文件了（进行配额测试时很有用）。

```
[root@Server01 ~]# dd if=/dev/zero of=file1 count=2 bs=560M
记录了 2+0 的读入
记录了 2+0 的写出
1174405120 bytes (1.2 GB, 1.1 GiB) copied, 8.23961 s, 143 MB/s
[root@Server01 ~]# rm file1
```

dd 命令的功能也绝不仅限于复制文件这么简单。如果想把光驱设备中的光盘制作成 iso 映像文件，在 Windows 操作系统中需要借助于第三方软件才能做到，但在 Linux 操作系统中可以直接使用 dd 命令来压制映像文件，将它变成一个可立即使用的 iso 映像文件：

```
[root@Server01 ~]# dd if=/dev/cdrom of=RHEL-server-8.0-x86_64.iso
7311360+0 records in
7311360+0 records out
```

```
3743416320 bytes (3.7 GB) copied, 370.758 s, 10.1 MB/s
[root@Server01 ~]# rm RHEL-server-8.0-x86_64.iso
```

任务 2-2　熟练使用系统信息类命令

系统信息类命令是对系统的各种信息进行显示和设置的命令。

1）dmesg 命令

dmesg 命令用实例名称和物理名称来标识连到系统上的设备。dmesg 命令也用于显示系统诊断信息、操作系统版本号、物理内存大小以及其他信息。例如：

```
[root@Server01 ~]#dmesg|more
```

提示：系统启动时，屏幕上会显示系统 CPU、内存、网卡等硬件信息。但通常显示过程较短，如果用户没有来得及看清，则可以在系统启动后用 dmesg 命令查看。

2）free 命令

free 命令主要用来查看系统内存、虚拟内存的大小及占用情况。例如：

```
[root@Server01 ~]# free
              total        used        free      shared  buff/cache   available
Mem:        1843832     1253956      166480       16976      423396      414636
Swap:       3905532       25344     3880188
```

3）timedatectl 命令

timedatectl 命令对 RHEL /CentOS 7 的分布式系统来说，是一个新工具，RHEL 8 仍然沿用。timedatectl 命令作为 systemd 系统和服务管理器的一部分，代替旧的、传统的、用于基于 Linux 分布式系统的 sysvinit 守护进程的 date 命令。

timedatectl 命令可以查询和更改系统时钟和设置，可以使用此命令来设置或更改当前的日期、时间和时区，或实现与远程 NTP 服务器的自动系统时钟同步。

（1）显示系统的当前时间、日期、时区等信息。

```
[root@Server01 ~]# timedatectl status
               Local time: 一 2021-02-01 11:33:31 EST
           Universal time: 一 2021-02-01 16:33:31 UTC
                 RTC time: 一 2021-02-01 16:33:31
                Time zone: America/New_York (EST, -0500)
System clock synchronized: no
              NTP service: active
          RTC in local TZ: no
```

实时时钟（real-time clock,RTC），即硬件时钟。

（2）设置当前时区。

```
[root@Server01 ~]# timedatectl |grep Time              //查看当前时区
[root@Server01 ~]# timedatectl list-timezones          //查看所有可用时区
[root@Server01 ~]# timedatectl set-timezone Asia/Shanghai     //修改当前时区
```

（3）设置时间和日期。

```
[root@Server01 ~]# timedatectl set-time 10:43:30       //只设置时间
```

Failed to set time: NTP unit is active

这个错误是启动了时间同步造成的，改正错误的办法是关闭该NTP单元。

```
[root@Server01 ~]# clear                                    //清屏
[root@Server01 ~]# timedatectl set-ntp no                   //关闭时间同步
[root@Server01 ~]# timedatectl set-time 10:58:30            //仅设置时间，格式为时分秒
[root@Server01 ~]# timedatectl set-time 2020-08-22          //仅设置日期，格式为年月日
[root@Server01 ~]# timedatectl                              //查看设置结果
[root@Server01 ~]# timedatectl set-time "2021-8-21 11:01:40"  //设置日期和时间
[root@Server01 ~]# timedatectl                              //查看设置结果
```

注意：只有 root 用户才可以改变系统的日期和时间。

4）cal 命令

cal 命令用于显示指定月份或年份的日历，可以带两个参数，其中，年份、月份用数字表示；只有一个参数时表示年份，年份的范围为 1～9999；不带任何参数的 cal 命令显示当前月份的日历。例如：

```
[root@Server01 ~]# cal 7 2022
     七月 2022
 日  一  二  三  四  五  六
                     1   2
  3   4   5   6   7   8   9
 10  11  12  13  14  15  16
 17  18  19  20  21  22  23
 24  25  26  27  28  29  30
 31
```

5）clock 命令

clock 命令用于从计算机的硬件获得日期和时间。例如：

```
[root@Server01 ~]# clock
2020-08-20 05:02:16.072524-04:00
```

任务 2-3　熟练使用进程管理类命令

进程管理类命令是对进程进行各种显示和设置的命令。

1）ps 命令

ps 命令主要用于查看系统的进程。该命令的格式为：

```
ps  [选项]
```

ps 命令的常用选项如下。

- -a：显示当前控制终端的进程（包含其他用户的）。
- -u：显示进程的用户名和启动时间等信息。
- -w：宽行输出，不截取输出中的命令行。
- -l：按长格形式显示输出。
- -x：显示没有控制终端的进程。
- -e：显示所有的进程。

- -t n：显示第 n 个终端的进程。

例如：

```
[root@Server01 ~]# ps -au
USER    PID  %CPU %MEM  VSZ   RSS  TTY   STAT START  TIME COMMAND
root    2459  0.0  0.2  1956  348  tty2  Ss+  09:00  0:00 /sbin/mingetty tty2
root    2460  0.0  0.2  2260  348  tty3  Ss+  09:00  0:00 /sbin/mingetty tty3
root    2461  0.0  0.2  3420  348  tty4  Ss+  09:00  0:00 /sbin/mingetty tty4
root    2462  0.0  0.2  3428  348  tty5  Ss+  09:00  0:00 /sbin/mingetty tty5
root    2463  0.0  0.2  2028  348  tty6  Ss+  09:00  0:00 /sbin/mingetty tty6
root    2895  0.0  0.9  6472 1180  tty1  Ss   09:09  0:00 bash
```

提示：ps 通常和重定向、管道等命令一起使用，用于查找出所需的进程。输出内容第一行的中文解释是：进程的所有者；进程 ID 号；运算器占用率；内存占用率；虚拟内存使用量（单位是 KB）；占用的固定内存量（单位是 KB）；所在终端进程状态；被启动的时间；实际使用 CPU 的时间；命令名称与参数等。

2）pidof 命令

pidof 命令用于查询某个指定服务进程的进程号码值（process identifier,PID），该命令的格式为：

```
pidof [选项] [服务名称]
```

每个进程的 PID 是唯一的，因此可以通过 PID 来区分不同的进程。例如，可以使用如下命令来查询本机上 sshd 服务程序的 PID。

```
[root@Server01 ~]# pidof sshd
1218
```

3）kill 命令

前台进程在运行时，可以用【Ctrl+C】组合键来终止它，但后台进程无法使用这种方法终止，此时可以使用 kill 命令向后台进程发送强制终止信号，以达到目的。例如：

```
[root@Server01 ~]# kill -l
 1) SIGHUP        2) SIGINT       3) SIGQUIT      4) SIGILL
 5) SIGTRAP       6) SIGABRT      7) SIGBUS       8) SIGFPE
 9) SIGKILL      10) SIGUSR1     11) SIGSEGV     12) SIGUSR2
13) SIGPIPE      14) SIGALRM     15) SIGTERM     17) SIGCHLD
18) SIGCONT      19) SIGSTOP     20) SIGTSTP     21) SIGTTIN
22) SIGTTOU      23) SIGURG      24) SIGXCPU     25) SIGXFSZ
26) SIGVTALRM    27) SIGPROF     28) SIGWINCH    29) SIGIO
30) SIGPWR       31) SIGSYS      34) SIGRTMIN    35) SIGRTMIN+1
……
```

上述命令用于显示 kill 命令能够发送的信号种类。每个信号都有一个数值对应，例如，SIGKILL 信号的值为 9。kill 命令的格式为：

```
kill [选项] 进程1 进程2 ……
```

选项 -s 后一般接信号的类型。

例如：

```
[root@Server01 ~]# ps
  PID TTY          TIME CMD
 1448 pts/1    00:00:00 bash
 2394 pts/1    00:00:00 ps
[root@Server01 ~]# kill -s SIGKILL 1448   //或者 kill  -9 1448
//上述命令用于结束bash进程,会关闭终端
```

4) killall 命令

killall 命令用于终止某个指定名称的服务对应的全部进程，该命令格式为：

```
killall [选项] [进程名称]
```

通常来讲，复杂软件的服务程序会有多个进程协同为用户提供服务，如果逐个结束这些进程会比较麻烦，此时可以使用 killall 命令来批量结束某个服务程序带有的全部进程。下面以 sshd 服务程序为例，结束其全部进程。

```
[root@Server01 ~]# pidof sshd
1218
[root@Server01 ~]# killall -9 sshd
[root@Server01 ~]# pidof sshd
[root@Server01 ~]#
```

注意：如果在命令行终端中执行一个命令后想立即停止它，可以按【Ctrl + C】组合键（生产环境中比较常用的一个组合键），这样将立即终止该命令的进程。或者，如果有些命令在执行时不断地在屏幕上输出信息，影响到后续命令的输入，则可以在执行命令时在末尾添加上一个"&"符号，这样命令将在系统后台执行。

5) nice 命令

Linux 操作系统有两个和进程有关的优先级。用"ps -l"命令可以看到两个优先级：PRI 和 NI。PRI 值是进程实际的优先级，它是由操作系统动态计算的。这个优先级的计算和 NI 值有关。NI 值可以被用户更改，NI 值越大，优先级越低。一般用户只能增大 NI 值，只有超级用户才可以减小 NI 值。NI 值被改变后，会影响 PRI 值。优先级高的进程被优先运行，默认时进程的 NI 值为 0。nice 命令的格式为：

```
nice  -n   程序名    //以指定的优先级运行程序
```

其中，n 表示 NI 值，正值代表 NI 值增加，负值代表 NI 值减小。

例如：

```
[root@Server01 ~]# nice --2 ps -l
```

6) renice 命令

renice 命令是根据进程的进程号来改变进程优先级的。renice 命令的格式为：

```
renice  n   进程号
```

其中，n 为修改后的 NI 值。

例如：

```
[root@Server01 ~]# ps -l
F S   UID   PID  PPID  C PRI  NI ADDR SZ WCHAN  TTY          TIME CMD
0 S     0  3324  3322  0  80   0 - 27115 wait   pts/0    00:00:00 bash
4 R     0  4663  3324  0  80   0 - 27032 -      pts/0    00:00:00 ps
[root@Server01 ~]# renice -6 3324
[root@Server01 ~]# ps -l
```

7) top 命令

和 ps 命令不同，top 命令可以实时监控进程的状况。top 命令界面自动每 5 s 刷新一次，也可以用 "top -d 20"，使得 top 命令界面每 20 s 刷新一次。

8) jobs、bg、fg 命令

jobs 命令用于查看在后台运行的进程。例如：

```
[root@Server01 ~]# find / -name h*    //立即按【Ctrl + Z】组合键将当前命令暂停
[1]+  已停止              find / -name h*
[root@Server01 ~]# jobs
[1]+  已停止              find / -name h*
```

bg 命令用于把进程放到后台运行。例如：

```
[root@Server01 ~]# bg %1
```

fg 命令用于把在后台运行的进程调到前台。例如：

```
[root@Server01 ~]# fg %1
```

任务 2-4　熟练使用其他常用命令

除了上面介绍的命令，还有一些命令也经常用到。

1) clear 命令

clear 命令用于清除命令行终端的内容。

2) uname 命令

uname 命令用于显示系统信息。例如：

```
[root@Server01 ~]# uname -a
Linux RHEL8-1 4.18.0-193.el8.x86_64 #1 SMP Fri Mar 27 14:35:58 UTC 2020 x86_64 x86_64 x86_64 GNU/Linux
```

3) man 命令

man 命令用于列出命令的帮助手册，非常有用。例如：

```
[root@Server01 ~]# man ls
```

典型的 man 手册包含以下几部分。
- NAME：命令的名字。
- SYNOPSIS：名字的概要，简单说明命令的使用方法。
- DESCRIPTION：详细描述命令的使用，如各种参数（选项）的作用。
- SEE ALSO：列出可能要查看的其他相关的手册页条目。
- AUTHOR、COPYRIGHT：作者和版权等信息。

4) shutdown 命令

shutdown 命令用于在指定时间关闭系统。该命令的格式为：

```
shutdown  [选项]  时间  [警告信息]
```

shutdown 命令常用的选项如下。
- -r：系统关闭后重新启动。
- -h：关闭系统。

时间可以是以下几种形式。
- now：表示立即。
- hh:mm：指定绝对时间，hh 表示小时，mm 表示分钟。
- +m：表示 m 分钟以后。

例如：

```
[root@Server01 ~]# shutdown -h now    //关闭系统
```

5) halt 命令

halt 命令用于立即停止系统，但该命令不自动关闭电源，需要手动关闭电源。

6) reboot 命令

reboot 命令用于重新启动系统，相当于"shutdown -r now"。

7) poweroff 命令

poweroff 命令用于立即停止系统，并关闭电源，相当于"shutdown -h now"。

8) alias 命令

alias 命令用于创建命令的别名。该命令的格式为：

```
alias  命令别名 = "命令行"
```

例如：

```
[root@Server01 ~]# alias mand="vim /etc/man_db.conf"
//定义 mand 为命令"vim /etc/man_db.conf"的别名，输入 mand 会怎样
```

alias 命令不带任何参数时将列出系统已定义的别名。

9) unalias 命令

unalias 命令用于取消别名的定义。例如：

```
[root@Server01 ~]# unalias mand
```

10) history 命令

history 命令用于显示用户最近执行的命令，可以保留的历史命令数和环境变量 HISTSIZE 有关。只要在编号前加"！"，就可以重新运行 history 中显示出的命令行。例如：

```
[root@Server01 ~]# !128
```

上述代码示例表示重新运行第 128 个历史命令。

11) wget 命令

wget 命令用于在终端中下载网络文件，命令的格式为：

```
wget  [选项]  下载地址
```

12）who 命令

who 命令用于查看当前登录主机的用户终端信息，命令的格式为：

```
who [选项]
```

这三个简单的字母可以快速显示出所有正在登录本机的用户名称以及他们正在开启的终端信息。执行 who 命令后的结果如下。

```
root@Server01 ~]# who
root     tty2            2021-02-12 06:33 (tty2)
```

13）last 命令

last 命令用于查看所有的登录记录，命令的格式为：

```
last [选项]
```

使用 last 命令可以查看本机的登录记录。但是，由于这些信息都是以日志文件的形式保存在系统中的，所以黑客可以很容易地对内容进行篡改。因此，不能单纯以此来判定是否遭黑客攻击。

```
[root@Server01 ~]# last
root     pts/0        :0               Thu May  3 17:34   still logged in
root     pts/0        :0               Thu May  3 17:29 - 17:31  (00:01)
root     pts/1        :0               Thu May  3 00:29   still logged in
root     pts/0        :0               Thu May  3 00:24 - 17:27  (17:02)
root     pts/0        :0               Thu May  3 00:03 - 00:03  (00:00)
root     pts/0        :0               Wed May  2 23:58 - 23:59  (00:00)
root     :0           :0               Wed May  2 23:57   still logged in
reboot   system boot  3.10.0-693.el7.x Wed May  2 23:54 - 19:30  (19:36)
（省略部分登录信息）
```

14）sosreport 命令

sosreport 命令用于收集系统配置及架构信息并输出诊断文档，命令的格式为：

```
sosreport
```

15）echo 命令

echo 命令用于在命令行终端输出字符串或变量提取后的值，命令的格式为：

```
echo [字符串 | $变量]
```

例如，把指定字符串"long60.cn"输出到终端的命令为：

```
[root@Server01 ~]# echo long60.cn
```

该命令会在终端显示如下信息。

```
long60.cn
```

下面，使用 $ 变量的方式提取变量 shell 的值，并将其输出到终端。

```
[root@Server01 ~]# echo $SHELL
/bin/bash                             //显示当前的 bash
```

2.4 拓展阅读　中国计算机的主奠基者

在我国计算机发展的历史"长河"中，有一位做出突出贡献的科学家，他也是中国计算机的主奠基者，你知道他是谁吗？

他就是华罗庚教授——我国计算技术的奠基人和最主要的开拓者之一。华罗庚教授在数学上的造诣和成就深受世界科学家的赞赏。在美国任访问研究员时，华罗庚教授的心里就已经开始勾画我国电子计算机事业的蓝图了！

华罗庚教授于 1950 年回国，1952 年在全国高等学校院系调整时，他从清华大学电机系物色了闵乃大、夏培肃和王传英三位科研人员，在他任所长的中国科学院应用数学研究所内建立了中国第一个电子计算机科研小组。1956 年筹建中国科学院计算技术研究所时，华罗庚教授担任筹备委员会主任。

2.5 项目实训　熟练使用 Linux 基本命令

1. 视频位置
实训前请扫描二维码观看：项目实录　熟练使用 Linux 基本命令。

2. 项目实训目的
- 掌握 Linux 各类命令的使用方法。
- 熟悉 Linux 操作环境。

3. 项目背景
现在有一台已经安装了 Linux 操作系统的主机，并且已经配置了基本的 TCP/IP 参数，能够通过网络连接局域网或远程的主机。还有一台 Linux 服务器，能够提供 FTP、telnet 和 SSH 连接。

4. 项目要求
练习使用 Linux 常用命令，达到熟练应用的目的。

5. 做一做
请将该项目完整地做一遍。

视频 2-3
项目实录
熟练使用 Linux
基本命令

练习题

一、填空题

1. 在 Linux 操作系统中，命令_____大小写。在命令行中，可以使用_____键来自动补齐命令。

2. 如果要在一个命令行上输入和执行多条命令，可以使用_____来分隔命令。

3. 断开一个长命令行，可以使用_____，以将一个较长的命令分成多行表达，增强命令的可读性。执行后，shell 自动显示提示符_____，表示正在输入一个长命令。

4. 要使程序以后台方式执行，只需在要执行的命令后跟上一个_____符号。

二、选择题

1.(　　) 命令能用来查找文件 TESTFILE 中包含四个字符的行。

A. grep '????' TESTFILE　　　　　　B. grep '…' TESTFILE

　　　　　C. grep '^????$' TESTFILE　　　　　D. grep '^…. $ ' TESTFILE
2. (　　) 命令用来显示 /home 及其子目录下的文件名。
　　　　　A. ls -a /home　　　B. ls -R /home　　　C. ls -l /home　　　D. ls -d /home
3. 如果忘记了 ls 命令的用法，可以采用 (　　) 命令获得帮助。
　　　　　A. ? ls　　　　　　B. help ls　　　　　C. man ls　　　　　D. get ls
4. 查看系统当中所有进程的命令是 (　　)。
　　　　　A. ps all　　　　　B. ps aix　　　　　C. ps auf　　　　　D. ps aux
5. Linux 中有多个查看文件的命令，如果希望在查看文件内容过程中通过上下移动光标来查看文件内容，则下列符合要求的命令是 (　　)。
　　　　　A. cat　　　　　　B. more　　　　　　C. less　　　　　　D. head
6. (　　) 命令可以了解当前目录下还有多大空间。
　　　　　A. df　　　　　　　B. du /　　　　　　C. du .　　　　　　D. df .
7. 假如需要找出 /etc/my.conf 文件属于哪个包，可以执行 (　　) 命令。
　　　　　A. rpm -q /etc/my.conf　　　　　　　　B. rpm -requires /etc/my.conf
　　　　　C. rpm -qf /etc/my.conf　　　　　　　　D. rpm -q | grep /etc/my.conf
8. 在应用程序启动时，(　　) 命令用于设置进程的优先级。
　　　　　A. priority　　　　B. nice　　　　　　C. top　　　　　　D. setpri
9. (　　) 命令可以把 f1.txt 复制为 f2.txt。
　　　　　A. cp f1.txt | f2.txt　　　　　　　　　B. cat f1.txt | f2.txt
　　　　　C. cat f1.txt > f2.txt　　　　　　　　　D. copy f1.txt | f2.txt
10. 使用 (　　) 命令可以查看 Linux 的启动信息。
　　　　　A. mesg –d　　　　B. dmesg　　　　　C. cat /etc/mesg　　D. cat /var/mesg

三、简答题

1. more 和 less 命令有何区别？
2. Linux 操作系统下对磁盘的命名原则是什么？
3. 在网上下载一个 Linux 的应用软件，介绍其用途和基本使用方法。

项目 3

shell 与 vim 编辑器

学习要点

◎ 了解 shell 的强大功能和 shell 的命令解释过程。
◎ 会使用重定向和管道。
◎ 掌握正则表达式的使用方法。
◎ 会使用 vim 编辑器。

素养要点

◎ "高山仰止，景行行止"。为计算机事业做出过巨大贡献的王选院士，应是青年学生崇拜的对象，也是师生学习和前行的动力。
◎ 坚定文化自信。"大江歌罢掉头东，邃密群科济世穷。面壁十年图破壁，难酬蹈海亦英雄。"为中华之崛起而读书，从来都不仅限于纸上。

系统管理员有一项重要工作是利用 shell 编程来减小网络管理的难度和强度，而 shell 的文本处理工具、重定向和管道操作、正则表达式等是 shell 编程的基础，也是必须要掌握的内容。同时，系统管理员的一项重要工作就是修改与设定某些重要软件的配置文件，因此系统管理员要学会使用一种以上的文字接口的文本编辑器。所有的 Linux 发行版都内置了 vim。vim 不但可以用不同颜色显示文本内容，还能够进行诸如 shell 脚本、C 语言等程序的编辑，因此，可以将 vim 视为一种程序编辑器。

3.1 项目相关知识

shell 是用户与操作系统内核之间的接口，起着协调用户与系统的一致性和在用户与系统之间进行交互的作用。

3.1.1 shell 概述

1. shell 的地位

shell 在 Linux 操作系统中具有极其重要的地位,Linux 操作系统结构组成如图 3-1 所示。

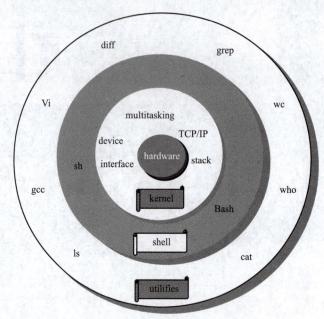

图 3-1 Linux 操作系统结构组成

2. shell 的功能

shell 最重要的功能是命令解释,从这种意义上来说,shell 是一个命令解释器。Linux 操作系统中的所有可执行文件都可以作为 shell 命令来执行。将可执行文件作一个分类,如表 3-1 所示。

表 3-1 可执行文件的分类

类 别	说 明
Linux 命令	存放在 /bin、/sbin 目录下
内置命令	出于效率的考虑,将一些常用命令的解释程序构造在 shell 内部
实用程序	存放在 /usr/bin、/usr/sbin、/usr/local/bin 等目录下
用户程序	用户程序经过编译生成可执行文件后,也可作为 shell 命令运行
shell 脚本	由 shell 语言编写的批处理文件

当用户提交了一个命令后,shell 首先判断它是否为内置命令,如果是就通过 shell 内部的解释器将其解释为系统功能调用并转交给内核执行;若是外部命令或实用程序就试图在硬盘中查找该命令并将其调入内存,再将其解释为系统功能调用并转交给内核执行。在查找该命令时分为两种情况:

(1)用户给出了命令路径,shell 就沿着用户给出的路径查找,若找到则调入内存,若没有则输出提示信息。

(2)用户没有给出命令的路径,shell 就在环境变量 PATH 所制定的路径中依次进行查找,若找到则调入内存,若没找到则输出提示信息。

图 3-2 描述了 shell 是如何完成命令解释的。

此外,shell 还具有如下的一些功能:

① shell 环境变量。
② 正则表达式。
③ 输入/输出重定向与管道。

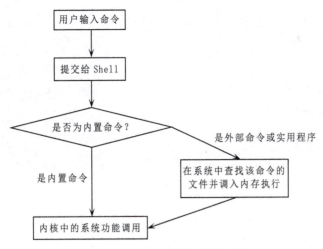

图 3-2　shell 执行命令解释的过程

3. shell 的主要版本

表 3-2 列出了几种常见的 shell 版本。

表 3-2　shell 的不同版本

版　本	说　明
Bourne Again shell（Bash, bsh 的扩展）	Bash 是大多数 Linux 系统的默认 shell。Bash 与 bsh 完全向后兼容，并且在 bsh 的基础上增加和增强了很多特性。Bash 也包含了很多 C shell 和 Korn shell 中的优点。Bash 有很灵活和强大的编程接口，同时又有很友好的用户界面
Korn shell（ksh）	Korn shell（ksh）由 Dave Korn 所写。它是 UNIX 系统上的标准 shell。另外，在 Linux 环境下有一个专门为 Linux 操作系统编写的 Korn shell 的扩展版本，即 Public Domain.Korn shell（pdksh）
tcsh（csh 的扩展）	tcsh 是 C.shell 的扩展。tcsh 与 csh 完全向后兼容，但它包含了更多的使用户感觉方便的新特性，其最大的提高是在命令行编辑和历史浏览方面

3.1.2　shell 环境变量

shell 支持具有字符串值的变量。shell 变量不需要专门的说明语句，通过赋值语句完成变量说明并予以赋值。在命令行或 shell 脚本文件中使用 $name 的形式引用变量 name 的值。

1. 变量的定义和引用

在 shell 中，变量的赋值格式为：

```
name=string
```

其中，name 是变量名，它的值就是 string，"=" 是赋值符号。变量名是以字母或下划线开头的字母、数字和下划线字符序列。

通过在变量名（name）前加 $ 字符（如 $name）引用变量的值，引用的结果就是用字符串 string 代替 $name。此过程也称为变量替换。

在定义变量时，若 string 中包含空格、制表符和换行符，则 string 必须用 'string'（或者 "string"）的形式，即用单（双）引号将其括起来。双引导内允许变量替换，而单引导内则不可以。

下面给出一个定义和使用 shell 变量的例子。

```
// 显示字符常量
$ echo who are you
who are you
$ echo 'who are you'
```

视频 3-1
shell 程序的变量和特殊字符

```
who are you
$ echo "who are you"
who are you
$
// 由于要输出的字符串中没有特殊字符，所以' '和" "的效果是一样的，不用""相当于使用""
$ echo Je t'aime
>
// 由于要使用特殊字符（'），
// 由于'不匹配，shell认为命令行没有结束，按Enter键后会出现系统第二提示符，
// 让用户继续输入命令行，按Ctrl+C组合键结束
$
// 为了解决这个问题，可以使用下面的两种方法
$ echo "Je t'aime"
Je t'aime
$ echo Je t\'aime
Je t'aime
```

2. shell 变量的作用域

与程序设计语言中的变量一样，shell 变量有其规定的作用范围。shell 变量分为局部变量和全局变量。

① 局部变量的作用范围仅仅限制在其命令行所在的 shell 或 shell 脚本文件中。
② 全局变量的作用范围则包括本 shell 进程及其所有子进程。
③ 可以使用 export 内置命令将局部变量设置为全局变量。

下面给出一个 shell 变量作用域的例子。

```
$ var1=Linux              // 在当前 shell 中定义变量 var1
$ var2=unix               // 在当前 shell 中定义变量 var2 并将其输出
$ export var2
$ echo $var1              // 引用变量的值
Linux
$ echo $var2
unix
$ echo $$                 // 显示当前 shell 的 PID
2670
$ bash                    // 调用子 shell
$ echo $$                 // 显示当前 shell 的 PID
2709
$ echo $var1              // 由于 var1 没有被 export，所以在子 shell 中已无值
$ echo $var2              // 由于 var2 被 export，所以在子 shell 中仍有值
unix
$ exit                    // 返回主 shell，并显示变量的值
$ echo $$
2670
$ echo $var1
Linux
$ echo $var2
unix
$
```

3. 环境变量

环境变量是指由 shell 定义和赋初值的 shell 变量。shell 用环境变量来确定查找路径、注册目录、终端类型、终端名称、用户名等。所有环境变量都是全局变量,并可以由用户重新设置。表 3-3 列出了一些系统中常用的环境变量。

表 3-3 shell 中的环境变量

环境变量名	说　明	环境变量名	说　明
EDITOR、FCEDIT	Bash fc 命令的默认编辑器	PATH	Bash 查找可执行文件的搜索路径
HISTFILE	用于存储历史命令的文件	PS1	命令行的一级提示符
HISTSIZE	历史命令列表的大小	PS2	命令行的二级提示符
HOME	当前用户的用户目录	PWD	当前工作目录
OLDPWD	前一个工作目录	SECONDS	当前 shell 开始后所流失的秒数

不同类型的 shell 的环境变量有不同的设置方法。在 Bash 中,设置环境变量用 set 命令,命令的格式为:

```
set 环境变量=变量的值
```

例如,设置用户的主目录为 /home/john,可以用以下命令:

```
$ set HOME=/home/john
```

不加任何参数直接使用 set 命令,可以显示出用户当前所有环境变量的设置,如下所示:

```
$ set
BASH=/bin/Bash
BASH_ENV=/root/.bashrc
(略)
PATH=/usr/local/sbin:/usr/local/bin:/usr/sbin:/usr/bin:/sbin:/bin:/usr/bin/X11
PS1='[\u@\h \W]\$'
PS2='>'
SHELL=/bin/Bash
```

可以看到其中路径 PATH 的设置为:

```
PATH=/usr/local/sbin:/usr/local/bin:/usr/sbin:/usr/bin:/sbin:/bin:/usr/bin/X11
```

总共有七个目录,Bash 会在这些目录中依次搜索用户输入的命令的可执行文件。

在环境变量前面加上 $ 符号,表示引用环境变量的值,例如:

```
# cd $HOME
```

将把目录切换到用户的主目录。

当修改 PATH 变量时,如将一个路径 /tmp 加到 PATH 变量前,应设置为:

```
# PATH=/tmp:$PATH
```

此时,在保存原有 PATH 路径的基础上进行了添加。shell 在执行命令前,会先查找这个目录。

要将环境变量重新设置为系统默认值,可以使用 unset 命令。例如,下面的命令用于将当前的语言环境重新设置为默认的英文状态。

```
# unset LANG
```

4. 工作环境设置文件

shell 环境依赖于多个文件的设置。用户并不需要每次登录后都对各种环境变量进行手工设置，通过环境设置文件，用户的工作环境的设置可以在登录的时候自动由系统来完成。环境设置文件有两种，一种是系统环境设置文件，另一种是个人环境设置文件。

（1）系统中的用户工作环境设置文件

① 登录环境设置文件：/etc/profile。

② 非登录环境设置文件：/etc/bashrc。

（2）用户设置的环境设置文件

① 登录环境设置文件：$HOME/.Bash_profile。

② 非登录环境设置文件：$HOME/.bashrc。

注意：只有在特定的情况下才读取 profile 文件，确切地说是在用户登录的时候。当运行 shell 脚本以后，就无须再读 profile。

系统中的用户环境文件设置对所有用户均生效，而用户设置的环境设置文件对用户自身生效。用户可以修改自己的用户环境设置文件来覆盖在系统环境设置文件中的全局设置，例如：

① 用户可以将自定义的环境变量存放在 $HOME/.Bash_profile 中。

② 用户可以将自定义的别名存放在 $HOME/.bashrc 中，以便在每次登录和调用子 shell 时生效。

3.1.3 正则表达式

1. grep 命令

grep 命令用来在文本文件中查找内容，它的名字源于"global regular expression print"。指定给 grep 的文本模式称为"正则表达式"。它可以是普通的字母或者数字，也可以使用特殊字符来匹配不同的文本模式。稍后将更详细地讨论正则表达式。grep 命令打印出所有符合指定规则的文本行，例如：

```
$ grep 'match_string' file
```

即从指定文件中找到含有字符串的行。

2. 正则表达式字符

Linux 定义了一个使用正则表达式的模式识别机制。Linux 系统库包含了对正则表达式的支持，鼓励程序中使用这个机制。

遗憾的是 shell 的特殊字符辨认系统没有利用正则表达式，因为它们比 shell 自己的缩写更加难用。shell 的特殊字符和正则表达式是很相似的，为了正确利用正则表达式，用户必须了解两者之间的区别。

注意：由于正则表达式使用了一些特殊字符，所以所有的正则表达式都必须用单引号括起来。

正则表达式字符可以包含某些特殊的模式匹配字符。句点匹配任意一个字符，相当于 shell 的问号。紧接句号之后的星号匹配零个或多个任意字符，相当于 shell 的星号。方括号的用法跟 shell 的一样，只是用"^"代替了"!"表示匹配不在指定列表内的字符。

表 3-4 列出了正则表达式的模式匹配字符。

表 3-4　模式匹配字符

模式匹配字符	说　明
.	匹配单个任意字符
[list]	匹配字符串列表中的其中一个字符
[range]	匹配指定范围中的一个字符
[^]	匹配指定字符串或指定范围中以外的一个字符

表 3-5 列出了与正则表达式模式匹配字符配合使用的量词。

表 3-5　量词

量　词	说　明
*	匹配前一个字符 0 次或多次
\{n\}	匹配前一个字符 n 次
\{n, \}	匹配前一个字符至少 n 次
\{n, m\}	匹配前一个字符 n 次至 m 次

表 3-6 列出了正则表达式中可用的控制字符。

表 3-6　控制字符

控 制 字 符	说　明
^	只在行头匹配正则表达式
$	只在行末匹配正则表达式
\	引用特殊字符

控制字符是用来标记行头或者行尾的，支持统计字符串的出现次数。

非特殊字符代表它们自己，如果要表示特殊字符需要在前面加上反斜杠。

例如：

help：匹配包含 help 的行；

\..$：匹配倒数第二个字符是句点的行；

^...$：匹配只有三个字符的行；

^[0-9]\{3\}[^0-9]：匹配以三个数字开头跟着是一个非数字字符的行；

^\（[A-Z][A-Z]\）*$：匹配只包含偶数个大写字母的行。

3.2　项目设计与准备

本项目要用到 Server01，完成的任务如下。

（1）使用重定向。

（2）使用管道。

（3）编写 shell 脚本。

（4）使用 vim 编辑器。

3.3　项目实施

Server01 的 IP 地址为 192.168.10.1/24，计算机的网络连接方式是仅主机模式（VMnet1）。

任务 3-1　使用输入/输出重定向

所谓重定向，就是不使用系统的标准输入端口、标准输出端口或标准错误端口，而进行重新指定，所以重定向分为输入重定向、输出重定向和错误重定向。通常情况下重定向到一个文件。

在 shell 中，要实现重定向主要依靠重定向符实现，即 shell 是检查命令行中有无重定向符来决定是否需要实施重定向。表 3-7 列出了常用的重定向符。

表 3-7　常用的重定向符

重定向符	说　明
<	实现输入重定向。输入重定向并不经常使用，因为大多数命令都以参数的形式在命令行上指定输入文件的文件名。尽管如此，当使用一个不接受文件名为输入参数的命令，而需要的输入又是在一个已存在的文件中时，就能用输入重定向解决问题
> 或 >>	实现输出重定向。输出重定向比输入重定向更常用。输出重定向使用户能把一个命令的输出重定向到一个文件中，而不是显示在屏幕上。很多情况下都可以使用这种功能。例如，如果某个命令的输出很多，在屏幕上不能完全显示，即可把它重定向到一个文件中，稍后再用文本编辑器来打开这个文件
2> 或 2>>	实现错误重定向
&>	同时实现输出重定向和错误重定向

要注意的是，在实际执行命令之前，命令解释程序会自动打开（如果文件不存在则自动创建）且清空该文件（文件中已存在的数据将被删除）。当命令完成时，命令解释程序会正确地关闭该文件，而命令在执行时并不知道它的输出流已被重定向。

下面举几个使用重定向的例子。

（1）将 ls 命令生成的 /tmp 目录的一个清单存到当前目录中的 dir 文件中。

```
$ ls -l  /tmp >dir
```

（2）将 ls 命令生成的 /tmp 目录的一个清单以追加的方式存到当前目录中的 dir 文件中。

```
$ ls -l /tmp >>dir
```

（3）将 passwd 文件的内容作为 wc 命令的输入。

```
$ wc</etc/passwd
```

（4）将命令 myprogram 的错误信息保存在当前目录下的 err_file 文件中。

```
$ myprogram 2>err_file
```

（5）将命令 myprogram 的输出信息和错误信息保存在当前目录下的 output_file 文件中。

```
$ myprogram &>output_file
```

（6）将命令 ls 的错误信息保存在当前目录下的 err_file 文件中。

```
$ ls -l  2>err_file
```

注意：该命令并没有产生错误信息，但 err_file 文件中的原文件内容会被清空。

当输入重定向符时，命令解释程序会检查目标文件是否存在。如果不存在，命令解释程序将会根据给定的文件名创建一个空文件；如果文件已经存在，命令解释程序则会清除其内容并准备写入命令的输出结果。这种操作方式表明：当重定向到一个已存在的文件时需要十分小心，数据很容易在用户还没有意识到之前就丢失了。

Bash 输入 / 输出重定向可以通过使用下面的选项设置为不覆盖已存在的文件：

```
$ set -o noclobber
```

这个选项仅用于对当前命令解释程序输入输出进行重定向，而其他程序仍可能覆盖已存在的文件。

（7）/dev/null。空设备的一个典型用法是丢弃从 find 或 grep 等命令送来的错误信息：

```
$ grep delegate /etc/* 2>/dev/null
```

上面的 grep 命令的含义是从 /etc 目录下的所有文件中搜索包含字符串 delegate 的所有行。由于是在普通用户的权限下执行该命令，grep 命令是无法打开某些文件的，系统会显示一大堆"未得到允许"的错误提示。通过将错误重定向到空设备，可以在屏幕上只得到有用的输出。

任务 3-2　使用管道

许多 Linux 命令具有过滤特性，即一条命令通过标准输入端口接收一个文件中的数据，命令执行后产生的结果数据又通过标准输出端口送给后一条命令，作为该命令的输入数据。后一条命令也是通过标准输入端口接收输入数据。

shell 提供管道命令"|"将这些命令前后衔接在一起，形成一个管道线。格式为：

```
命令 1|命令 2|…|命令 n
```

管道线中的每一条命令都作为一个单独的进程运行，每一条命令的输出作为下一条命令的输入。由于管道线中的命令总是从左到右顺序执行的，因此管道线是单向的。

管道线的实现创建了 Linux 操作系统管道文件并进行重定向，但是管道不同于 I/O 重定向，输入重定向导致一个程序的标准输入来自某个文件，输出重定向是将一个程序的标准输出写到一个文件中，而管道是直接将一个程序的标准输出与另一个程序的标准输入相连接，不需要经过任何中间文件。

例如，运行命令 who 来找出谁已经登录进入系统：

```
$ who >tmpfile
```

该命令的输出结果是每个用户对应一行数据，其中包含了一些有用的信息，将这些信息保存在临时文件中。

现在运行下面的命令：

```
$ wc -l <tmpfile
```

该命令会统计临时文件的行数，最后的结果是登录系统中的用户的人数。

可以将以上两个命令组合起来：

```
$ who|wc -l
```

管道符号告诉命令解释程序将左边的命令（在本例中为 who）的标准输出流连接到右边的命令（在本例中为 wc -l）的标准输入流。现在命令 who 的输出不经过临时文件就可以直接送到命令 wc 中。

下面再举几个使用管道的例子。

（1）以长格式递归的方式分屏显示 /etc 目录下的文件和目录列表。

```
$ ls -Rl   /etc | more
```

（2）分屏显示文本文件 /etc/passwd 的内容。

```
$ cat /etc/passwd | more
```

（3）统计文本文件 /etc/passwd 的行数、字数和字符数。

```
$ cat /etc/passwd | wc
```

（4）查看是否存在 john 用户账号。显示为空表示不存在该用户。

```
$ cat /etc/passwd | grep john
```

（5）查看系统是否安装了 apache 和 yum 软件包。显示为空表示没有安装该软件。

```
$ rpm -qa | grep apache
$ rpm -qa | grep yum
```

（6）显示文本文件中的若干行。

```
$ tail -15 myfile | head -3
```

管道仅能操纵命令的标准输出流。如果标准错误输出未重定向，那么任何写入其中的信息都会在终端显示屏幕上显示。管道可用来连接两个以上的命令。由于使用了一种称为过滤器的服务程序，多级管道在 Linux 中是很普遍的。过滤器只是一段程序，它从自己的标准输入流读入数据，然后写到自己的标准输出流中，这样就能沿着管道过滤数据，例如：

```
$  who|grep   ttyp| wc  -l
```

who 命令的输出结果由 grep 命令来处理，而 grep 命令则过滤掉（丢弃掉）所有不包含字符串 ttyp 的行。这个输出结果经过管道送到命令 wc，而该命令的功能是统计剩余的行数，这些行数与网络用户的人数相对应。

Linux 操作系统的一个最大优势就是按照这种方式将一些简单的命令连接起来，形成更复杂的、功能更强的命令。那些标准的服务程序仅仅是一些管道应用的单元模块，在管道中它们的作用更加明显。

任务 3-3　编写 shell 脚本

shell 最强大的功能在于它是一个功能强大的编程语言。用户可以在文件中存放一系列的命令，这被称为 shell 脚本或 shell 程序，将命令、变量和流程控制有机地结合起来将会得到一个功能强大的编程工具。shell 脚本语言非常擅长处理文本类型的数据，由于 Linux 操作系统中的所有配置文件都是纯文本的，所以 shell 脚本语言在管理 Linux 操作系统中发挥了巨大作用。

1. 脚本的内容

shell 脚本是以行为单位的，在执行脚本的时候会分解成一行一行依次执行。脚本中所包含的成分主要有注释、命令、shell 变量和流程控制语句。其中：

（1）注释。用于对脚本进行解释和说明，在注释行的前面要加上符号"#"，这样在执行脚本的时候 shell 就不会对该行进行解释。

（2）命令。在 shell 脚本中可以出现任何在交互方式下可以使用的命令。

（3）shell 变量。shell 支持具有字符串值的变量。shell 变量不需要专门的说明语句，通过赋值语句完成变量说明并予以赋值。在命令行或 shell 脚本文件中使用 $name 的形式引用变量

name 的值。

（4）流程控制。主要为一些用于流程控制的内部命令。

表 3-8 列出了 shell 中用于流程控制的内置命令。

表 3-8　shell 中用于流程控制的内置命令

命　　令	说　　明
text expr 或 [expr]	用于测试一个表达式 expr 值真假
if expr then command-table fi	用于实现单分支结构
if expr then command-table else command-talbe fi	用于实现双分支结构
case…case	用于实现多分支结构
for…do…done	用于实现 for 型循环
while…do…done	用于实现当型循环
until…do…done	用于实现直到型循环
break	用于跳出循环结构
continue	用于重新开始下一轮循环

2. 脚本的建立与执行

用户可以使用任何文本编辑器编辑 shell 脚本文件，如 vi、gedit 等。

shell 对 shell 脚本文件的调用可以采用三种方式：

（1）将文件名（script_file）作为 shell 命令的参数。其调用格式为：

```
$ bash script_file
```

当要被执行的脚本文件没有可执行权限时只能使用这种调用方式。

（2）先将脚本文件（script_file）的访问权限改为可执行，以便该文件可以作为执行文件调用。具体方法是：

```
$ chmod +x script_file
$ PATH=$PATH:$PWD
$ script_file
```

③ 当执行一个脚本文件时，shell 就产生一个子 shell（即一个子进程）去执行文件中的命令。因此，脚本文件中的变量值不能传递到当前 shell（即父进程）。为了使脚本文件中的变量值传递到当前 shell，必须在命令文件名前面加 "." 命令。即：

```
$ ./script_file
```

"." 命令的功能是在当前 shell 中执行脚本文件中的命令，而不是产生一个子 shell 执行命令文件中的命令。

3. 编写第一个 shell 脚本程序

```
[root@RHEL7-1 ~]# mkdir scripts; cd scripts
[root@RHEL7-1 scripts]# vim sh01.sh
#!/bin/bash
# Program:
# This program shows "Hello World!" in your screen.
# History:
# 2012/08/23    Bobby   First release
PATH=/bin:/sbin:/usr/bin:/usr/sbin:/usr/local/bin:/usr/local/sbin:~/bin
export PATH
```

```
echo -e "Hello World! \a \n"
exit 0
```

在这个程序中,请将所有撰写的脚本放置到家目录的 ~/scripts 这个目录内,以利于管理。下面分析一下上面的程序:

(1)第三行 #!/bin/bash 在声明这个脚本使用的 shell 名称。

因为使用的是 bash,所以,必须要以"#!/bin/bash"来声明这个文件内的语法使用 bash 的语法。那么当这个程序被运行时,就能够加载 bash 的相关环境配置文件(一般来说就是 non-login shell 的 ~/.bashrc),并且运行 bash 来使下面的命令能够运行。这是很重要的。在很多情况下,如果没有设置好这一行,那么该程序很可能会无法运行,因为系统可能无法判断该程序需要使用什么 shell 来运行。

(2)程序内容的说明。

在整个脚本当中,除了第三行的"#!"是用来声明 shell 的之外,其他的 # 都是"注释"用途。所以上面的程序当中,第四行以下就是用来说明整个程序的基本数据。

建议:一定要养成说明该 script 的内容与功能、版本信息、作者与联络方式、建立日期、历史记录等习惯。这将有助于未来程序的改写与调试。

(3)主要环境变量的声明。

建议务必要将一些重要的环境变量设置好,PATH 与 LANG(如果使用与输出相关的信息时)是当中最重要的。如此一来,则可让这个程序在运行时可以直接执行一些外部命令,而不必写绝对路径。

(4)主要程序部分。

在这个例子当中,就是 echo 那一行。

(5)运行成果告知(定义返回值)。

一个命令的运行成功与否,可以使用 $? 这个变量来查看。也可以利用 exit 这个命令来让程序中断,并且返回一个数值给系统。在这个例子当中,使用 exit 0,这代表离开 script 并且返回传一个 0 给系统,所以当运行完这个脚本后,若接着执行 echo $? 则可得到 0 的值。读者应该也知道了,利用这个 exit n(n 是数字)的功能,还可以自定义错误信息,让这个程序变得更加智能。

该程序的运行结果如下:

```
[root@RHEL7-1 scripts]# sh   sh01.sh
Hello World !
```

而且应该还会听到"咚"的一声,为什么呢?这是 echo 加上 -e 选项的原因。

另外,也可以利用"chmod a+x sh01.sh; ./sh01.sh"来运行这个脚本。

任务 3-4 使用 vim 编辑器

vi 是 vimsual interface 的简称,vim 在 vi 的基础上改进和增加了很多特性,它是纯粹的自由软件。它可以执行输出、删除、查找、替换、块操作等众多文本操作,而且用户可以根据自己的需要对其进行定制,这是其他编辑程序所不具备的。vim 不是一个排版程序,它不像 Word 或 WPS 那样可以对字体、格式、段落等其他属性进行编排,它只是一个文本编辑程序。vim 是全屏幕文本编辑器,它没有菜单,只有命令。

1. vim 的启动与退出

在系统提示符后输入 vim 和想要编辑（或建立）的文件名，便可进入 vim，例如：

```
$ vim
$ vim myfile
```

如果只输入 vim，而不带文件名，也可以进入 vim，如图 3-3 所示。

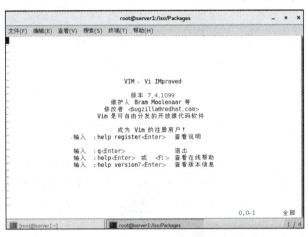

图 3-3 vim 编辑环境

在命令模式下输入 :q、:q!、:wq 或 :x（注意":"号），就会退出 vim。其中，:wq 和 :x 是保存退出，而 :q 是直接退出。如果文件已有新的变化，vim 会提示保存文件，:q 命令也会失效，这时可以用 :w 命令保存文件后再用 :q 命令退出，或用 :wq、:x 命令退出，如果不想保存改变后的文件，就需要用 :q! 命令，这个命令将不保存文件而直接退出 vim。例如：

```
:w                    // 保存
:w    filename        // 另存为 filename
:wq!                  // 保存退出
:wq! filename         // 以 filename 为文件名保存后退出
:q!                   // 不保存退出
:x                    // 保存并退出，功能和 :wq! 相同
```

2. vim 的工作模式

vim 有三种基本工作模式：编辑模式、插入模式和命令模式。考虑到各种用户的需要，采用状态切换的方法实现工作模式的转换。切换只是习惯性的问题，一旦能够熟练使用 vim，就会觉得它其实也很好用。

进入 vim 之后，首先进入的是编辑模式。进入编辑模式后 vim 等待编辑命令输入而不是文本输入，也就是说这时输入的字母都将作为编辑命令来解释。

进入编辑模式后光标停在屏幕第一行首位，用"_"表示，其余各行的行首均有一个"~"符号，表示该行为空行。最后一行是状态行，显示出当前正在编辑的文件名及其状态。如果是[New File]，则表示该文件是一个新建的文件；如果输入 vim 带文件名后，文件已在系统中存在，则在屏幕上显示出该文件的内容，并且光标停在第一行的首位，在状态行显示出该文件的文件名、行数和字符数。

在编辑模式下输入插入命令 i、附加命令 a、打开命令 o、修改命令 c、取代命令 r 或替换命令 s 都可以进入插入模式。在插入模式下，用户输入的任何字符都被 vim 当作文件内容保存起来，并将其显示在屏幕上。在文本输入过程中（插入模式下），若想回到命令模式下，按"Esc"

键即可。

在编辑模式下，用户按【:】键即可进入命令模式，此时 vim 会在显示窗口的最后一行（通常也是屏幕的最后一行）显示一个【:】作为命令模式的提示符，等待用户输入命令。多数文件管理命令都是在此模式下执行的。末行命令执行完后，vim 自动回到编辑模式。

若在命令模式下输入命令过程中改变了主意，可用退格键将输入的命令全部删除之后，再按一下退格键，即可使 vim 回到编辑模式。

3. vim 命令

在编辑模式下，输入表 3-9 所示的命令均可进入插入模式。

表 3-9　进入插入模式的命令

类　型	命　令	说　明
进入插入模式	i	从光标所在位置前开始插入文本
	I	将光标移到当前行的行首，然后在其前插入文本
	a	用于在光标当前所在位置之后追加新文本
	A	将光标移到所在行的行尾，从那里开始插入新文本
	o	在光标所在行的下面新开一行，并将光标置于该行行首，等待输入
	O	在光标所在行的上面插入一行，并将光标置于该行行首，等待输入

表 3-10 列出了常用的命令模式下的命令。

表 3-10　常用的命令模式下的命令

类　型	命　令	说　明
跳行	:n	直接输入要移动到的行号即可实现跳行
退出	:q	退出 vim
	:wq	保存退出 vim
	:q!	不保存退出 vim
文件相关	:w	在光标所在行的下面新开一行，并将光标置于该行行首，等待输入
	:w file	在光标所在行的上面插入一行，并将光标置于该行行首，等待输入
	:n1,n2w file	将从 n1 开始到 n2 结束的行写到 file 文件中
	:nw file	将第 n 行写到 file 文件中
	:1,.w file	将从第 1 行起到光标当前位置的所有内容写到 file 文件中
	:.,$w file	将从光标当前位置起到文件结尾的所有内容写到 file 文件中
	:r file	打开另一个文件 file
	:e file	新建 file 文件
	:f file	把当前文件改名为 file 文件
字符串搜索、替换和删除	:/str/	从当前光标开始往右移动到有 str 的地方
	:?str?	从当前光标开始往左移动到有 str 的地方
	:/str/w file	将包含有 str 的行写到文件 file 中
	:/str1/,/str2/w file	将从 str1 开始到 str2 结束的内容写入 file
	:s/str1/str2/	将第一个 str1 替换为 str2
	:s/str1/str2/g	将所有的 str1 替换为 str2
文本的复制、删除和移动	:n1,n2 co n3	将从 n1 开始到 n2 为止的所有内容复制到 n3 后面
	:n1,n2 m n3	将从 n1 开始到 n2 为止的所有内容移动到 n3 后面
	:d	删除当前行
	:nd	删除第 n 行
	:n1,n2 d	删除从 n1 开始到 n2 为止的所有内容
	:.,$d	删除从当前行到结尾的所有内容
	:/str1/,/str2/d	删除从 str1 开始到 str2 为止的所有内容

续表

类型	命令	说明
执行 shell 命令	:!Cmd	运行 shell 命令 Cmd
	:n1,n2 w ! Cmd	将 n1 到 n2 行的内容作为 Cmd 命令的输入,如果不指定 n1 和 n2,则将整个文件的内容作为命令 Cmd 的输入
	:r ! Cmd	将命令运行的结果写入当前行位置

这些命令看似复杂,其实使用时非常简单。例如,删除也带有剪切的意思,当删除文字时,可以把光标移动到某处,按【Shift+P】组合键就把内容粘贴在原处,然后移动光标到某处,然后按【P】键或【Shift+P】组合键又能粘贴上。

```
p                    // 光标之后粘贴
shift+p              // 在光标之前粘贴
```

当进行查找和替换时,按【Esc】键进入命令模式,然后输入 / 或 ? 就可以进行查找。例如,在一个文件中查找 swap 单词,首先按【Esc】键,进入命令模式,然后输入:

```
/swap
```

或

```
?swap
```

若把光标所在的行中的所有单词 the 替换成 THE,则需输入:

```
:s /the/THE/g
```

仅仅是把第 1 行到第 10 行中的 the 替换成 THE,则需输入:

```
:1,10  s /the/THE/g
```

这些编辑指令非常有弹性,基本上可以说是由指令与范围所构成。而且需要注意的是,此处采用 PC 的键盘来说明 vim 的操作,但在具体的环境中还要参考相应的资料。

3.4 拓展阅读　为计算机事业做出过巨大贡献的王选院士

王选院士曾经为中国的计算机事业做出过巨大贡献,并因此获得国家最高科学技术奖,你知道王选院士吗?

王选(1937年2月5日—2006年2月13日),出生于上海,江苏无锡人,九三学社成员,1958年9月参加工作,北京大学数学力学系计算数学专业毕业,大学学历,教授,中国科学院院士,中国工程院院士,第八届全国政协委员,第十届全国政协副主席。第九届全国人大常委会委员、全国人大教育科学文化卫生委员会副主任委员。

他是汉字激光照排系统的创始人和技术负责人。他所领导的科研集体研制出的汉字激光照排系统为新闻、出版全过程的计算机化奠定了基础,被誉为"汉字印刷术的第二次发明"。1992年,王选又研制成功世界首套中文彩色照排系统。先后获日内瓦国际发明展览金牌,中国专利发明金奖,联合国教科文组织科学奖,国家重大技术装备研制特等奖等众多奖项,1987年和1995年两次获得国家科技进步一等奖;1985年和1995年两度列入国家十大科技成就,是国内唯一四度获国家级奖励的项目。他本人被授予国家级有突出贡献的专家称号,并多次获全国及北京市劳模、先进工作者、首都楷模等称号,1987年获得中国印刷业最高荣誉奖——毕昇奖及森泽信夫奖，1995 年获何梁何利基金奖，2001 年获国家最高科学技术奖。

3.5 项目实训

◎ 项目实训一 shell 编程

视频 3-2
项目实录
使用 shell 编程

1. 视频位置

实训前请扫二维码观看：项目实录 使用 shell 编程。

2. 项目实训目的
- 掌握 shell 环境变量、管道、输入/输出重定向的使用方法。
- 熟悉 shell 程序设计。

3. 项目背景

（1）如果想要计算 1+2+3+…+100 的值。利用循环，该怎样编写程序？

如果想要让用户自行输入一个数字，让程序由 1+2+…直到你输入的数字为止，该如何撰写呢？

（2）创建一个脚本，名为 /root/batchusers，此脚本能实现为系统创建本地用户，并且这些用户的用户名来自一个包含用户名列表的文件。同时满足下列要求：
- 此脚本要求提供一个参数，此参数就是包含用户名列表的文件；
- 如果没有提供参数，此脚本应该给出下面的提示信息 Usage: /root/batchusers 然后退出并返回相应的值；
- 如果提供一个不存在的文件名，此脚本应该给出下面的提示信息 input file not found 然后退出并返回相应的值；
- 创建的用户登录 shell 为 /bin/false；
- 此脚本需要为用户设置默认密码 "123456"。

4. 项目实训内容

练习 shell 程序设计方法及 shell 环境变量、管道、输入/输出重定向的使用方法。

5. 做一做

根据项目实录视频进行项目的实训，检查学习效果。

◎ 项目实训二 vim 编辑器

视频 3-3
项目实录
使用 vim 编辑器

1. 视频位置

实训前请扫二维码观看：项目实录 使用 vim 编辑器。

2. 项目实训目的
- 掌握 vim 编辑器的启动与退出。
- 掌握 vim 编辑器的三种模式及使用方法。
- 熟悉 C/C++ 编译器 gcc 的使用。

3. 项目背景

在 Linux 操作系统中设计一个 C 语言程序，当程序运行时显示图 3-4 所示的运行效果。

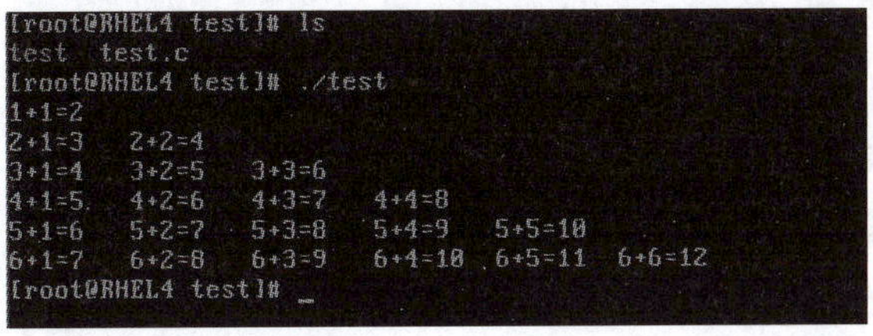

图 3-4 运行效果

4. 项目实训内容

练习 vim 编辑器的启动与退出；练习 vim 编辑器的使用方法；练习 C/C++ 编译器 gcc 的使用。

5. 做一做

根据项目实录视频进行项目的实训，检查学习效果。

练习题

一、填空题

1. 由于核心在内存中是受保护的区块，因此必须通过_____将输入的命令与 Kernel 沟通，以便让 Kernel 可以控制硬件正确无误地工作。

2. 系统合法的 shell 均写在_____文件中。

3. 用户默认登录取得的 shell 记录于_____的最后一个字段。

4. bash 的功能主要有_____；_____；_____；_____；_____；_____等。

5. shell 变量有其规定的作用范围，可以分为_____与_____。

6. _____可以观察目前 bash 环境下的所有变量。

7. 通配符主要有_____、_____、_____等。

8. 正则表达式就是处理字符串的方法，是以_____为单位来进行字符串的处理的。

9. 正则表达式通过一些特殊符号的辅助，可以让使用者轻易地_____、_____、_____某个或某些特定的字符串。

10. 正则表达式与通配符是完全不一样的。_____代表的是 bash 操作接口的一个功能，但_____则是一种字符串处理的表示方式。

二、简答题

1. vim 的三种运行模式是什么？如何切换？

2. 什么是重定向？什么是管道？什么是命令替换？

3. shell 变量有哪两种？分别如何定义？

4. 如何设置用户自己的工作环境？

5. 关于正则表达式的练习，首先要设置好环境，输入以下命令：

```
$cd
$cd  /etc
$ls  -a  >~/data
$cd
```

这样，/etc 目录下的所有文件的列表就会保存在你的主目录下的 data 文件中。

写出可以在 data 文件中查找满足条件的所有行的正则表达式。

（1）以"P"开头。

（2）以"y"结尾。
（3）以"m"开头以"d"结尾。
（4）以"e"、"g"或"l"开头。
（5）包含"o",它后面跟着"u"。
（6）包含"o",隔一个字母之后是"u"。
（7）以小写字母开头。
（8）包含一个数字。
（9）以"s"开头,包含一个"n"。
（10）只含有四个字母。
（11）只含有四个字母,但不包含"f"。

学习情境二

系统管理与配置

项目4 管理用户和组
项目5 管理文件系统和磁盘
项目6 配置网络和使用 SSH 服务
项目7 配置与管理网络文件系统

故不积跬步，无以至千里；不积小流，无以成江海。
——《荀子·劝学》

项目 4 管理用户和组

学习要点

◎ 了解用户和组配置文件。
◎ 熟练掌握 Linux 下用户的创建与维护管理。
◎ 熟练掌握 Linux 下组的创建与维护管理。
◎ 熟悉用户账户管理器的使用方法。

素养要点

◎ 了解中国国家顶级域名"CN",了解我国互联网发展中的大事和大师,激发学生的自豪感。

◎ "古之立大事者,不惟有超世之才,亦必有坚忍不拔之志",鞭策学生努力学习。

Linux 是多用户多任务的网络操作系统,作为网络管理员,掌握用户和组的创建与管理至关重要。本项目将主要介绍利用命令行和图形工具对用户和组进行创建与管理等内容。

4.1 项目相关知识

Linux 操作系统是多用户多任务的操作系统,允许多个用户同时登录系统,使用系统资源。

4.1.1 理解用户账户和组

用户账户是用户的身份标识。用户通过用户账户可以登录系统,并访问已经被授权的资源。系统依据账户来区分属于每个用户的文件、进程、任务,并给每个用户提供特定的工作环境(如用户的工作目录、shell 版本以及图形化的环境配置等),使每个用户都能各自不受干扰地独立工作。

Linux 操作系统下的用户账户分为两种:普通用户账户和超级用户账户(root)。普通用户账

视频 4-1
管理 Linux 服务器的用户和组

户在系统中只能进行普通工作，只能访问他们拥有的或者有权限执行的文件。超级用户账户也称为管理员账户，它的任务是对普通用户和整个系统进行管理。超级用户账户对系统具有绝对的控制权，能够对系统进行一切操作，如操作不当很容易造成系统损坏。

因此即使系统只有一个用户使用，也应该在超级用户账户之外再建立一个普通用户账户，在用户进行普通工作时以普通用户账户登录系统。

在 Linux 操作系统中，为了方便管理员的管理和用户的工作，产生了组的概念。组是具有相同特性的用户的逻辑集合，使用组有利于系统管理员按照用户的特性组织和管理用户，提高工作效率。有了组，在进行资源授权时可以把权限赋予某个组，组中的成员即可自动获得这种权限。一个用户账户可以同时是多个组的成员，其中某个组是该用户的主组（私有组），其他组为该用户的附属组（标准组）。表 4-1 所示为用户和组的基本概念。

表 4-1 用户和组的基本概念

概念	描述
用户名	用于标识用户的名称，可以是字母、数字组成的字符串，区分大小写
密码	用于验证用户身份的特殊验证码
用户标识（User ID，UID）	用于表示用户的数字标识符
用户主目录	用户的私人目录，也是用户登录系统后默认所在的目录
登录 shell	用户登录后默认使用的 shell 程序，默认为 /bin/bash
组	具有相同属性的用户属于同一个组
组标识（Group ID，GID）	用于表示组的数字标识符

root 用户的 UID 为 0；系统用户的 UID 从 1 到 999；普通用户的 UID 可以在创建时由管理员指定，如果不指定，则用户的 UID 默认从 1000 开始顺序编号。在 Linux 操作系统中，创建用户账户的同时也会创建一个与用户同名的组，该组是用户的主组。普通组的 GID 默认也从 1000 开始编号。

4.1.2 理解用户账户文件

用户账户信息和组信息分别存储在用户账户文件和组文件中。

1. /etc/passwd 文件

准备工作：新建用户 bobby、user1、user2，将 user1 和 user2 加入 bobby 组。

```
[root@Server01 ~]# useradd bobby; useradd user1; useradd user2
[root@Server01 ~]# usermod -G bobby user1
[root@Server01 ~]# usermod -G bobby user2
```

在 Linux 操作系统中，创建的用户账户及其相关信息（密码除外）均放在 /etc/passwd 配置文件中。用 vim 编辑器（或者使用 cat /etc/passwd）打开 passwd 文件，如下：

```
root:x:0:0:root:/root:/bin/bash
bin:x:1:1:bin:/bin:/sbin/nologin
daemon:x:2:2:daemon:/sbin:/sbin/nologin
user1:x:1002:1002::/home/user1:/bin/bash
```

文件中的每一行代表一个用户账户的资料，可以看到第一个用户是 root，然后是一些标准账户，此类账户的 shell 为 /sbin/nologin，代表无本地登录权限，最后一行是由系统管理员创建的普通账户：user1。

passwd 文件的每一行用"："分隔为七个字段，各个字段的内容如下：

用户名：加密口令：UID:GID:用户的描述信息：主目录：命令解释器（登录 shell）

passwd 文件字段说明如表 4-2 所示，其中少数字段的内容是可以为空的，但仍需使用":"进行占位来表示该字段。

表 4-2 passwd 文件字段说明

字 段	说 明
用户名	用户账户名称，用户登录时使用的用户名
加密口令	用户口令，考虑系统的安全性，现在已经不使用该字段保存口令，而用字母"x"来填充该字段，真正的密码保存在 shadow 文件中
UID	用户标识，唯一表示某用户的数字标识
GID	用户所属的组标识，对应 group 文件中的 GID
用户的描述信息	可选的关于用户名、用户电话号码等描述性信息
主目录	用户的宿主目录，用户成功登录后的默认目录
命令解释器	用户使用的 shell，默认为"/bin/bash"

2. /etc/shadow 文件

由于所有用户对 /etc/passwd 文件均有读取权限，所以为了增强系统的安全性，用户经过加密之后的口令都存放在 /etc/shadow 文件中。/etc/shadow 文件只对 root 用户可读，因而大大提高了系统的安全性。shadow 文件的内容形式如下（使用 cat /etc/shadow 命令可查看整个文件）。

```
root:$6$.ogTGgxg60WtMR/w$xNVm8hVU1YVSjkKhtqGAkWgsDIvCuDOFgN1.0jec.myzm9tlZ3igOXgyX5UvGDvL8sptG8VNrKDsv8t0Qb0Pi/:18495:0:99999:7:::
bin:*:18199:0:99999:7:::
daemon:*:18199:0:99999:7:::
bobby:!!:18495:0:99999:7:::
user1:!!:18495:0:99999:7:::
```

shadow 文件保存投影加密之后的口令以及与口令相关的一系列信息，每个用户的信息在 shadow 文件中占一行，并且用":"分隔为九个字段，各字段的说明如表 4-3 所示。

表 4-3 shadow 文件字段说明

字 段	说 明
1	用户登录名
2	加密后的用户口令，"*"表示非登录用户，"！！"表示没设置密码
3	自 1970 年 1 月 1 日起，到用户最近一次口令被修改的天数
4	自 1970 年 1 月 1 日起，到用户可以更改密码的天数，即最短口令存活期
5	自 1970 年 1 月 1 日起，到用户必须更改密码的天数，即最长口令存活期
6	口令过期前几天提醒用户更改口令
7	口令过期后几天账户被禁用
8	口令被禁用的具体日期（相对日期，从 1970 年 1 月 1 日至禁用时的天数）
9	保留字段，用于功能扩展

3. /etc/login.defs 文件

建立用户账户时，会根据 /etc/login.defs 文件的配置设置用户账户的某些选项。该配置文件的有效设置内容及中文注释如下。

```
MAIL_DIR        /var/spool/mail        //用户邮箱目录
MAIL_FILE       .mail
PASS_MAX_DAYS   99999                  //账户密码最长有效天数
```

```
PASS_MIN_DAYS    0                        // 账户密码最短有效天数
PASS_MIN_LEN     5                        // 账户密码的最小长度
PASS_WARN_AGE    7                        // 账户密码过期前提前警告的天数
UID_MIN                  1000             // 用 useradd 命令创建账户时自动产生的最小 UID 值
UID_MAX                  60000            // 用 useradd 命令创建账户时自动产生的最大 UID 值
GID_MIN                  1000             // 用 groupadd 命令创建组时自动产生的最小 GID 值
GID_MAX                  60000            // 用 groupadd 命令创建组时自动产生的最大 GID 值
USERDEL_CMD      /usr/sbin/userdel_local
// 如果定义，将在删除用户时执行，以删除相应用户的计划作业和输出作业等
CREATE_HOME      yes                      // 创建用户账户时是否为用户创建主目录
```

4.1.3 理解组文件

组账户的信息存放在 /etc/group 文件中，而关于组管理的信息（组口令、组管理员等）则存放在 /etc/gshadow 文件中。

1. /etc/group 文件

group 文件位于 /etc 目录下，用于存放用户的组账户信息，对于该文件的内容，任何用户都可以读取。每个组账户在 group 文件中占一行，并且用":"分隔为四个字段。每一行各字段的内容如下（使用 cat /etc/group 命令可以查看整个文件内容）。

```
组名称：组口令（一般为空，用 x 占位）:GID:组成员列表
```

group 文件的内容形式如下。

```
root:x:0:
bin:x:1:
daemon:x:2:
bobby:x:1001:user1,user2
user1:x:1002:
```

可以看出，root 的 GID 为 0，没有其他组成员。group 文件的组成员列表中如果有多个用户账户属于同一个组，则各成员之间以","分隔。在 /etc/group 文件中，用户的主组并不把该用户作为成员列出，只有用户的附属组才会把该用户作为成员列出。例如，用户 bobby 的主组是 bobby，但 /etc/group 文件中组 bobby 的成员列表中并没有用户 bobby，只有用户 user1 和 user2。

2. /etc/gshadow 文件

/etc/gshadow 文件用于存放组的加密口令、组管理员等信息，该文件只有 root 用户可以读取。每个组账户在 gshadow 文件中占一行，并以":"分隔为 4 个字段。每一行中各字段的内容如下。

```
组名称：加密后的组口令（没有就用！）：组的管理员：组成员列表
```

gshadow 文件的内容形式如下。

```
root:::
bin:::
daemon:::
bobby:!::user1,user2
user1:!::
```

4.2 项目设计与准备

服务器安装完成后，需要对用户账户和组、文件权限等内容进行管理。
在进行本项目的教学与实验前，需要做好如下准备。
（1）已经安装好的 RHEL 8。
（2）ISO 映像文件。
（3）VMware 15.5 以上虚拟机软件。
（4）设计教学或实验用的用户及权限列表。
本项目的所有实例都在服务器 Server01 上完成。

视频 4-2
管理 Linux 服务器的用户和组

4.3 项目实施

用户账户管理包括新建用户、设置用户账户口令和维护用户账户等内容。

任务 4-1 新建用户

在系统新建用户可以使用 useradd 或者 adduser 命令。useradd 命令的格式为：

```
useradd [选项] <username>
```

useradd 命令有很多选项，如表 4-4 所示。

表 4-4 useradd 命令选项

选 项	说 明
-c	用户的注释性信息
-d	指定用户的主目录
-e	禁用账户的日期，格式为 YYYY-MM-DD
-f	设置账户过期多少天后用户账户被禁用。如果为 0，账户过期后将立即被禁用；如果为 -1，账户过期后，将不被禁用，即永不过期
-g	用户所属主组的组名称或者 GID
-G	用户所属的附属组列表，多个组之间用 "," 分隔
-m	若用户主目录不存在则创建它
-M	不要创建用户主目录
-n	不要创建用户私人组
-p	加密的口令
-r	创建 UID 小于 1000 的不带主目录的系统账号
-s	指定用户的登录 shell，默认为 /bin/bash
-u	指定用户的 UID，它必须是唯一的，且大于 999

【例 4-1】新建用户 user3，UID 为 1010，指定其所属的私有组为 group1（group1 的标识符为 1010），用户的主目录为 /home/user3，用户的 shell 为 /bin/bash，用户的密码为 12345678，账户永不过期。

```
[root@Server01 ~]# groupadd -g 1010  group1      // 新建组 group1，其 GID 为 1010
[root@Server01 ~]# useradd -u 1010 -g 1010  -d /home/user3 -s /bin/bash -p 12345678 -f -1 user3
[root@Server01 ~]# tail -1 /etc/passwd
```

```
user3:x:1010:1010::/home/user3:/bin/bash
[root@Server01 ~]# grep user3 /etc/shadow    //grep用于查找符合条件的字符串
user3:12345678:18495:0:99999:7:::     //这种方式下生成的密码是明文，即 12345678
```

如果新建用户已经存在，那么在执行 useradd 命令时，系统会提示该用户已经存在。

```
[root@Server01 ~]# useradd user3
useradd: 用户"user3"已存在
```

任务 4-2 设置用户账户口令

1. passwd 命令

设置用户账户口令的命令是 passwd。超级用户可以为自己和其他用户设置口令，而普通用户只能为自己设置口令。passwd 命令的格式为：

```
passwd  [选项]  [username]
```

passwd 命令的常用选项如表 4-5 所示。

表 4-5 passwd 命令的常用选项

选项	说明
-l	锁定（停用）用户账户
-u	口令解锁
-d	将用户口令设置为空，这与未设置口令的账户不同。未设置口令的账户无法登录系统，而口令为空的账户可以
-f	强迫用户下次登录时必须修改口令
-n	指定口令的最短存活期
-x	指定口令的最长存活期
-w	口令要到期前提前警告的天数
-i	口令过期后多少天停用账户
-S	显示账户口令的简短状态信息

【例 4-2】假设当前用户为 root，则下面的两个命令分别为 root 用户修改自己的口令和 root 用户修改 user1 用户的口令。

```
[root@Server01 ~]# passwd              //root 用户修改自己的口令，直接输入 passwd 命令
[root@Server01 ~]# passwd user1        //root 用户修改 user1 用户的口令
```

需要注意的是，普通用户修改口令时，passwd 命令会首先询问原来的口令，只有验证通过才可以修改。而 root 用户为用户指定口令时，不需要知道原来的口令。为了系统安全，用户应选择包含字母、数字和特殊符号组合的复杂口令，且口令长度应至少为八个字符。

如果密码复杂度不够，系统会提示"无效的密码：密码未通过字典检查 - 它基于字典单词"。这时有两种处理方法，一种方法是再次输入刚才输入的简单密码，系统也会接受；另一种方法是更改为符合要求的密码，例如，P@ssw02d 包含大小写字母、数字、特殊符号等 8 位字符组合。

2. chage 命令

chage 命令用于更改用户密码过期信息。chage 命令的常用选项如表 4-6 所示。

表 4-6 chage 命令的常用选项

选项	说明
-l	列出账户口令属性的各个数值
-m	指定口令最短存活期

选项	说明
-M	指定口令最长存活期
-W	口令要到期前提前警告的天数
-I	口令过期后多少天停用账户
-E	用户账户到期作废的日期
-d	设置口令上一次修改的日期

【例 4-3】设置 user1 用户的最短口令存活期为 6 天，最长口令存活期为 60 天，口令到期前 5 天提醒用户修改口令。设置完成后查看各属性值。

```
[root@Server01 ~]# chage -m 6 -M 60 -W 5 user1
[root@Server01 ~]# chage -l user1
最近一次密码修改时间                        : 8月 21, 2020
密码过期时间                              : 10月 20, 2020
密码失效时间                              : 从不
账户过期时间                              : 从不
两次改变密码之间相距的最小天数              : 6
两次改变密码之间相距的最大天数              : 60
在密码过期之前警告的天数                    : 5
```

任务 4-3　维护用户账户

1. 修改用户账户

usermod 命令用于修改用户账户的属性，格式为：

```
usermod [选项] 用户名
```

前文曾反复强调，Linux 操作系统中的一切都是文件，因此在系统中创建用户的过程也就是修改配置文件的过程。用户的信息保存在 /etc/passwd 文件中，可以直接用 vim 文本编辑器来修改其中的用户参数项目，也可以用 usermod 命令修改已经创建的用户信息，如用户的 UID、基本/扩展用户组、默认终端等。usermod 命令的选项及作用如表 4-7 所示。

表 4-7　usermod 命令的选项及作用

选项	作用
-c	填写用户账户的备注信息
-d -m	选项 -m 与选项 -d 连用，可重新指定用户的家目录，并自动把旧的数据转移过去
-e	账户的到期时间，格式为 YYYY-MM-DD
-g	变更所属用户组
-G	变更扩展用户组
-L	锁定用户，禁止其登录系统
-U	解锁用户，允许其登录系统
-s	变更默认终端
-u	修改用户的 UID

读者不要被这么多选项难倒。先来看用户 user1 的默认信息。

```
[root@Server01 ~]# id user1
uid=1002(user1) gid=1002(user1) 组 =1002(user1),1001(bobby)
```

将用户 user1 加入 root 用户组，这样扩展组列表中会出现 root 用户组的字样，而基本组不会受到影响。

```
[root@Server01 ~]# usermod -G root user1
[root@Server01 ~]# id user1
uid=1002(user1) gid=1002(user1) 组=1002(user1),0(root)
```

再来试试用 -u 选项修改用户 user1 的 UID 值。除此之外，还可以用 -g 选项修改用户的基本组 ID，用 -G 选项修改用户扩展组 ID。

```
[root@Server01 ~]# usermod -u 8888 user1
[root@Server01 ~]# id user1
uid=8888(user1) gid=1002(user1) 组=1002(user1),0(root)
```

修改用户 user1 的主目录为 /var/user1，把启动 shell 修改为 /bin/tcsh，完成后恢复到初始状态。可以用如下操作。

```
[root@Server01 ~]# usermod -d /var/user1 -s /bin/tcsh user1
[root@Server01 ~]# tail -3 /etc/passwd
user1:x:8888:1002::/var/user1:/bin/tcsh
user2:x:1003:1003::/home/user2:/bin/bash
user3:x:1010:1010::/home/user3:/bin/bash
[root@Server01 ~]# usermod -d /var/user1 -s /bin/bash user1
```

2. 禁用和恢复用户账户

有时需要临时禁用一个账户而不删除它。禁用用户账户可以用 passwd 或 usermod 命令实现，也可以直接修改 /etc/passwd 或 /etc/shadow 文件。

例如，暂时禁用和恢复 user1 账户，可以使用以下三种方法实现。

（1）使用 passwd 命令（被锁定用户的密码必须是使用 passwd 命令生成的）。

使用 passwd 命令锁定 user1 账户，利用 grep 命令查看，可以看到被锁定的账户密码字段前面会加上"!!"。

```
[root@Server01 ~]# passwd user1              // 修改 user1 密码
更改用户 user1 的密码。
新的密码:
重新输入新的密码:
passwd: 所有的身份验证令牌已经成功更新。
[root@Server01 ~]# grep user1 /etc/shadow // 查看用户 user1 的口令文件
user1:$6$OgsexIrQ01J5Gjkh$MIIyxgtA1nutGfbwXid6tVD8HlDBkjagaOqu7bEjQee/QAhpLPKq5v8OMTI0xRkY3KMhzDJvvndOkaj2R3nn//:18495:6:60:5:::
[root@Server01 ~]# passwd -l user1           // 锁定用户 user1
锁定用户 user1 的密码。
passwd: 操作成功
[root@Server01 ~]# grep user1 /etc/shadow // 查看锁定用户的口令文件，注意"！！"
user1:!!$6$OgsexIrQ01J5Gjkh$MIIyxgtA1nutGfbwXid6tVD8HlDBkjagaOqu7bEjQee/QAhpLPKq5v8OMTI0xRkY3KMhzDJvvndOkaj2R3nn//:18495:6:60:5:::
[root@Server01 ~]# passwd -u user1           // 解除 user1 账户锁定，重新启用 user1 账户
```

（2）使用 usermod 命令。

使用 usermod 命令锁定 user1 账户，利用 grep 命令查看，可以看到被锁定的账户密码字段前面会加上"！"。

```
[root@Server01 ~]# grep user1 /etc/shadow    //user1 账户锁定前的口令显示
user1:$6$OgsexIrQ01J5Gjkh$MIIyxgtA1nutGfbwXid6tVD8HlDBkjagaOqu7bEjQee/QAhpLP
Kq5v8OMTI0xRkY3KMhzDJvvndOkaj2R3nn//:18495:6:60:5:::
[root@Server01 ~]# usermod -L user1          // 锁定 user1 账户
[root@Server01 ~]# grep user1 /etc/shadow    //user1 账户锁定后的口令显示
user1:!$6$OgsexIrQ01J5Gjkh$MIIyxgtA1nutGfbwXid6tVD8HlDBkjagaOqu7bEjQee/QAhpL
PKq5v8OMTI0xRkY3KMhzDJvvndOkaj2R3nn//:18495:6:60:5:::
[root@Server01 ~]# usermod -U user1          // 解除 user1 账户的锁定
```

（3）直接修改用户账户配置文件。

可将 /etc/passwd 文件或 /etc/shadow 文件中关于 user1 账户的 passwd 字段的第一个字符前面加上一个"*"，达到锁定账户的目的，在需要恢复的时候只要删除"*"即可。

如果只是禁止用户账户登录系统，可以将其启动 shell 设置为 /bin/false 或者 /dev/null。

3. 删除用户账户

要删除一个账户，可以直接删除 /etc/passwd 和 /etc/shadow 文件中要删除的用户对应的行，或者用 userdel 命令删除。userdel 命令的格式为：

```
userdel [-r] 用户名
```

如果不加 -r 选项，则 userdel 命令会在系统中所有与账户有关的文件中（如 /etc/passwd、/etc/shadow、/etc/group）将用户的信息全部删除。

如果加 -r 选项，则在删除用户账户的同时，还将用户主目录及其下的所有文件和目录全部删除。另外，如果用户使用 E-mail，则同时也将 /var/spool/mail 目录下的用户文件删掉。

任务 4-4　管理组

管理组包括创建和删除组、为组添加用户等内容。

1. 创建和删除组

创建组和删除组的命令与创建、维护用户账户的命令相似。创建组可以使用命令 groupadd 或者 addgroup。

例如，创建一个新的组，组的名称为 testgroup，可用如下命令。

```
[root@Server01 ~]# groupadd testgroup
```

删除一个组可以用 groupdel 命令，例如，删除刚创建的 testgroup 组可用以下命令。

```
[root@Server01 ~]# groupdel testgroup
```

需要注意的是，如果要删除的组是某个用户的主组，则该组不能被删除。

修改组的命令是 groupmod，其命令格式为：

```
groupmod [选项] 组名
```

groupmod 命令选项如表 4-8 所示。

表 4-8　groupmod 命令选项

选项	说明
-g gid	把组的 GID 改为 gid
-n group-name	把组的名称改为 group-name
-o	强制接受更改的组的 GID 为重复的号码

2. 为组添加用户

在 RHEL 8 中使用不带任何参数的 useradd 命令创建用户时，会同时创建一个和用户账户同名的组，称为主组。当一个组中必须包含多个用户时，需要使用附属组。在附属组中增加、删除用户都用 gpasswd 命令。gpasswd 命令的格式为：

```
gpasswd [选项] [用户] [组]
```

只有 root 用户和组管理员才能够使用 gpasswd 命令，gpasswd 命令选项如表 4-9 所示。

表 4-9 gpasswd 命令选项

选 项	说 明
-a	把用户加入组
-d	把用户从组中删除
-r	取消组的密码
-A	给组指派管理员

例如，要把 user1 用户加入 testgroup 组，并指派 user1 为管理员，可以执行下列命令。

```
[root@Server01 ~]# groupadd  testgroup
[root@Server01 ~]# gpasswd -a user1 testgroup
[root@Server01 ~]# gpasswd -A user1 testgroup
```

任务 4-5　使用 su 命令

读者在实验环境中很少遇到安全问题，为了避免因权限因素导致配置服务失败，建议使用 root 管理员账户来学习本书，但是在生产环境中还是要对安全多一份敬畏之心，不要用 root 管理员账户去做所有事情。因为一旦执行了错误的命令，可能会直接导致系统崩溃。尽管 Linux 操作系统考虑到安全性，使得许多系统命令和服务只能由 root 管理员使用，但是这也让普通用户受到了更多的权限束缚，从而无法顺利完成特定的工作任务。

su 命令可以解决切换用户身份的问题，使得当前用户在不退出登录的情况下，顺畅地切换到其他用户，例如，从 root 管理员切换至普通用户，命令如下：

```
[root@Server01 ~]# id
uid=0(root) gid=0(root) 组=0(root) 环境=unconfined_u:unconfined_r:unconfined_t:s0-s0:c0.c1023
[root@Server01 ~]# useradd -G testgroup  test
[root@Server01 ~]# su - test
[test@Server01 ~]$ id
uid=8889(test) gid=8889(test) 组=8889(test),1011(testgroup) 环境=unconfined_u: unconfined_r:unconfined_t:s0-s0:c0.c1023
```

细心的读者一定会发现，上面的 su 命令与用户名之间有一个 "-"。这意味着完全切换到新的用户，即把环境变量信息也变更为新用户的相应信息，而不是保留原始的信息。强烈建议在切换用户身份时添加 "-"。

另外，从 root 管理员切换到普通用户是不需要密码验证的，而从普通用户切换成 root 管理员就需要进行密码验证了。这也是一个必要的安全检查。

```
[test@Server01 ~]$ su - root
密码：
[root@Server01 ~]# su - test
```

```
[test@Server01 ~]$ pwd                //test用户的家目录是/home/test
/home/test
[test@Server01 ~]$ exit
注销
[root@Server01 ~]# pwd                //root用户的家目录是/root
/root
```

任务 4-6　使用常用的账户管理命令

使用账户管理命令可以在非图形化操作中对账户进行有效的管理。

1. vipw 命令

vipw 命令用于直接对用户账户文件 /etc/passwd 进行编辑，使用的默认编辑器是 vi。在用 vipw 命令对 /etc/passwd 文件进行编辑时将自动锁定该文件，编辑结束后对该文件进行解锁，保证了文件的一致性。vipw 命令在功能上等同于"vi /etc/passwd"命令，但是比直接使用 vi 命令更安全。vipw 命令的格式为：

```
[root@Server01 ~]# vipw
```

2. vigr 命令

vigr 命令用于直接对组文件 /etc/group 进行编辑。在用 vigr 命令对 /etc/group 文件进行编辑时将自动锁定该文件，编辑结束后对该文件进行解锁，保证了文件的一致性。vigr 命令在功能上等同于"vi /etc/group"命令，但是比直接使用 vi 命令更安全。vigr 命令的格式为：

```
[root@Server01 ~]# vigr
```

3. pwck 命令

pwck 命令用于验证用户账户文件认证信息的完整性。该命令检测 /etc/passwd 文件和 /etc/shadow 文件每行中字段的格式和值是否正确。pwck 命令的格式为：

```
[root@Server01 ~]# pwck
```

4. grpck 命令

grpck 命令用于验证组文件认证信息的完整性。该命令可检测 /etc/group 文件和 /etc/gshadow 文件每行中字段的格式和值是否正确。grpck 命令的格式为：

```
[root@Server01 ~]# grpck
```

5. id 命令

id 命令用于显示一个用户的 UID 和 GID 以及用户所属的组列表。在命令行输入"id"并直接按【Enter】键将显示当前用户的 ID 信息。id 命令的格式为：

```
id [选项] 用户名
```

例如，显示 user1 用户的 UID、GID 信息的实例如下所示。

```
[root@Server01 ~]# id user1
uid=8888(user1) gid=1002(user1) 组=1002(user1),1011(testgroup),0(root)
```

6. whoami 命令

whoami 命令用于显示当前用户的名称。whoami 命令与"id -un"命令的作用相同。

```
[root@Server01 ~]# su -    user1
```

```
[user1@Server01 ~]$ whoami
User1
[root@Server01 ~]# exit
```

7. newgrp 命令

newgrp 命令用于转换用户的当前组到指定的主组，对于没有设置组口令的组账户，只有组的成员才可以使用 newgrp 命令改变主组身份到该组。如果组设置了口令，则其他组的用户只要拥有组口令就可以将主组身份改变到该组。应用实例如下。

```
[root@Server01 ~]# id                    //显示当前用户的 gid
uid=0(root) gid=0(root) 组=0(root) 环境
=unconfined_u:unconfined_r:unconfined_t:s0-s0:c0.c1023
[root@Server01 ~]# newgrp group1         //改变用户的主组
[root@Server01 ~]# id
uid=0(root) gid=1010(group1) 组=1010(group1) 环境=
unconfined_u:unconfined_r:unconfined_t:s0-s0:c0.c1023
[root@Server01 ~]# newgrp                //newgrp 命令不指定组时转换为用户的私有组
[root@Server01 ~]# id
uid=0(root) gid=0(root) 组=0(root),1010(group1) 环境=
unconfined_u:unconfined_r:unconfined_t:s0-s0:c0.c1023
```

使用 groups 命令可以列出指定用户的组。例如：

```
[root@Server01 ~]# whoami
root
[root@Server01 ~]# groups
root group1
```

4.4 拓展阅读　中国国家顶级域名"CN"

你知道我国是在哪一年真正拥有了互联网吗？中国国家顶级域名"CN"服务器是哪一年完成设置的呢？

1994 年 4 月 20 日，一条 64 kbit/s 的国际专线从中国科学院计算机网络信息中心通过美国 Sprint 公司连入 Internet，实现了中国与 Internet 的全功能连接。从此我国被国际上正式承认为真正拥有全功能互联网的国家。此事被我国新闻界评为 1994 年我国十大科技新闻之一，被国家统计公报列为我国 1994 年重大科技成就之一。

1994 年 5 月 21 日，在钱天白教授和德国卡尔斯鲁厄大学的教授的协助下，中国科学院计算机网络信息中心完成了中国国家顶级域名 CN 服务器的设置，改变了我国的顶级域名 CN 服务器一直放在国外的历史。钱天白、钱华林分别担任中国国家顶级域名 CN 的行政联络员和技术联络员。

4.5 项目实训　管理用户和组

1. 视频位置

实训前请扫描二维码观看：项目实录 管理用户和组

视频 4-3
项目实录
管理用户和组

2. 项目实训目的

- 熟悉 Linux 用户的访问权限。
- 掌握在 Linux 操作系统中增加、修改、删除用户或用户组的方法。
- 掌握用户账户管理及安全管理。

3. 项目背景

某公司有 60 名员工，分别在五个部门工作，每个人的工作内容不同。需要在服务器上为每个人创建不同的账户，把相同部门的用户放在一个组中，每个用户都有自己的工作目录。另外，需要根据工作性质对每个部门和每个用户在服务器上的可用空间进行限制。

4. 项目要求

练习设置用户的访问权限，练习账户的创建、修改、删除。

5. 做一做

根据项目实录视频进行项目实训，检查学习效果。

练习题

一、填空题

1. Linux 操作系统是_____的操作系统，它允许多个用户同时登录到系统，使用系统资源。

2. Linux 操作系统下的用户账户分为两种：_____和_____。

3. root 用户的 UID 为_____，普通用户的 UID 可以在创建时由管理员指定，如果不指定，则用户的 UID 默认从_____开始顺序编号。

4. 在 Linux 操作系统中，创建用户账户的同时也会创建一个与用户同名的组，该组是用户的_____。普通组的 GID 默认也从_____开始编号。

5. 一个用户账户可以同时是多个组的成员，其中某个组是该用户的_____（私有组），其他组为该用户的_____（标准组）。

6. 在 Linux 操作系统中，所创建的用户账户及其相关信息（密码除外）均放在_____配置文件中。

7. 由于所有用户对 /etc/passwd 文件均有_____权限，所以为了增强系统的安全性，用户经过加密之后的口令都存放在_____文件中。

8. 组账户的信息存放在_____文件中，而关于组管理的信息（组口令、组管理员等）则存放在_____文件中。

二、选择题

1.（   ）目录存放用户密码信息。

    A. /etc   B. /var   C. /dev   D. /boot

2. 创建用户 ID 是 1200、组 ID 是 1100、用户主目录为 /home/user01 的正确命令为（   ）。

    A. useradd -u:1200 -g:1100 -h:/home/user01 user01

    B. useradd -u=1200 -g=1100 -d=/home/user01 user01

    C. useradd -u 1200 -g 1100 -d /home/user01 user01

    D. useradd –u 1200 -g 1100 -h /home/user01 user01

3. 用户登录系统后首先进入（   ）。

    A. /home   B. /root 的主目录   C. /usr   D. 用户自己的家目录

4. 在使用了 shadow 口令的系统中，/etc/passwd 和 /etc/shadow 两个文件的权限正确的是（   ）。

    A. -rw-r----- , -r--------   B. -rw-r--r-- , -r--r--r—

    C. -rw-r--r-- , -r--------   D. -rw-r--rw- , -r-----r—

5.（   ）可以删除一个用户并同时删除用户的主目录。

    A. rmuser –r   B. deluser –r   C. userdel –r   D. usermgr -r

6. 系统管理员应该采用的安全措施有（   ）。

    A. 把 root 密码告诉每一位用户

    B. 设置 telnet 服务来提供远程系统维护

    C. 经常检测账户数量、内存信息和磁盘信息

    D. 当员工辞职后，立即删除该用户账户

7. 在 /etc/group 文件中有一行 students::600:z3,14,w5，这表示有（   ）用户在 students 组里。

    A. 3   B. 4   C. 5   D. 不知道

8. 命令（   ）可以用来检测用户 lisa 的信息。

    A. finger lisa   B. grep lisa /etc/passwd

    C. find lisa /etc/passwd   D. who lisa

项目 5 管理文件系统和磁盘

学习要点

◎ 了解 Linux 文件系统结构。
◎ 掌握文件权限的配置与管理。
◎ 熟练掌握 Linux 下的磁盘和文件系统管理工具的使用。
◎ 掌握 Linux 下的软 RAID 和 LVM 逻辑卷管理器的使用。
◎ 掌握磁盘限额的设置。

素养要点

◎ 了解"计算机界的诺贝尔奖"——图灵奖，了解华人科学家姚期智，激发学生的求知欲。
◎ "观众器者为良匠，观众病者为良医。""为学日益，为道日损。"青年学生要多动手、多动脑，只有多实践、多积累，才能提高技艺，也才能成为优秀的"工匠"。

Linux 操作系统的网络管理员需要学习 Linux 文件系统和磁盘管理。尤其对于初学者来说，文件的权限与属性是学习 Linux 的一个相当重要的关卡，如果没有这部分的知识储备，那么当遇到"Permission deny"的错误提示时将会一筹莫展。

5.1 项目相关知识

文件系统（file system）是磁盘上有特定格式的一片区域，操作系统可利用文件系统保存和管理文件。全面理解文件系统与目录，是对网络运维人员的基本要求。

5.1.1 认识文件系统

用户在硬件存储设备中执行的文件建立、写入、读取、修改、转存与控制等操作都是依靠

视频 5-1
Linux 的文件系统

文件系统来完成的。文件系统的作用是合理规划硬盘，以满足用户正常的使用需求。

1. 文件系统的类型

Linux 操作系统支持数十种文件系统，常见的文件系统如下。

（1）Ext4：Ext3 的改进版本，作为 RHEL 6 中默认的文件管理系统，它支持的存储容量高达 1 EB（1 EB=1 073 741 824 GB），且有足够多的子目录。另外，Ext4 文件系统能够批量分配块（block），从而极大地提高了读/写效率。

（2）XFS：一种高性能的日志文件系统，而且是 RHEL 7/8 默认的文件管理系统。它的优势在发生意外宕机后尤其明显，可以快速恢复可能被破坏的文件，而且强大的日志功能只需花费极低的文件权限和属性的信息。它最大可支持的存储容量为 18 EB，这几乎满足了所有需求。

2. 文件权限和属性的记录

日常在硬盘中需要保存的数据实在太多了，因此 Linux 操作系统中有一个名为 super block 的"硬盘地图"。Linux 并不是把文件内容直接写入这个"硬盘地图"中，而是在里面记录整个文件系统的信息。因为如果把所有的文件内容都写入其中，它的体积将变得非常大，而且文件内容的查询与写入速度会变得很慢。Linux 只是把每个文件的权限与属性记录在索引节点（inode）中，而且每个文件占用一个独立的 inode 表格。该表格的大小默认为 128 B，里面记录着如下信息。

- 该文件的访问权限（read、write、execute）。
- 该文件的所有者与所属组（owner、group）。
- 该文件的大小（size）。
- 该文件的创建或内容修改时间（ctime）。
- 该文件的最后一次访问时间（atime）。
- 该文件的修改时间（mtime）。
- 该文件的特殊权限（SUID、SGID、SBIT）。
- 该文件的真实数据地址（point）。

3. 文件实际内容的记录

文件的实际内容则保存在 block 中（block 的大小可以是 1 KB、2 KB 或 4 KB），一个 inode 的默认大小仅为 128 B（Ext3），记录一个 block 则消耗 4 B。当文件的 inode 被写满后，Linux 操作系统会自动分配出一个 block，专门用于像 inode 那样记录其他 block 的信息，这样把各个 block 的内容串到一起，就能够让用户读到完整的文件内容了。对于存储文件内容的 block，有下面两种常见情况（以 4 KB 大小的 block 为例进行说明）。

（1）情况 1：文件很小（如 1 KB），但依然会占用一个 block，因此会潜在地浪费 3 KB。

（2）情况 2：文件较大（如 5 KB），那么会占用两个 block（剩下的 1 KB 也要占用一个 block）。

计算机系统在发展过程中产生了众多的文件系统，为了使用户在读取或写入文件时不用关心底层的硬盘结构，Linux 内核中的软件层为用户程序提供了一个虚拟文件系统（virtual file system,VFS）接口，这样用户在操作文件时，实际上是统一对这个虚拟文件系统进行操作。图 5-1 所示为 VFS 的架构。从中可见，实际文件系统在 VFS 下隐藏了自己的特性和细节，这样用户在日常使用时会觉得"文件系统都是一样的"，也就可以随意使用各种命令在任何文件系统中进行各种操作了（如使用 cp 命令来复制文件）。

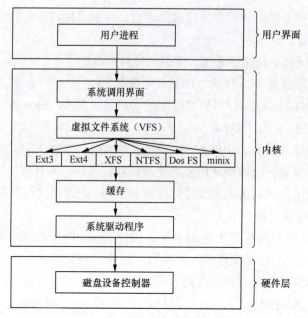

图 5-1 VFS 的架构

5.1.2 理解 Linux 文件系统结构

在 Linux 操作系统中，目录、字符设备、块设备、套接字、打印机等都被抽象成了文件；在 Linux 操作系统中，一切都是文件。既然平时和我们"打交道"的都是文件，那么又应该如何找到它们呢？在 Windows 操作系统中，想要找到一个文件，要依次进入该文件所在的磁盘分区（假设这里是 D 盘），然后进入该分区下的具体目录，最终找到这个文件。但是在 Linux 操作系统中并不存在 C/D/E/F 等盘，Linux 操作系统中的一切文件都是从根目录（/）开始的，并按照文件系统层次化标准（filesystem hierarchy standard,FHS）采用树形结构来存放文件，以及定义常见目录的用途。另外，Linux 操作系统中的文件和目录名称是严格区分大小写的。例如，root、rOOt、Root、rooT 均代表不同的目录，并且文件名称中不得包含"/"。Linux 操作系统中的文件存储结构如图 5-2 所示。

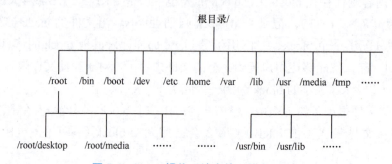

图 5-2 Linux 操作系统中的文件存储结构

Linux 操作系统中常见的目录名称以及相应的存放内容如表 5-1 所示。

表 5-1 Linux 操作系统中常见的目录名称以及相应的存放内容

目录名称	存放内容
/	Linux 文件的最上层根目录
/boot	开机所需文件——内核、开机菜单以及所需配置文件等
/dev	以文件形式存放任何设备与接口
/etc	配置文件
/home	用户家目录

续表

目录名称	存放内容
/bin	binary 的缩写，存放用户的可运行程序，如 ls、cp 等，也包含其他 shell，如 bash 和 cs 等
/lib	开机时用到的函数库，以及 /bin 与 /sbin 下面的命令要调用的函数
/sbin	开机过程中需要的命令
/media	用于挂载设备文件的目录
/opt	放置第三方的软件
/root	系统管理员的家目录
/srv	一些网络服务的数据文件目录
/tmp	任何人均可使用的"共享"临时目录
/proc	虚拟文件系统，如系统内核、进程、外围设备及网络状态等
/usr/local	用户自行安装的软件
/usr/sbin	Linux 操作系统开机时不会使用到的软件 / 命令 / 脚本
/usr/share	帮助与说明文件，也可放置共享文件
/var	主要存放经常变化的文件，如日志
/lost+found	当文件系统发生错误时，将一些丢失的文件片段存放在这里

5.1.3 理解绝对路径与相对路径

1. 了解绝对路径与相对路径的概念

- 绝对路径：由根目录（/）开始写起的文件名或目录名称，如 /home/dmtsai/basher。
- 相对路径：相对于目前路径的文件名写法，如 ./home/dmtsai 或 ../../home/dmtsai/ 等。

技巧：开头不是"/"的就属于相对路径的写法。

2. 相对路径实例

相对路径是以当前所在路径的相对位置来表示的。例如，目前在 /home 目录下，要想进入 /var/log 目录，可以怎么写呢？有以下两种方法。

- cd /var/log：绝对路径。
- cd ../var/log：相对路径。

3. "."和".."特殊目录

因为目前在 /home 下，所以要回到上一层（../）之后，才能进入 /var/log 目录。特别注意两个特殊的目录。

- ".."：代表当前的目录，也可以用 ./ 来表示。
- ".."：代表上一层目录，也可以用 ../ 来代表。

此处的 . 和 .. 是很重要的，例如，常常看到的 cd .. 或 ./command 之类的命令表达方式就是代表上一层与目前所在目录的工作状态。

5.2 项目设计与准备

在进行本项目的教学与实验前，需要做好如下准备。

（1）已经安装好的 RHEL 8。
（2）RHEL 8 安装光盘或 ISO 映像文件。
（3）设计教学或实验用的用户及权限列表。

本项目的所有实例都在服务器 Server01 上完成。

5.3 项目实施

文件是操作系统用来存储信息的基本结构，是一组信息的集合。文件通过文件名来唯一标识。Linux 中的文件名称最长允许 255 个字符，这些字符可用 A～Z、0～9、.、_、- 等符号表示。

任务 5-1　管理 Linux 文件权限

在 Linux 中的每一个文件或目录都包含有访问权限，这些访问权限决定了谁能访问和如何访问这些文件和目录。

1. 认识文件和文件权限

与其他操作系统相比，Linux 最大的不同点是没有"扩展名"的概念，也就是说文件的名称和该文件的种类并没有直接的关联。例如，sample.txt 可能是一个运行文件，而 sample.exe 也有可能是文本文件，甚至可以不使用扩展名。另一个特性是 Linux 文件名区分大小写。例如，sample.txt、Sample.txt、SAMPLE.txt、samplE.txt 在 Linux 操作系统中代表不同的文件，但在 DOS 和 Windows 平台却是指同一个文件。在 Linux 操作系统中，如果文件名以"."开始，表示该文件为隐藏文件，需要使用 ls -a 命令才能显示。

通过设定权限可以用以下三种访问方式限制访问权限：只允许用户自己访问；允许一个预先指定的用户组中的用户访问；允许系统中的任何用户访问。同时，用户能够控制一个给定的文件或目录的访问程度。一个文件或目录可能有读、写及执行权限。当创建一个文件时，系统会自动赋予文件所有者读和写的权限，这样可以允许文件所有者查看文件内容和修改文件。文件所有者可以将这些权限改变为任何他想指定的权限。一个文件也许只有读权限，禁止任何修改。文件也可能只有执行权限，允许它像一个程序一样执行。

三种不同的用户类型能够访问一个目录或者文件：所有者、用户组或其他用户。所有者是创建文件的用户，文件的所有者能够授予所在用户组的其他成员及系统中除所属组之外的其他用户的文件访问权限。

每一个用户针对系统中的所有文件都有它自身的读、写和执行权限。第一套权限控制访问自己的文件权限，即所有者权限。第二套权限控制用户组访问其中一个用户的文件的权限。第三套权限控制其他所有用户访问一个用户的文件的权限，这三套权限赋予用户不同类型（即所有者、用户组和其他用户）的读、写及执行权限，就构成了一个有九种类型的权限组。

可以用 ls –l 或者 ll 命令显示文件的详细信息，其中包括权限。如下所示：

```
[root@Server01 ~]# ll
total 84
drwxr-xr-x  2 root root  4096 Aug  9 15:03 Desktop
-rw-r--r--  1 root root  1421 Aug  9 14:15 anaconda-ks.cfg
-rw-r--r--  1 root root   830 Aug  9 14:09 firstboot.1186639760.25
-rw-r--r--  1 root root 45592 Aug  9 14:15 install.log
-rw-r--r--  1 root root  6107 Aug  9 14:15 install.log.syslog
drwxr-xr-x  2 root root  4096 Sep  1 13:54 webmin
```

在上面的显示结果中从第二行开始，每一行的第一个字符一般用来区分文件的类型，一般取值为 d、-、l、b、c、s、p。具体含义如下：
- d：表示是一个目录，在 ext 文件系统中目录也是一种特殊的文件。
- -：表示该文件是一个普通的文件。
- l：表示该文件是一个符号链接文件，实际上它指向另一个文件。
- b、c：分别表示该文件为区块设备或其他的外围设备，是特殊类型的文件。
- s、p：分别表示这些文件关系到系统的数据结构和管道，通常很少见到。

下面详细介绍权限的种类和设置权限的方法。

2. 认识一般权限

在上面的显示结果中，每一行的第 2～10 个字符表示文件的访问权限。这九个字符每三个为一组，左边三个字符表示所有者权限，中间三个字符表示与所有者同一组的用户的权限，右边三个字符是其他用户的权限。代表的意义如下：

（1）字符 2、3、4 表示该文件所有者的权限，有时也简称为 u（user）的权限。

（2）字符 5、6、7 表示该文件所有者所属组的组成员的权限。例如，此文件拥有者属于 user 组群，该组群中有六个成员，表示这六个成员都有此处指定的权限。简称为 g（group）的权限。

（3）字符 8、9、10 表示该文件所有者所属组群以外的权限，简称为 o（other）的权限。

这九个字符根据权限种类的不同，也分为三种类型：

（1）r（read，读取）：对文件而言，具有读取文件内容的权限；对目录来说，具有浏览目录的权限。

（2）w（write，写入）：对文件而言，具有新增、修改文件内容的权限；对目录来说，具有删除、移动目录内文件的权限。

（3）x（execute，执行）：对文件而言，具有执行文件的权限；对目录来说，具有进入目录的权限。

- 表示不具有该项权限。

下面举例说明：
- brwxr—r--：该文件是块设备文件，文件所有者具有读、写与执行的权限，其他用户则具有读取的权限。
- -rw-rw-r-x：该文件是普通文件，文件所有者与同组用户对文件具有读写的权限，而其他用户仅具有读取和执行的权限。
- drwx--x—x：该文件是目录文件，目录所有者具有读写与进入目录的权限，其他用户能进入该目录，却无法读取任何数据。
- lrwxrwxrwx：该文件是符号链接文件，文件所有者、同组用户和其他用户对该文件都具有读、写和执行权限。

每个用户都拥有自己的主目录，通常在 /home 目录下，这些主目录的默认权限为 rwx------；执行 mkdir 命令所创建的目录，其默认权限为 rwxr-xr-x，用户可以根据需要修改目录的权限。

此外，默认的权限可用 umask 命令修改，用法非常简单，只需执行 umask 777 命令，便代表屏蔽所有的权限，因而之后建立的文件或目录，其权限都变成 000，以此类推。通常 root 账号搭配 umask 命令的数值为 022、027 和 077，普通用户则是采用 002，这样所产生的默认权限依次为 755、750、700、775。有关权限的数字表示法，后面将会详细说明。

用户登录系统时，用户环境就会自动执行 rmask 命令来决定文件、目录的默认权限。

3. 认识特殊权限

文件与目录设置还有特殊权限。由于特殊权限会拥有一些"特权"，因而用户若无特殊需求，不应该启用这些权限，避免安全方面出现严重漏洞，造成黑客入侵，甚至摧毁系统。

（1）s 或 S（SUID，Set UID）

可执行的文件搭配这个权限，便能得到特权，任意存取该文件的所有者能使用的全部系统资源。请注意具备 SUID 权限的文件，黑客经常利用这种权限，以 SUID 配上 root 账号拥有者，无声无息地在系统中开扇后门，供日后进出使用。

（2）s 或 S（SGID，Set GID）

设置在文件上面，其效果与 SUID 相同，只不过将文件所有者换成用户组，该文件就可以任意存取整个用户组所能使用的系统资源。

（3）t 或 T（Sticky）

/tmp 和 /var/tmp 目录供所有用户暂时存取文件，亦即每位用户皆拥有完整的权限进入该目录，去浏览、删除和移动文件。

因为 SUID、SGID、Sticky 占用 x 的位置来表示，所以在表示上会有大小写之分。假如同时开启执行权限和 SUID、SGID、Sticky，则权限表示字符是小写的：

```
-rwsr-sr-t 1 root root 4096 6月 23 08:17 conf
```

如果关闭执行权限，则权限表示字符是大写的：

```
-rwSr-Sr-T 1 root root 4096 6月 23 08:17 conf
```

4. 修改文件权限

在文件建立时系统会自动设置权限，如果这些默认权限无法满足需要，可以使用 chmod 命令来修改权限。通常在权限修改时可以用两种方式来表示权限类型：数字表示法和文字表示法。

chmod 命令的格式为：

```
chmod   选项   文件
```

1）以数字表示法修改权限

数字表示法是指将读取（r）、写入（w）和执行（x）分别以 4、2、1 来表示，没有授予的部分就表示为 0，然后再把所授予的权限相加而成。表 5-2 是几个示范的例子。

表 5-2　以数字表示法修改权限的例子

原 始 权 限	转换为数字	数字表示法
rwxrwxr-x	（421）（421）（401）	775
rwxr-xr-x	（421）（401）（401）	755
rw-rw-r--	（420）（420）（400）	664
rw-r--r--	（420）（400）（400）	644

例如，为文件 /yy/file 设置权限：赋予拥有者和组群成员读取和写入的权限，而其他人只有读取权限。则应该将权限设为 rw-rw-r--，而该权限的数字表示法为 664，因此可以输入下面的命令来设置权限：

```
[root@Server01 ~]# mkdir /yy
[root@Server01 ~]# cd /yy
[root@Server01 yy]# touch file
[root@Server01 yy]# ll
总用量 0
-rw-r--r--. 1 root root 0 10月  3 21:43 file
```

2）以文字表示法修改访问权限

使用权限的文字表示法时，系统用四种字母来表示不同的用户：

- u：user，表示所有者。
- g：group，表示属组。
- o：others，表示其他用户。
- a：all，表示以上三种用户。

操作权限使用下面三种字符的组合表示法：

- r：read，读取。
- w：write，写入。
- x：execute，执行。

操作符号包括：

- +：添加某种权限。
- -：减去某种权限。
- =：赋予给定权限并取消原来的权限。

以文字表示法修改文件权限时，上例中的权限设置命令如下：

```
[root@Server01 yy]# chmod u=rw,g=rw,o=r /yy/file
```

修改目录权限和修改文件权限相同，都是使用 chmod 命令，但不同的是，要使用通配符"*"来表示目录中的所有文件。

例如，要同时将 /yy 目录中的所有文件权限设置为所有人都可读取及写入，应该使用下面的命令：

```
[root@Server01 yy]# chmod a=rw /yy/*
// 或者
[root@Server01 yy]# chmod 666 /yy/*
```

如果目录中包含其他子目录，则必须使用 -R（Recursive）参数来同时设置所有文件及子目录的权限。

利用 chmod 命令也可以修改文件的特殊权限。

例如，要设置文件 /yy/file 文件的 SUID 权限的方法如下：

```
[root@Server01 yy]# chmod u+s /yy/file
[root@Server01 yy]# ll
总用量 0
-rwSrw-rw-. 1 root root 0 10月  3 21:43 file
```

特殊权限也可以采用数字表示法。SUID、SGID 和 sticky 权限分别为 4、2 和 1。使用 chmod 命令设置文件权限时，可以在普通权限的数字前面加上一位数字来表示特殊权限。例如：

```
[root@Server01 yy]# chmod 6664 /yy/file
[root@Server01 yy]# ll /yy
总用量 0
-rwSrwSr--. 1 root root 0 10月  3 21:43 file
```

5. 修改文件所有者与属组

要修改文件的所有者可以使用 chown 命令。chown 命令格式如下：

```
chown    选项    用户和属组    文件列表
```

用户和属组可以是名称也可以是 UID 或 GID。多个文件之间用空格分隔。

例如，要把 /yy/file 文件的所有者修改为 test 用户，命令如下：

```
[root@Server01 yy]# chown test /yy/file
[root@Server01 yy]# ll
总计 22
-rw-rwSr--  1 test root 22 11-27 11:42 file
```

chown 命令可以同时修改文件的所有者和属组，用":"分隔。

例如，将 /yy/file 文件的所有者和属组都改为 test 的命令如下：

```
[root@Server01 yy]# chown test:test /yy/file
```

如果只修改文件的属组可以使用下列命令：

```
[root@Server01 yy]# chown :test /yy/file
```

修改文件的属组也可以使用 chgrp 命令。命令范例如下：

```
[root@Server01 yy]# chgrp test /yy/file
```

任务 5-2　常用磁盘管理工具

在 Linux 操作系统安装时，其中有一个步骤是进行磁盘分区。可以采用 Disk Druid、RAID 和 LVM 等方式进行分区。除此之外，在 Linux 操作系统中还有 fdisk、cfdisk、parted 等分区工具。本节将介绍几种常见的磁盘管理相关内容。

注意：下面所有的命令，都以新增一块 SCSI 硬盘为前提，新增的硬盘为 /dev/sdb。请在开始本任务前在虚拟机中增加该硬盘，然后启动系统。

1. fdisk

fdisk 磁盘分区工具在 DOS、Windows 和 Linux 中都有相应的应用程序。在 Linux 操作系统中，fdisk 是基于菜单的命令。用 fdisk 对硬盘进行分区，可以在 fdisk 命令后面直接加上要分区的硬盘作为参数，例如，对新增加的第二块 SCSI 硬盘进行分区的操作命令如下：

```
[root@Server01 ~]# fdisk /dev/sdb
Command (m for help):
```

在 command 提示后面输入相应的命令来选择需要的操作，输入 m 命令是列出所有可用命令。表 5-3 所示是 fdisk 命令选项。

表 5-3　fdisk 命令选项

命令	功能	命令	功能
a	调整硬盘启动分区	q	不保存更改，退出 fdisk 命令
d	删除硬盘分区	t	更改分区类型
l	列出所有支持的分区类型	u	切换所显示的分区大小的单位
m	列出所有命令	w	把修改写入硬盘分区表，然后退出
n	创建新分区	x	列出高级选项
p	列出硬盘分区表	—	—

下面以在 /dev/sdb 硬盘上创建大小为 500 MB，文件系统类型为 ext3 的 /dev/sdb1 主分区为例，讲解 fdisk 命令的用法。

（1）利用如下所示命令，打开 fdisk 操作菜单。

```
[root@Server01 ~]# fdisk /dev/sdb
Command (m for help):
```

（2）输入 p，查看当前分区表。从命令执行结果可以看到，/dev/sdb 硬盘并无任何分区。

```
// 利用 p 命令查看当前分区表
Command (m for help): p
Disk /dev/sdb: 1073 MB, 1073741824 bytes
255 heads, 63 sectors/track, 130 cylinders
Units = cylinders of 16065 * 512 = 8225280 bytes
   Device Boot      Start         End      Blocks   Id  System
Command (m for help):
```

以上显示了 /dev/sdb 的参数和分区情况。/dev/sdb 大小为 1 073 MB，磁盘有 255 个磁头、130 个柱面，每个柱面有 63 个扇区。从第 4 行开始是分区情况，依次是分区名、是否为启动分区、起始柱面、终止柱面、分区的总块数、分区 ID、文件系统类型。例如下面所示的 /dev/sda1 分区是启动分区（带有 * 号）。起始柱面是 1，结束柱面为 12，分区大小是 96 358 块（每块的大小是 1 024 个字节，即总共有 100 MB 左右的空间）。每柱面的扇区数等于磁头数乘以每柱扇区数，每两个扇区为 1 块，因此分区的块数等于分区占用的总柱面数乘以磁头数，再乘以每柱面的扇区数后除以 2。例如：/dev/sda2 的总块数 =（终止柱面 45- 起始柱面 13）×255×63/2=257 040。

```
[root@Server01 ~]# fdisk /dev/sda
Command (m for help): p
Disk /dev/sda: 6442 MB, 6442450944 bytes
255 heads, 63 sectors/track, 783 cylinders
Units = cylinders of 16065 * 512 = 8225280 bytes
Device    Boot     Start          End      Blocks   Id  System
/dev/sda1   *         1           12        96358+  83  Linux
/dev/sda2            13           44       257040   82  Linux swap
/dev/sda3            45          783      5936017+  83  Linux
```

（3）输入 n，创建一个新分区。输入 p，选择创建主分区（创建扩展分区输入 e，创建逻辑分区输入 l）；输入数字 1，创建第一个主分区（主分区和扩展分区可选数字为 1～4，逻辑分区的数字标识从 5 开始）；输入此分区的起始、结束扇区，以确定当前分区的大小。也可以使用 +sizeM 或者 +sizeK 的方式指定分区大小。以上操作如下所示：

```
Command (m for help): n           // 利用 n 命令创建新分区
Command action
   e   extended
   p   primary partition (1-4)
p                                 // 输入字符 p，以创建主磁盘分区
Partition number (1-4): 1
First cylinder (1-130, default 1):
Using default value 1
Last cylinder or +size or +sizeM or +sizeK (1-130, default 130): +500M
```

（4）输入 l 可以查看已知的分区类型及其 id，其中列出 Linux 的 id 为 83。输入 t，指定 /dev/sdb1 的文件系统类型为 Linux，命令如下所示：

```
// 设置 /dev/sdb1 分区类型为 Linux
Command (m for help): t
Selected partition 1
Hex code (type L to list codes): 83
```

提示：如果不知道文件系统类型的 id 是多少，可以在上面输入"L"查找。

（5）分区结束后，输入 w，把分区信息写入硬盘分区表并退出。
（6）同样的方法建立磁盘分区 /dev/sdb2、/dev/sdb3。
（7）如果要删除磁盘分区，在 fdisk 菜单下输入 d，并选择相应的磁盘分区即可。删除后输入 w，保存退出。

```
// 删除 /dev/sdb3 分区，并保存退出
Command (m for help): d
Partition number (1, 2, 3): 3
Command (m for help): w
```

2. mkfs

硬盘分区后，下一步的工作就是文件系统的建立。类似于 Windows 下的格式化硬盘。在硬盘分区上建立文件系统会冲掉分区上的数据，而且不可恢复，因此在建立文件系统之前要确认分区上的数据不再使用。建立文件系统的命令是 mkfs，mkfs 命令的格式为：

```
mkfs    [参数]    文件系统
```

mkfs 命令常用的参数选项如下。
-t：指定要创建的文件系统类型。
-c：建立文件系统前首先检查坏块。
-l file：从文件 file 中读磁盘坏块列表，file 文件一般是由磁盘坏块检查程序产生的。
-V：输出建立文件系统详细信息。

例如，在 /dev/sdb1 上建立 ext4 类型的文件系统，建立时检查磁盘坏块并显示详细信息。命令如下所示：

```
[root@Server01 ~]# mkfs -t ext4 -V -c /dev/sdb1
```

完成了存储设备的分区和格式化操作，接下来就是要来挂载并使用存储设备了。与之相关的步骤也非常简单：首先是创建一个用于挂载设备的挂载点目录；然后使用 mount 命令将存储设备与挂载点进行关联；最后使用 df -h 命令来查看挂载状态和硬盘使用量信息。

```
[root@Server01 ~]# mkdir /newFS
[root@Server01 ~]# mount /dev/sdb1 /newFS/
[root@Server01 ~]# df -h
Filesystem      Size  Used Avail Use% Mounted on
dev/sda2        9.8G   86M  9.2G   1% /
devtmpfs        897M     0  897M   0% /dev
tmpfs           912M     0  912M   0% /dev/shm
tmpfs           912M  9.0M  903M   1% /run
tmpfs           912M     0  912M   0% /sys/fs/cgroup
/dev/sda8       8.0G  3.0G  5.1G  38% /usr
/dev/sda7       976M  2.7M  907M   1% /tmp
```

```
/dev/sda3        7.8G    41M   7.3G    1%    /home
/dev/sda5        7.8G    140M  7.2G    2%    /var
/dev/sda1        269M    145M  107M    58%   /boot
tmpfs            183M    36K   183M    1%    /run/user/0 S
```

3. fsck

fsck 命令主要用于检查文件系统的正确性，并对 Linux 磁盘进行修复。fsck 命令的格式为：

```
fsck    [参数选项]    文件系统
```

fsck 命令常用的参数选项如下。

-t：给定文件系统类型，若在 /etc/fstab 中已有定义或 kernel 本身已支持的不需添加此项。
-s：一个一个地执行 fsck 命令进行检查。
-A：对 /etc/fstab 中所有列出来的分区进行检查。
-C：显示完整的检查进度。
-d：列出 fsck 的 debug 结果。
-P：在同时有 -A 选项时，多个 fsck 的检查一起执行。
-a：如果检查中发现错误，则自动修复。
-r：如果检查有错误，询问是否修复。

例如，检查分区 /dev/sdb1 上是否有错误，如果有错误自动修复（必须先把磁盘卸载才能检查分区）。

```
[root@Server01 ~]# umount /dev/sdb1
[root@Server01 ~]# fsck -a /dev/sdb1
fsck 1.35（28-Feb-2004）
/dev/sdb1: clean, 11/128016 files, 26684/512000 blocks
```

4. 使用 dd 建立和使用交换文件

当系统的交换分区不能满足系统的要求而磁盘上又没有可用空间时，可以使用交换文件提供虚拟内存。

```
[root@Server01 ~]# dd  if=/dev/zero  of=/swap  bs=1024  count=10240
```

上述命令的结果在硬盘的根目录下建立了一个块大小为 1 024 字节、块数为 10 240 的名为 swap 的交换文件。该文件的大小为 1 024×10 240=10 MB。

建立 /swap 交换文件后，使用 mkswap 命令说明该文件用于交换空间。

```
[root@Server01 ~]# mkswap  /swap  10240
```

利用 swapon 命令可以激活交换空间，也可以利用 swapoff 命令卸载被激活的交换空间。

```
[root@Server01 ~]# swapon  /swap
[root@Server01 ~]# swapoff  /swap
```

5. df

df 命令用来查看文件系统的磁盘空间占用情况。可以利用该命令来获取硬盘被占用了多少空间，以及目前还有多少空间等信息，还可以利用该命令获得文件系统的挂载位置。

df 命令格式如下：

```
df    [参数选项]
```

df 命令的常见参数选项如下。

-a：显示所有文件系统磁盘使用情况，包括 0 块的文件系统，如 /proc 文件系统。

-k：以 k 字节为单位显示。

-i：显示 i 节点信息。

-t：显示各指定类型的文件系统的磁盘空间使用情况。

-x：列出不是某一指定类型文件系统的磁盘空间使用情况（与 t 选项相反）。

-T：显示文件系统类型。

例如，列出各文件系统的占用情况：

```
[root@Server01 ~]# df
Filesystem      1K-blocks       Used      Available    Use%   Mounted on
……（略）
/dev/sda3       8125880         41436      7648632      1%    /home
/dev/sda5       8125880         142784     7547284      2%    /var
/dev/sda1       275387          147673     108975      58%    /boot
tmpfs           186704          36         186668       1%    /run/user/0
```

列出各文件系统的 i 节点使用情况：

```
[root@Server01 ~]# df -ia
Filesystem      Inodes     IUsed     IFree      IUse%     Mounted on
rootfs          -          -         -          -         /
sysfs           0          0         0          -         /sys
proc            0          0         0          -         /proc
devtmpfs        229616     411       229205     1%        /dev
……（略）
```

列出文件系统类型：

```
[root@Server01 ~]# df -T
Filesystem      Type      1K-blocks     Used   Available    Use%    Mounted on
/dev/sda2       ext4      10190100      98264  9551164      2%      /
devtmpfs        devtmpfs  918464        0      918464       0%      /dev
……
```

6. du

du 命令用于显示磁盘空间的使用情况。该命令逐级显示指定目录的每一级子目录占用文件系统数据块的情况。du 命令的格式为：

```
du   [参数选项]    [文件或目录名称]
```

du 命令的参数选项如下。

-s：对每个 name 参数只给出占用的数据块总数。

-a：递归显示指定目录中各文件及子目录中各文件占用的数据块数。

-b：以字节为单位列出磁盘空间使用情况（AS 4.0 中默认以 KB 为单位）。

-k：以 1 024 字节为单位列出磁盘空间使用情况。

-c：在统计后加上一个总计（系统默认设置）。

-l：计算所有文件大小，对硬链接文件重复计算。

-x：跳过在不同文件系统上的目录，不予统计。

例如，以字节为单位列出所有文件和目录的磁盘空间占用情况。命令的格式为：

```
[root@Server01 ~]# du -ab
```

7. mount 与 umount

（1）mount

在磁盘上建立好文件系统之后，还需要把新建立的文件系统挂载到系统上才能使用。这个过程称为挂载，文件系统所挂载到的目录被称为挂载点（mount point）。Linux 操作系统中提供了 /mnt 和 /media 两个专门的挂载点。一般而言，挂载点应该是一个空目录，否则目录中原来的文件将被系统隐藏。通常将光盘和软盘挂载到 /media/cdrom（或者 /mnt/cdrom）和 /media/floppy（或者 /mnt/floppy）中，其对应的设备文件名分别为 /dev/cdrom 和 /dev/fd0。

文件系统的挂载可以在系统引导过程中自动挂载，也可以手动挂载，手动挂载文件系统的挂载命令是 mount。该命令的语法格式为：

```
mount  选项  设备  挂载点
```

mount 命令的主要选项如下。

-t：指定要挂载的文件系统的类型。
-r：如果不想修改要挂载的文件系统，可以使用该选项以只读方式挂载。
-w：以可写的方式挂载文件系统。
-a：挂载 /etc/fstab 文件中记录的设备。

把文件系统类型为 ext4 的磁盘分区 /dev/sdb1 挂载到 /newFS 目录下，可以使用如下命令：

```
[root@Server01 ~]# mount -t ext4 /dev/sdb1 /newFS
```

挂载光盘可以使用如下命令：

```
[root@Server01 ~]# mkdir /media/cdrom
[root@Server01 ~]# mount -t iso9660 /dev/cdrom  /media/cdrom
```

（2）umount

文件系统可以被挂载也可以被卸载。卸载文件系统的命令是 umount。umount 命令的格式如下：

```
umount  设备  挂载点
```

例如，卸载光盘和软盘可以使用如下命令：

```
[root@Server01 ~]# umount /media/cdrom
```

注意：光盘在没有卸载之前，无法从驱动器中弹出。正在使用的文件系统不能卸载。

8. 文件系统的自动挂载

如果要实现每次开机自动挂载文件系统，可以通过编辑 /etc/fstab 文件来实现。在 /etc/fstab 中列出了引导系统时需要挂载的文件系统以及文件系统的类型和挂载参数。系统在引导过程中会读取 /etc/fstab 文件，并根据该文件的配置参数挂载相应的文件系统。以下是一个 fstab 文件的内容：

```
[root@Server01 ~]# cat /etc/fstab
# This file is edited by fstab-sync - see 'man fstab-sync' for details
```

```
LABEL=/              /                 ext4     defaults                         1 1
LABEL=/boot          /boot             ext4     defaults                         1 2
none                 /dev/pts          devpts   gid=5,mode=620                   0 0
none                 /dev/shm          tmpfs    defaults                         0 0
none                 /proc             proc     defaults                         0 0
none                 /sys              sysfs    defaults                         0 0
LABEL=SWAP-sda2      swap              swap     defaults                         0 0
/dev/sdb2            /media/sdb2       ext4     rw,grpquota,usrquota             0 0
/dev/hdc             /media/cdrom      auto     pamconsole,exec,noauto,managed   0 0
/dev/fd0             /media/floppy     auto     pamconsole,exec,noauto,managed   0 0
```

/etc/fstab 文件的每一行代表一个文件系统，每一行又包含 6 列，这 6 列的内容如下所示：

```
fs_spec    fs_file    fs_vfstype    fs_mntops    fs_freq    fs_passno
```

具体含义如下。

- fs_spec：将要挂载的设备文件。
- fs_file：文件系统的挂载点。
- fs_vfstype：文件系统类型。
- fs_mntops：挂载选项，决定传递给 mount 命令时如何挂载，各选项之间用逗号隔开。
- fs_freq：由 dump 程序决定文件系统是否需要备份，0 表示不备份，1 表示备份。
- fs_passno：由 fsck 程序决定引导时，是否检查磁盘以及检查次序，取值可以为 0、1、2。

例如，如果实现每次开机自动将文件系统类型为 vfat 的分区 /dev/sdb3 自动挂载到 /media/sdb3 目录下，需要在 /etc/fstab 文件中添加下面一行内容，重新启动计算机后，/dev/sdb3 就能自动挂载了。

```
/dev/sdb3      /media/sdb3     vfat     defaults    0  0
```

任务 5-3　在 Linux 中配置软 RAID

RAID（Redundant Array of Inexpensive Disks，独立磁盘冗余阵列）用于将多个廉价的小型磁盘驱动器合并成一个磁盘阵列，以提高存储性能和容错功能。RAID 可分为软 RAID 和硬 RAID，软 RAID 是通过软件实现多块硬盘冗余的。而硬 RAID 一般是通过 RAID 卡来实现 RAID 的。前者配置简单，管理也比较灵活，对于中小企业来说不失为一种最佳选择。硬 RAID 在性能方面具有一定优势，但往往花费比较贵。

1. 认识软 RAID

RAID 作为高性能的存储系统，已经得到了越来越广泛的应用。RAID 的级别从 RAID 概念的提出到现在，已经发展了六个级别，其级别分别是 0、1、2、3、4、5。但是最常用的是 0、1、3、5 四个级别。

（1）RAID0：将多个磁盘合并成一个大的磁盘，不具有冗余，并行 I/O，速度最快。RAID 0 也称为带区集。它是将多个磁盘并列起来，成为一个大硬盘。在存放数据时，其将数据按磁盘的个数来进行分段，然后同时将这些数据写进这些磁盘中，如图 5-3 所示。

在所有的级别中，RAID0 的速度是最快的。但是 RAID0 没有冗余功能，如果一个磁盘（物理）损坏，则所有的数据都无法使用。

（2）RAID1：把磁盘阵列中的硬盘分成相同的两组，互为镜像，当任一磁盘介质出现故障时，可以利用其镜像上的数据恢复，从而提高系统的容错能力。对数据的操作仍采用分块后并行传输方式。所有 RAID1 不仅提高了读写速度，也加强了系统的可靠性。但其缺点是硬盘的利用率低，只有 50%，如图 5-4 所示。

图 5-3　RAID 0 技术示意图　　　　　　　图 5-4　RAID 1 技术示意图

（3）RAID3：RAID3 存放数据的原理和 RAID0、RAID1 不同。RAID3 是以一个硬盘来存放数据的奇偶校验位，数据则分段存储于其余硬盘中。它像 RAID0 一样以并行的方式来存放数据，但速度没有 RAID0 快。如果数据盘（物理）损坏，只要将坏的硬盘换掉，RAID 控制系统会根据校验盘的数据校验位在新盘中重建坏盘上的数据。不过，如果校验盘（物理）损坏的话，则全部数据都无法使用。利用单独的校验盘来保护数据虽然没有镜像的安全性高，但是硬盘利用率得到了很大的提高，硬盘的利用率为 $(n-1)/n$。

（4）RAID5：向阵列中的磁盘写数据，奇偶校验数据存放在阵列中的各个盘上，允许单个磁盘出错。RAID5 也是以数据的校验位来保证数据的安全，但它不是以单独硬盘来存放数据的校验位，而是将数据段的校验位交互存放于各个硬盘上。这样任何一个硬盘损坏，都可以根据其他硬盘上的校验位来重建损坏的数据。硬盘的利用率为 n-1。如图 5-5 所示。

图 5-5　RAID5 技术示意图

Red Hat Enterprise Linux 提供了对软 RAID 技术的支持。在 Linux 操作系统中建立软 RAID 可以使用 mdadm 工具建立和管理 RAID 设备。

2. 创建与挂载 RAID 设备

下面以四块硬盘 /dev/sdb、/dev/sdc、/dev/sdd、/dev/sde 为例来讲解 RAID5 的创建方法（利用 VMware 虚拟机，事先安装四块 SCSI 硬盘）。

（1）创建四个磁盘分区。

使用 fdisk 命令重新创建四个磁盘分区 /dev/sdb1、/dev/sdc1、/dev/sdd1、/dev/sde1，容量大小一致，都为 500 MB，并设置分区类型 id 为 fd（Linux raid autodetect），下面以创建 /dev/sdb1 磁盘分区为例（先删除原来的分区，如果是新磁盘直接分区）。

```
[root@Server01 ~]# fdisk /dev/sdb
Welcome to fdisk (util-linux 2.23.2).
Changes will remain in memory only, until you decide to write them.
Be careful before using the write command.
Command (m for help): d                          // 删除分区命令
```

```
Partition number (1,2, default 2):
Partition 2 is deleted                              //删除分区 2
Command (m for help): d                             //删除分区命令
Selected partition 1
Partition 1 is deleted
Command (m for help): n                             //创建分区
Partition type:
    p   primary (0 primary, 0 extended, 4 free)
    e   extended
Select (default p): p                               //创建主分区 1
Using default response p
Partition number (1-4, default 1): 1                //创建主分区 1
First sector (2048-41943039, default 2048):
Using default value 2048
Last sector, +sectors or +size{K,M,G} (2048-41943039, default 41943039): +500M
                                                    //分区容量为 500MB
Partition 1 of type Linux and of size 500 MiB is set
Command (m for help): t                             //设置文件系统
Selected partition 1
Hex code (type L to list all codes): fd             //设置文件系统为 fd
Changed type of partition 'Linux' to 'Linux raid autodetect'
Command (m for help): 0                             //存盘退出
```

用同样方法创建其他三个硬盘分区,运行 partprobe 命令或重启系统,分区结果如下:

```
[root@Server01 ~]# partprobe          // 不重新启动系统而使分区划分有效,务必!
[root@Server01 ~]# reboot             // 或重新启动计算机
 [root@Server01 ~]# fdisk -l
Device Boot       Start        End         Blocks     Id  System
/dev/sdb1         2048         1026047     512000     fd  Linux raid autodetect
/dev/sdc1         2048         1026047     512000     fd  Linux raid autodetect
/dev/sdd1         2048         1026047     512000     fd  Linux raid autodetect
/dev/sde1         2048         1026047     512000     fd  Linux raid autodetect
```

(2)使用 mdadm 命令创建 RAID5。

RAID 设备名称为 /dev/mdX。其中 X 为设备编号,该编号从 0 开始。

```
[root@Server01~]#mdadm --create /dev/md0 --level=5 --raid-devices=3 --spare-devices=1 /dev/sd[b-e]1
mdadm: array /dev/md0 started.
```

上述命令中指定 RAID 设备名为 /dev/md0,级别为 5,使用三个设备建立 RAID,空余一个留作备用。上面的语法中,最后面是装置文件名,这些装置文件名可以是整块磁盘,例如 /dev/sdb,也可以是磁盘上的分区,例如 /dev/sdb1 之类。不过,这些设备文件名的总数必须要等于 --raid-devices 与 --spare-devices 的个数总和。此例中,/dev/sd[b-e]1 是一种简写,表示 /dev/sdb1、/dev/sdc1、/dev/sdd1、/dev/sde1,其中 /dev/sde1 为备用。

(3)为新建立的 /dev/md0 建立类型为 ext4 的文件系统。

```
[root@Server01 ~]mkfs -t ext4 -c /dev/md0
```

（4）查看建立的 RAID5 的具体情况（注意哪个是备用！）。

```
[root@Server01 ~]mdadm --detail /dev/md0
/dev/md0:
           Version : 1.2
     Creation Time : Mon May 28 05:45:21 2018
        Raid Level : raid5
        Array Size : 1021952 (998.00 MiB 1046.48 MB)
     Used Dev Size : 510976 (499.00 MiB 523.24 MB)
      Raid Devices : 3
     Total Devices : 4
       Persistence : Superblock is persistent

       Update Time : Mon May 28 05:47:36 2018
             State : clean
    Active Devices : 3
   Working Devices : 4
    Failed Devices : 0
     Spare Devices : 1

            Layout : left-symmetric
        Chunk Size : 512K

Consistency Policy : resync

              Name : Server01:0  (local to host RHEL7-2)
              UUID : 082401ed:7e3b0286:58eac7e2:a0c2f0fd
            Events : 18

    Number   Major   Minor   RaidDevice State
       0       8       17        0      active sync   /dev/sdb1
       1       8       33        1      active sync   /dev/sdc1
       4       8       49        2      active sync   /dev/sdd1
       3       8       65        -      spare         /dev/sde1
```

（5）将 RAID 设备挂载。

将 RAID 设备 /dev/md0 挂载到指定的目录 /media/md0 中，并显示该设备中的内容。

```
[root@Server01 ~]# mkdir /media/md0
[root@Server01 ~]# mount /dev/md0 /media/md0 ;  ls  /media/md0
lost+found
[root@Server01 ~]# cd /media/md0
// 写入一个 50MB 的文件 50_file 供数据恢复时测试用
[root@Server01 md0]# dd if=/dev/zero of=50_file count=1 bs=50M; ll
1+0 records in
1+0 records out
52428800 bytes (52 MB) copied, 0.550244 s, 95.3 MB/s
total 51216
-rw-r--r--. 1 root root 52428800 May 28 16:00 50_file
```

```
drwx------. 2 root root   16384 May 28 15:54 lost+found
[root@Server01 ~]# cd
```

3. 恢复 RAID 设备的数据

如果 RAID 设备中的某个硬盘损坏，系统会自动停止这块硬盘的工作，让后备的那块硬盘代替损坏的硬盘继续工作。例如，假设 /dev/sdc1 损坏。更换损坏的 RAID 设备中成员的方法如下：

（1）将损坏的 RAID 成员标记为失效。

```
[root@Server01 ~]#mdadm   /dev/md0   --fail   /dev/sdc1
```

（2）移除失效的 RAID 成员。

```
[root@Server01 ~]#mdadm   /dev/md0   --remove   /dev/sdc1
```

（3）更换硬盘设备，添加一个新的 RAID 成员（注意上面查看 RAID5 的情况）。备份硬盘一般会自动替换。

```
[root@Server01 ~]#mdadm   /dev/md0   --add   /dev/sde1
```

（4）查看 RAID5 下的文件是否损坏，同时再次查看 RAID5 的情况，命令如下。

```
[root@Server01 ~]#ll   /media/md0
[root@Server01 ~]#mdadm --detail /dev/md0
/dev/md0:
       ……（略）
   Number   Major   Minor   RaidDevice State
      0       8      17       0         active sync   /dev/sdb1
      3       8      65       1         active sync   /dev/sde1
      4       8      49       2         active sync   /dev/sdd1
```

RAID5 中失效硬盘已被成功替换。

说明：mdadm 命令参数中凡是以"--"引出的参数选项，与"-"加单词首字母的方式等价。例如"--remove"等价于"-r"，"--add"等价于"-a"。

（5）当不再使用 RAID 设备时，可以使用命令"mdadm -S /dev/mdX"的方式停止 RAID 设备，然后重启系统（注意，先卸载再停止）。

```
[root@RHEL7-2 ~]# umount /dev/md0   /media/md0
umount: /media/md0: not mounted
[root@RHEL7-2 ~]# mdadm   -S   /dev/md0
mdadm: stopped /dev/md0
[root@server1 ~]# reboot
```

任务 5-4　管理 LVM 逻辑卷

前面学习的硬盘设备管理技术虽然能够有效地提高硬盘设备的读写速度以及数据的安全性，但是在硬盘分好区或者部署为 RAID 磁盘阵列之后，再想修改硬盘分区大小就不容易了。换句话说，当用户想要随着实际需求的变化调整硬盘分区的大小时，会受到硬盘"灵活性"的限制。这时就需要用到另外一项非常普及的硬盘设备资源管理技术了——LVM（逻辑卷管理器）。LVM 可以允许用户对硬盘资源进行动态调整。

逻辑卷管理器是 Linux 操作系统用于对硬盘分区进行管理的一种机制，理论性较强，其创建初衷是解决硬盘设备在创建分区后不易修改分区大小的缺陷。尽管对传统的硬盘分区进行强制扩容或缩容从理论上来讲是可行的，但是却可能造成数据的丢失。而 LVM 技术是在硬盘分区和文件系统之间添加了一个逻辑层，它提供了一个抽象的卷组，可以把多块硬盘进行卷组合并。这样一来，用户不必关心物理硬盘设备的底层架构和布局，就可以实现对硬盘分区的动态调整。LVM 的技术架构如图 5-6 所示。

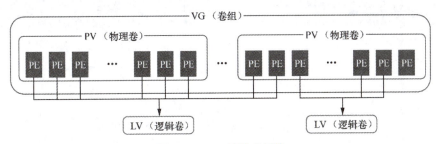

图 5-6　LVM 的技术架构

物理卷处于 LVM 中的最底层，可以将其理解为物理硬盘、硬盘分区或者 RAID 磁盘阵列，这都可以。卷组建立在物理卷之上，一个卷组可以包含多个物理卷，而且在卷组创建之后也可以继续向其中添加新的物理卷。逻辑卷是用卷组中空闲的资源建立的，并且逻辑卷在建立后可以动态地扩展或缩小空间。这就是 LVM 的核心理念。

1. 部署逻辑卷

一般而言，在生产环境中无法精确地评估每个硬盘分区在日后的使用情况，因此会导致原先分配的硬盘分区不够用。例如，伴随着业务量的增加，用于存放交易记录的数据库目录的体积也随之增加；因为分析并记录用户的行为从而导致日志目录的体积不断变大，这些都会导致原有的硬盘分区在使用上捉襟见肘。而且，还存在对较大的硬盘分区进行精简缩容的情况。

可以通过部署 LVM 来解决上述问题。部署 LVM 时，需要逐个配置物理卷、卷组和逻辑卷。常用的部署命令如表 5-4 所示。

表 5-4　常用的 LVM 部署命令

功能/命令	物理卷管理	卷组管理	逻辑卷管理
扫描	pvscan	vgscan	lvscan
建立	pvcreate	vgcreate	lvcreate
显示	pvdisplay	vgdisplay	lvdisplay
删除	pvremove	vgremove	lvremove
扩展	—	vgextend	lvextend
缩小	—	vgreduce	lvreduce

为了避免多个实验之间相互发生冲突，请大家自行将虚拟机还原到初始状态，并在虚拟机中重新添加五块新硬盘设备，然后开机，如图 5-7 所示。

在虚拟机中添加五块新硬盘设备的目的，是为了更好地演示 LVM 理念中用户无须关心底层物理硬盘设备的特性。先对其中两块新硬盘进行创建物理卷的操作，可以将该操作简单理解成让硬盘设备支持 LVM 技术，或者理解成是把硬盘设备加入 LVM 技术可用的硬件资源池中，然后对这两块硬盘进行卷组合并，卷组的名称可以由用户来自定义。接下来，根据需求把合并后的卷组切割出一个约为 150 MB 的逻辑卷设备，最后把这个逻辑卷设备格式化成 EXT4 文件系统后挂载使用。在下文中，将对每一个步骤再作一些简单的描述。

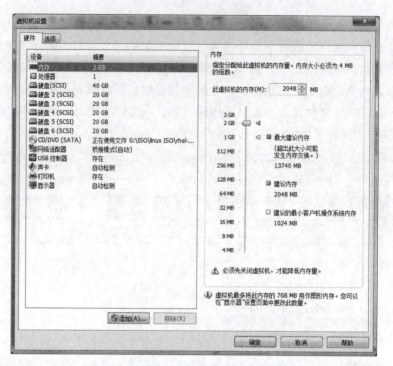

图 5-7 在虚拟机中添加两块新的硬盘设备

STEP 1 让新添加的两块硬盘设备支持 LVM 技术。

```
[root@Server01 ~]# pvcreate /dev/sdb /dev/sdc
  Physical volume "/dev/sdb" successfully created.
  Physical volume "/dev/sdc" successfully created.
```

STEP 2 把两块硬盘设备加入 storage 卷组中，然后查看卷组的状态。

```
[root@Server01 ~]# vgcreate storage /dev/sdb /dev/sdc
  Volume group "storage" successfully created
[root@Server01 ~]# vgdisplay
  --- Volume group ---
  VG Name               storage
  …………
  VG Size               39.99 GiB
  PE Size               4.00 MiB
  Total PE              10238
```

STEP 3 切割出一个约为 150 MB 的逻辑卷设备。

这里需要注意切割单位的问题。在对逻辑卷进行切割时有两种计量单位。第一种是以容量为单位，所使用的参数为 -L。例如，使用 -L 150M 生成一个大小为 150 MB 的逻辑卷。另外一种是以基本单元的个数为单位，所使用的参数为 -l。每个基本单元的大小默认为 4 MB。例如，使用 -l 37 可以生成一个大小为 37×4 MB=148 MB 的逻辑卷。

```
[root@Server01 ~]# lvcreate -n vo -l 37 storage
  Logical volume "vo" created
[root@Server01 ~]# lvdisplay
  --- Logical volume ---
  …………
```

```
# open 0
LV Size 148.00 MiB
Current LE 37
Segments 1
…………
```

STEP 4 把生成好的逻辑卷进行格式化,然后挂载使用。

Linux 操作系统会把 LVM 中的逻辑卷设备存放在 /dev 设备目录中(实际上是做了一个符号链接),同时会以卷组的名称来建立一个目录,其中保存了逻辑卷的设备映射文件(即 /dev/ 卷组名称 / 逻辑卷名称)。

```
[root@Server01 ~]# mkfs.ext4 /dev/storage/vo
mke2fs 1.42.9 (28-Dec-2013)
Filesystem label=
OS type: Linux
Block size=1024 (log=0)
Fragment size=1024 (log=0)
Stride=0 blocks, Stripe width=0 blocks
38000 inodes, 151552 blocks
7577 blocks (5.00%) reserved for the super user
First data block=1
Maximum filesystem blocks=33816576
19 block groups
8192 blocks per group, 8192 fragments per group
2000 inodes per group
Superblock backups stored on blocks:
    8193, 24577, 40961, 57345, 73729

Allocating group tables: done
Writing inode tables: done
Creating journal (4096 blocks): done
Writing superblocks and filesystem accounting information: done
[root@Server01 ~]# mkdir /bobby
[root@Server01 ~]# mount /dev/storage/vo /bobby
```

STEP 5 查看挂载状态,并写入到配置文件,使其永久生效(做下个实验时一定恢复到初始状态)。

```
[root@Server01 ~]# df -h
ilesystem                  Size    Used    Avail Use% Mounted on
……………………
tmpfs                      183M    20K     183M  1%   /run/user/0
/dev/mapper/storage-vo     140M    1.6M    128M  2%   /bobby
[root@Server01 ~]# echo "/dev/storage/vo /bobby ext4 defaults 0 0">>/etc/fstab
```

2. 扩容逻辑卷

在前面的实验中,卷组是由两块硬盘设备共同组成的。用户在使用存储设备时感觉不到设备底层的架构和布局,更不用关心底层是由多少块硬盘组成的,只要卷组中有足够的资源,就可以一直为逻辑卷扩容。扩展前请一定要记得卸载设备和挂载点的关联。

```
[root@Server01 ~]# umount /bobby
```

STEP 1 增加新的物理卷到卷组。

当卷组中没有足够的空间分配给逻辑卷时，可以用给卷组增加物理卷的方法来增加卷组的空间。下面先增加 /dev/sdd 磁盘支持 LVM 技术，再将 /dev/sdd 物理卷加到 storage 卷组。

```
[root@Server01 ~]# pvcreate /dev/sdd
[root@Server01 ~]# vgextend storage /dev/sdd
 Volume group "storage" successfully extended
[root@Server01 ~]# vgdisplay
```

STEP 2 把上一个实验中的逻辑卷 vo 扩展至 290 MB。

```
[root@Server01 ~]# lvextend -L 290M /dev/storage/vo
 Rounding size to boundary between physical extents: 292.00 MiB
 Extending logical volume vo to 292.00 MiB
 Logical volume vo successfully resized
```

STEP 3 检查硬盘完整性，并重置硬盘容量。

```
[root@Server01 ~]# e2fsck -f /dev/storage/vo
e2fsck 1.42.9 (28-Dec-2013)
Pass 1: Checking inodes, blocks, and sizes
Pass 2: Checking directory structure
Pass 3: Checking directory connectivity
Pass 4: Checking reference counts
Pass 5: Checking group summary information
/dev/storage/vo: 11/38000 files(0.0% non-contiguous),10453/151552 blocks
[root@Server01 ~]# resize2fs /dev/storage/vo
resize2fs 1.42.9 (28-Dec-2013)
Resizing the filesystem on /dev/storage/vo to 299008 (1k) blocks.
The filesystem on /dev/storage/vo is now 299008 blocks long.
```

STEP 4 重新挂载硬盘设备并查看挂载状态。

```
[root@Server01 ~]# mount -a
[root@Server01 ~]# df -h
Filesystem               Size   Used  Avail Use% Mounted on
…………
tmpfs                    183M    20K   183M   1% /run/user/0
/dev/mapper/storage-vo   279M   2.1M   259M   1% /bobby
```

3. 缩小逻辑卷

相较于扩容逻辑卷，在对逻辑卷进行缩容操作时，其丢失数据的风险更大。所以在生产环境中执行相应操作时，一定要提前备份好数据。另外 Linux 操作系统规定，在对 LVM 逻辑卷进行缩容操作之前，要先检查文件系统的完整性（当然这也是为了保证我们的数据安全）。在执行缩容操作前记得先把文件系统卸载掉。

```
[root@Server01 ~]# umount /bobby
```

STEP 1 检查文件系统的完整性。

```
[root@Server01 ~]# e2fsck -f /dev/storage/vo
```

STEP 2 把逻辑卷 vo 的容量减小到 120 MB。

```
[root@Server01 ~]# resize2fs /dev/storage/vo 120M
resize2fs 1.42.9 (28-Dec-2013)
Resizing the filesystem on /dev/storage/vo to 122880 (1k) blocks.
The filesystem on /dev/storage/vo is now 122880 blocks long.
[root@Server01 ~]# lvreduce -L 120M /dev/storage/vo
 WARNING: Reducing active logical volume to 120.00 MiB
 THIS MAY DESTROY YOUR DATA (filesystem etc.)
Do you really want to reduce vo? [y/n]: y
 Reducing logical volume vo to 120.00 MiB
 Logical volume vo successfully resized
```

STEP 3 重新挂载文件系统并查看系统状态。

```
[root@Server01 ~]# mount -a
[root@Server01 ~]# df -h
Filesystem                 Size  Used Avail Use% Mounted on
…………
/dev/mapper/storage-vo     113M  1.6M  103M   2% /bobby
```

4. 删除逻辑卷

当生产环境中想要重新部署 LVM 或者不再需要使用 LVM 时，则需要执行 LVM 的删除操作。为此，需要提前备份好重要的数据信息，然后依次删除逻辑卷、卷组、物理卷设备，这个顺序不可颠倒。

STEP 1 取消逻辑卷与目录的挂载关联，删除配置文件中永久生效的设备参数。

```
[root@Server01 ~]# umount /bobby
[root@Server01 ~]# vim /etc/fstab
…………
/dev/cdrom          /media/cdrom iso9660    defaults   0 0
#dev/storage/vo /bobby ext4 defaults 0 0        //删除，或在前面加上#
```

STEP 2 删除逻辑卷设备，需要输入 y 来确认操作。

```
[root@Server01 ~]# lvremove /dev/storage/vo
Do you really want to remove active logical volume vo? [y/n]: y
 Logical volume "vo" successfully removed
```

STEP 3 删除卷组，此处只写卷组名称即可，不需要设备的绝对路径。

```
[root@Server01 ~]# vgremove storage
 Volume group "storage" successfully removed
```

STEP 4 删除物理卷设备。

```
[root@Server01 ~]# pvremove /dev/sdb /dev/sdc
 Labels on physical volume "/dev/sdb" successfully wiped
 Labels on physical volume "/dev/sdc" successfully wiped
```

在上述操作执行完毕之后，再执行 lvdisplay、vgdisplay、pvdisplay 命令来查看 LVM 的信息时就不会再看到信息了（前提是上述步骤的操作是正确的）。

5.4 拓展阅读　图灵奖

你知道图灵奖吗？你知道哪位华人科学家获得过此殊荣吗？

图灵奖（Turing Award）全称 A.M. 图灵奖（A.M. Turing Award），是由美国计算机协会（Association for Computing Machinery，ACM）于 1966 年设立的计算机奖项，名称取自艾伦·马西森·图灵（Alan Mathison Turing），旨在奖励对计算机事业做出重要贡献的个人。图灵奖对获奖条件要求极高，评奖程序极严，一般每年仅授予一名计算机科学家。图灵奖是计算机领域的国际最高奖项，被誉为"计算机界的诺贝尔奖"。

2000 年，华人科学家姚期智获得图灵奖。

5.5 项目实训

◎ 项目实训一　管理文件系统

视频 5-2
项目实录
管理文件系统

1. 视频位置

实训前请扫二维码观看：项目实录 管理文件系统。

2. 项目实训目的

- 掌握 Linux 下文件系统的创建、挂载与卸载。
- 掌握文件系统的自动挂载。

3. 项目背景

某企业的 Linux 服务器中新增了一块硬盘 /dev/sdb，请使用 fdisk 命令新建 /dev/sdb1 主分区和 /dev/sdb2 扩展分区，并在扩展分区中新建逻辑分区 /dev/sdb5，使用 mkfs 命令分别创建 vfat 和 ext3 文件系统。然后用 fsck 命令检查这两个文件系统。最后，把这两个文件系统挂载到系统上。

4. 项目要求

练习 Linux 操作系统下文件系统的创建、挂载与卸载及自动挂载的实现。

5. 做一做

根据项目实训录像进行项目的实训，检查学习效果。

◎ 项目实训二　管理文件权限

视频 5-3
项目实录
管理文件权限

1. 视频位置

实训前请扫二维码观看：项目实录 管理文件权限。

2. 项目实训目的

- 掌握利用 chmod 及 chgrp 等命令实现 Linux 文件权限管理。
- 掌握磁盘限额的实现方法（下个项目会详细讲解）。

3. 项目背景

某公司有 60 个员工，分别在五个部门工作，每个人工作内容不同。需要在服务器上为每个人创建不同的账号，把相同部门的用户放在一个组中，每个用户都有自己的工作目录。并且需要根据工作性质给每个部门和每个用户在服务器上的可用空间进行限制。

假设有用户 user1，请设置 user1 对 /dev/sdb1 分区的磁盘限额，将 user1 对 blocks 的 soft 设置为 5 000，hard 设置为 10 000；inodes 的 soft 设置为 5 000，hard 设置为 10 000。

4. 项目要求

练习 chmod、chgrp 等命令的使用，练习在 Linux 下实现磁盘限额的方法。

5. 做一做

根据项目实录视频进行项目的实训，检查学习效果。

◎ 项目实训三　管理动态磁盘

1. 视频位置

实训前请扫二维码观看：项目实录 管理动态磁盘。

2. 项目实训目的

掌握 Linux 操作系统中利用 RAID 技术实现磁盘阵列的管理方法。

3. 项目背景

某企业为了保护重要数据，购买了四块同一厂家的 SCSI 硬盘。要求在这四块硬盘上创建 RAID5 卷，以实现磁盘容错。

4. 项目要求

利用 mdadm 命令创建并管理 RAID 卷。

5. 做一做

根据项目实训录像进行项目的实训，检查学习效果。

视频 5-4
项目实录
管理动态磁盘

◎ 项目实训四　管理 LVM 逻辑卷

1. 视频位置

实训前请扫二维码观看：项目实录 管理 LVM 逻辑卷。

2. 项目实训目的

- 掌握创建 LVM 分区类型的方法。
- 掌握 LVM 逻辑卷管理的基本方法。

3. 项目背景

某企业在 Linux 服务器中新增了一块硬盘 /dev/sdb，要求 Linux 系统的分区能自动调整磁盘容量。请使用 fdisk 命令新建 /dev/sdb1、/dev/sdb2、/dev/sdb3 和 /dev/sdb4 LVM 类型的分区，并在这四个分区上创建物理卷、卷组和逻辑卷。最后将逻辑卷挂载。

4. 项目要求

物理卷、卷组、逻辑卷的创建，卷组、逻辑卷的管理。

5. 做一做

根据项目实录视频进行项目的实训，检查学习效果。

视频 5-5
项目实录
管理 LVM 逻辑卷

练习题

一、选择题

1. 假定 Kernel 支持 vfat 分区，（　　）操作是将 /dev/hda1（一个 Windows 分区）加载到 /

win 目录。

　　A. mount -t windows /win /dev/hda1

　　B. mount -fs=msdos /dev/hda1 /win

　　C. mount -s win /dev/hda1 /win

　　D. mount –t vfat /dev/hda1 /win

2. 关于 /etc/fstab 的正确描述是（　　）。

　　A. 启动系统后，由系统自动产生

　　B. 用于管理文件系统信息

　　C. 用于设置命名规则，设置是否可以使用 TAB 来命名一个文件

　　D. 保存硬件信息

3. 存放 Linux 基本命令的目录是（　　）。

　　A. /bin　　　　B. /tmp　　　　C. /lib　　　　D. /root

4. 对于普通用户创建的新目录，（　　）是默认的访问权限。

　　A. rwxr-xr-x　　B. rw-rwxrw-　　C. rwxrw-rw-　　D. rwxrwxrw-

5. 如果当前目录是 /home/sea/china，那么 china 的父目录是（　　）目录。

　　A. /home/sea　　B. /home/　　　C. /　　　　D. /sea

6. 系统中有用户 user1 和 user2，同属于 users 组。在 user1 用户目录下有一文件 file1，它拥有 644 的权限，如果 user2 想修改 user1 用户目录下的 file1 文件，应拥有（　　）权限。

　　A. 744　　　　B. 664　　　　C. 646　　　　D. 746

7. 在一个新分区上建立文件系统应该使用命令（　　）。

　　A. fdisk　　　B. makefs　　　C. mkfs　　　D. format

8. 用 ls –al 命令列出下面的文件列表，其中（　　）文件是符号链接文件。

　　A. -rw------- 2 hel-s users 56 Sep 09 11:05 hello

　　B. -rw------- 2 hel-s users 56 Sep 09 11:05 goodbey

　　C. drwx----- 1 hel users 1024 Sep 10 08:10 zhang

　　D. lrwx----- 1 hel users 2024 Sep 12 08:12 cheng

9. Linux 文件系统的目录结构是一棵倒挂的树，文件都按其作用分门别类地放在相关的目录中。现有一个外围设备文件，应该将其放在（　　）目录中。

　　A. /bin　　　　B. /etc　　　　C. /dev　　　　D. lib

10. 如果 umask 设置为 022，默认创建的文件权限为（　　）。

　　A. ----w--w-　　B. –rwxr-xr-x　　C. r-xr-x---　　D. rw-r--r--

二、填空题

1. 文件系统（File System）是磁盘上有特定格式的一片区域，操作系统利用文件系统_____和_____文件。

2. ext 文件系统在 1992 年 4 月完成，称为_____，是第一个专门针对 Linux 操作系统的文件系统。Linux 操作系统使用_____文件系统。

3. _____是光盘所使用的标准文件系统。

4. Linux 的文件系统是采用阶层式的_____结构，在该结构中的最上层是_____。

5. 默认的权限可用_____命令修改，用法非常简单，只需执行_____命令，便代表屏蔽所有的权限，因而之后建立的文件或目录，其权限都变成_____。

6. 在 Linux 操作系统安装时，可以采用_____、_____和_____等方式进行分区。除

此之外，在 Linux 操作系统中还有_____、_____、_____等分区工具。

7. RAID（Redundant Array of Inexpensive Disks）的中文全称是_____，用于将多个小型磁盘驱动器合并成一个_____，以提高存储性能和_____功能。RAID 可分为_____和_____，软 RAID 通过软件实现多块硬盘_____。

8. LVM（Logical Volume Manager）的中文全称是_____，最早应用在 IBM AIX 系统上。它的主要作用是_____及调整磁盘分区大小，并且可以让多个分区或者物理硬盘作为_____来使用。

9. 可以通过_____和_____来限制用户和组对磁盘空间的使用。

项目 6

配置网络和使用 SSH 服务

学习要点

◎ 掌握修改主机名的方法。
◎ 掌握使用系统菜单配置网络的方法。
◎ 掌握使用图形界面配置网络的方法。
◎ 掌握使用 nmcli 命令配置网络的方法。
◎ 掌握配置远程控制服务的方法。

素养要点

◎ 了解为什么会推出 IPv6。我国推出的"雪人计划"是一个益国益民的大事,这一计划必将助力中华民族的伟大复兴,这也必将激发学生的爱国情怀和学习动力。

◎ "路漫漫其修远兮,吾将上下而求索。"国产化替代之路"道阻且长,行则将至,行而不辍,未来可期"。青年学生更应坚信中华民族的伟大复兴终会有时!

作为 Linux 操作系统的网络管理员,学习 Linux 服务器的网络配置是至关重要的,同时管理远程主机也是管理员必须熟练掌握的。这些是后续网络服务配置的基础,必须学好。

本项目讲解了如何使用 nmtui 命令配置网络参数,以及通过 nmcli 命令查看网络信息并管理网络会话服务,从而能够在不同工作场景中快速切换网络运行参数。本项目还深入介绍了 SSH 协议与 sshd 服务程序的理论知识、Linux 操作系统的远程管理及在系统中配置服务程序的方法。

视频 6-1
项目实录
配置网络和使用
SSH 服务

6.1 项目相关知识

Linux 主机要与网络中的其他主机通信,首先要正确配置网络。网络配置通常包括主机名、IP 地址、子网掩码、默认网关、DNS 服务器等的设置。设置主机名是首要任务。

RHEL 8 有以下三种形式的主机名。
- 静态的（static）："静态"主机名也称为内核主机名，是系统在启动时从 /etc/hostname 自动初始化的主机名。
- 瞬态的（transient）："瞬态"主机名是在系统运行时临时分配的主机名，由内核管理。例如，通过 DHCP 或 DNS 服务器分配的 localhost 就是这种形式的主机名。
- 灵活的（pretty）："灵活"主机名是 UTF8 格式的自由主机名，以展示给终端用户。

与之前版本不同，RHEL 8 中的主机名配置文件为 /etc/hostname，可以在配置文件中直接更改主机名。请读者使用 "vim /etc/hostname" 命令试一试。

1. 使用 nmtui 修改主机名

```
[root@Server01 ~]# nmtui
```

在图 6-1、图 6-2 所示的界面中进行配置。

图 6-1　配置 hostname

图 6-2　修改主机名为 Server01

使用 NetworkManager 的 nmtui 接口修改了静态主机名后（/etc/hostname 文件），不会通知 hostnamectl。要想强制让 hostnamectl 知道静态主机名已经被修改，需要重启 hostnamed 服务。

```
[root@Server01 ~]# systemctl restart systemd-hostnamed
```

2. 使用 hostnamectl 修改主机名

（1）查看主机名。

```
[root@Server01 ~]# hostnamectl status
    Static hostname: Server01
        ……
```

（2）设置新的主机名。

```
[root@Server01 ~]# hostnamectl set-hostname my.smile.com
```

（3）查看新的主机名。

```
[root@Server01 ~]# hostnamectl status
    Static hostname: my.smile.com
        ……
```

3. 使用 NetworkManager 的命令行接口 nmcli 修改主机名

（1）nmcli 可以修改 /etc/hostname 中的静态主机名。

```
// 查看主机名
[root@Server01 ~]# nmcli general hostname
my.smile.com
```

```
//设置新主机名
[root@Server01 ~]# nmcli general hostname Server01
[root@Server01 ~]# nmcli general hostname
Server01
```

（2）重启 hostnamed 服务让 hostnamectl 知道静态主机名已经被修改。

```
[root@Server01 ~]# systemctl restart systemd-hostnamed
```

6.2 项目设计与准备

本项目要用到 Server01 和 Client1，完成的任务如下。
（1）配置 Server01 和 Client1 的网络参数。
（2）创建会话。
（3）配置远程服务。

其中 Server01 的 IP 地址为 192.168.10.1/24，Client1 的 IP 地址为 192.168.10.20/24，两台计算机的网络连接方式都是桥接模式。

6.3 项目实施

任务 6-1 使用系统菜单配置网络

后续课程将学习如何在 Linux 操作系统上配置服务。在此之前，必须先保证主机之间能够顺畅地通信。如果网络不通，即便服务部署的再正确，用户也无法顺利访问，所以，配置网络并确保网络的连通性是学习部署 Linux 服务之前的最后一个重要知识点。

（1）以 Server01 为例。在 Server01 的桌面上依次单击"活动"→"显示应用程序"→"设置"→"网络"命令，打开网络配置界面，一步步完成网络信息查询和网络配置。具体过程如图 6-3～图 6-5 所示。

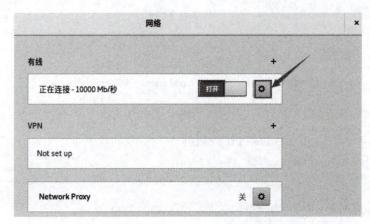

图 6-3 打开连接、单击齿轮按钮进行配置

视频 6-2
配置网络和
firewall 防火墙

（2）设置完成后，单击"应用"按钮应用配置，回到图 6-3 所示的界面。注意网络连接应该设置在"打开"状态，如果在"关闭"状态，请进行修改。

（3）再次单击齿轮按钮，显示 6-5 所示的最终配置结果，一定勾选"自动连接"复选框，否则计算机启动后不能自动连接网络，切记！最后单击"应用"按钮。注意，有时需要重启系统配置才能生效。

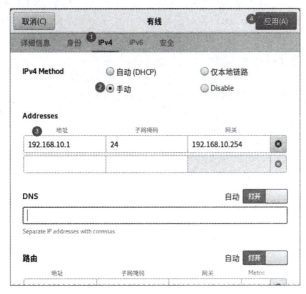

图 6-4　配置有线连接

图 6-5　网络配置界面

建议：① 首选使用系统菜单配置网络。因为从 RHEL 8 开始，图形界面已经非常完善。② 如果网络正常工作，会在桌面的右上角显示网络连接图标，直接单击该图标也可以进行网络配置，如图 6-6 所示。

（4）按同样方法配置 Client1 的网络参数：IP 地址为 192.168.10.20/24，默认网关为 192.168.10.254。

（5）在 Server01 上测试与 Client1 的连通性，测试成功。

```
[root@Server01 ~]# ping 192.168.10.20 -c 4
PING 192.168.10.20 (192.168.10.20) 56(84) bytes of data.
```

图 6-6　单网络连接图标配置网络

```
64 bytes from 192.168.10.20: icmp_seq=1 ttl=64 time=0.904 ms
64 bytes from 192.168.10.20: icmp_seq=2 ttl=64 time=0.961 ms
64 bytes from 192.168.10.20: icmp_seq=3 ttl=64 time=1.12 ms
64 bytes from 192.168.10.20: icmp_seq=4 ttl=64 time=0.607 ms

--- 192.168.10.20 ping statistics ---
4 packets transmitted, 4 received, 0% packet loss, time 34ms
rtt min/avg/max/mdev = 0.607/0.898/1.120/0.185 ms
```

任务 6-2　使用图形界面配置网络

使用图形界面配置网络是比较方便、简单的一种网络配置方式，仍以 Server01 为例。

（1）上节使用网络配置文件配置网络服务，本节使用 nmtui 命令来配置网络。

```
[root@Server01 ~]# nmtui
```

（2）显示图 6-7 所示的图形配置界面。

（3）配置过程如图 6-8、图 6-9 所示。

图 6-7　选中"编辑连接"并按【Enter】键

图 6-8　选中要编辑的网卡名称，然后按【Enter】键

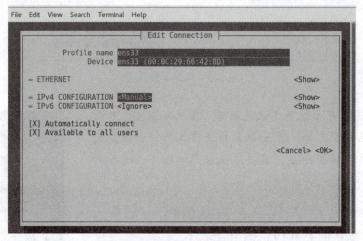
图 6-9　把网络 IPv4 的配置方式改成 Manual（手动）

注意：本书中所有的服务器主机 IP 地址均为 192.168.10.1，而客户端主机一般设为 192.168.10.20 及 192.168.10.30。之所以这样做，就是为了后面服务器配置方便。

（4）单击"显示"按钮，显示信息配置框，如图 6-10 所示。在服务器主机的网络配置信息中填写 IP 地址 192.168.10.1/24 等信息，单击"确定"按钮，如图 6-11 所示。

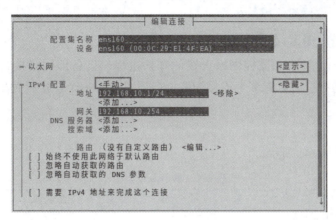

图 6-10　填写 IP 地址等参数

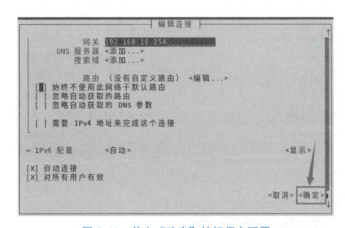

图 6-11　单击"确定"按钮保存配置

（5）单击"返回"按钮回到 nmtui 图形界面初始状态，选中"启用连接"选项，激活刚才的连接"ens160"。前面有"*"号表示激活，如图 6-12、图 6-13 所示。

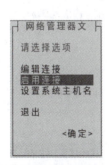

图 6-12　选择"启用连接"选项

图 6-13　激活连接或停用连接

（6）至此，在 Linux 操作系统中配置网络的步骤就结束了，使用 ifconfig 命令测试配置情况。

```
[root@Server01 ~]# ifconfig
ens160: flags=4163<UP,BROADCAST,RUNNING,MULTICAST>  mtu 1500
```

```
            inet 192.168.10.1  netmask 255.255.255.0  broadcast 192.168.10.255
            inet6 fe80::c0ae:d7f4:8f5:e135  prefixlen 64  scopeid 0x20<link>
      ……
```

任务 6-3　使用 nmcli 命令配置网络

NetworkManager 是管理和监控网络设置的守护进程，设备即网络接口，连接是对网络接口的配置。一个网络接口可以有多个连接配置，但同时只有一个连接配置生效。以下实例仍在 Server01 上实现。

1. 常用命令

常用命令含义如表 6-1 所示。

表 6-1　常用命令含义

命　　令	含　　义
nmcli connection show	显示所有连接
nmcli connection show --active	显示所有活动的连接状态
nmcli connection show "ens160"	显示网络连接配置
nmcli device status	显示设备状态
nmcli device show ens160	显示网络接口属性
nmcli connection add help	查看帮助
nmcli connection reload	重新加载配置
nmcli connection down test2	禁用 test2 的配置，注意一个网卡可以有多个配置
nmcli connection up test2	启用 test2 的配置
nmcli device disconnect ens160	禁用 ens160 网卡、物理网卡
nmcli device connect ens160	启用 ens160 网卡

2. 创建新连接配置

（1）创建新连接配置 default，IP 通过 DHCP 自动获取。

```
[root@Server01 ~]# nmcli connection show
NAME     UUID                                  TYPE       DEVICE
ens160   25982f0e-69c7-4987-986c-6994e7f34762  ethernet   ens160
virbr0   ea1235ae-ebb4-4750-ba67-bbb4de7b4b1d  bridge     virbr0
[root@Server01 ~]# nmcli connection add con-name default type Ethernet ifname ens160
连接 "default" (01178d20-ffc4-4fda-a15a-0da2547f8545) 已成功添加。
```

（2）删除连接。

```
[root@Server01 ~]# nmcli connection delete default
成功删除连接 "default" (01178d20-ffc4-4fda-a15a-0da2547f8545)。
```

（3）创建新的连接配置 test2，指定静态 IP，不自动连接。

```
[root@Server01 ~]# nmcli connection add con-name test2 ipv4.method manual ifname ens160 autoconnect no type Ethernet ipv4.addresses 192.168.10.100/24 gw4 192.168.10.1
Connection 'test2' (7b0ae802-1bb7-41a3-92ad-5a1587eb367f) successfully added.
```

（4）参数说明。

con-name：指定连接名字，没有特殊要求。

ipv4.methmod：指定获取 IP 地址的方式。
ifname：指定网卡设备名，也就是次配置所生效的网卡。
autoconnect：指定是否自动启动。
ipv4.addresses：指定 IPv4 地址。
gw4：指定网关。

3. 查看 /etc/sysconfig/network-scripts/ 目录

```
[root@Server01 ~]# ls /etc/sysconfig/network-scripts/ifcfg-*
/etc/sysconfig/network-scripts/ifcfg-ens160
/etc/sysconfig/network-scripts/ifcfg-test2
```

多出一个文件 /etc/sysconfig/network-scripts/ifcfg-test2，说明添加确实生效了。

4. 启用 test2 连接配置

```
[root@Server01 ~]# nmcli connection up test2
连接已成功激活（D-Bus 活动路径：
/org/freedesktop/NetworkManager/ActiveConnection/11）
[root@Server01 ~]# nmcli  connection show
NAME     UUID                                  TYPE            DEVICE
test2    7b0ae802-1bb7-41a3-92ad-5a1587eb367f  802-3-ethernet  ens160
virbr0   f30a1db5-d30b-47e6-a8b1-b57cc614385aa bridge          virbr0
ens160   9d5c53ac-93b5-41bb-af37-4908cce6dc31  802-3-ethernet  --
```

5. 查看是否生效

```
[root@Server01 ~]# nmcli device show ens160
GENERAL.DEVICE:                         ens160
……
```

基本的 IP 地址配置成功。

6. 修改连接设置

（1）修改 test2 为自动启动。

```
[root@Server01 ~]# nmcli connection modify test2 connection.autoconnect yes
```

（2）修改 DNS 为 192.168.10.1。

```
[root@Server01 ~]# nmcli connection modify test2 ipv4.dns 192.168.10.1
```

（3）添加 DNS 114.114.114.114。

```
[root@Server01 ~]# nmcli connection modify test2 +ipv4.dns 114.114.114.114
```

（4）看下是否成功。

```
[root@Server01 ~]# cat /etc/sysconfig/network-scripts/ifcfg-test2
TYPE=Ethernet
PROXY_METHOD=none
BROWSER_ONLY=no
BOOTPROTO=none
IPADDR=192.168.10.100
PREFIX=24
```

```
GATEWAY=192.168.10.1
DEFROUTE=yes
IPV4_FAILURE_FATAL=no
IPV6INIT=yes
IPV6_AUTOCONF=yes
IPV6_DEFROUTE=yes
IPV6_FAILURE_FATAL=no
IPV6_ADDR_GEN_MODE=stable-privacy
NAME=test2
UUID=7b0ae802-1bb7-41a3-92ad-5a1587eb367f
DEVICE=ens160
ONBOOT=yes
DNS1=192.168.10.1
DNS2=114.114.114.114
```

可以看到均已生效。

（5）删除 DNS。

```
[root@Server01 ~]# nmcli connection modify test2 -ipv4.dns 114.114.114.114
```

（6）修改 IP 地址和默认网关。

```
[root@Server01 ~]# nmcli connection modify test2 ipv4.addresses 192.168.10.200/24 gw4 192.168.10.254
```

（7）还可以添加多个 IP。

```
[root@Server01 ~]# nmcli connection modify test2 +ipv4.addresses 192.168.10.250/24
[root@Server01 ~]# nmcli connection show "test2"
```

（8）为了不影响后面的实训，将 test2 连接删除。

```
[root@Server01 ~]# nmcli connection delete test2
成功删除连接 "test2" (9fe761ef-bd96-486b-ad89-66e5ea1531bc)。
[root@Server01 ~]# nmcli connection show
NAME     UUID                                  TYPE      DEVICE
ens160   25982f0e-69c7-4987-986c-6994e7f34762  ethernet  ens160
virbr0   ea1235ae-ebb4-4750-ba67-bbb4de7b4b1d  bridge    virbr0
```

7. nmcli 命令和 /etc/sysconfig/network-scripts/ifcfg-* 文件的对应关系

nmcli 命令和 /etc/sysconfig/network-scripts/ifcfg-* 文件的对应关系如表 6-2 所示。

表 6-2　nmcli 命令和 /etc/sysconfig/network-scripts/ifcfg-* 文件的对应关系

nmcli 命令	/etc/sysconfig/network-scripts/ifcfg-* 文件
ipv4.method manual	BOOTPROTO=none
ipv4.method auto	BOOTPROTO=dhcp
ipv4.addresses 192.0.2.1/24	IPADDR=192.0.2.1
	PREFIX=24
gw4 192.0.2.254	GATEWAY=192.0.2.254
ipv4.dns 8.8.8.8	DNS0=8.8.8.8
ipv4.dns-search example.com	DOMAIN=example.com

续表

nmcli 命令	/etc/sysconfig/network-scripts/ifcfg-* 文件
ipv4.ignore-auto-dns true	PEERDNS=no
connection.autoconnect yes	ONBOOT=yes
connection.id eth0	NAME=eth0
connection.interface-name eth0	DEVICE=eth0
802-3-ethernet.mac-address ...	HWADDR= ...

任务 6-4 配置远程控制服务

SSH（Secure shell）是一种能够以安全的方式提供远程登录的协议，也是目前远程管理 Linux 操作系统的首选方式。在此之前，一般使用 FTP 或 Telnet 来进行远程登录。但是因为它们以明文的形式在网络中传输账户密码和数据信息，所以很不安全，很容易受到黑客发起的中间人攻击。轻则篡改传输的数据信息，重则直接抓取服务器的账户密码。

1. 配置 sshd 服务

想要使用 SSH 协议来远程管理 Linux 操作系统，则需要部署配置 sshd 服务程序。sshd 是基于 SSH 协议开发的一款远程管理服务程序，不仅使用起来方便快捷，而且提供了以下两种安全验证的方法。

- 基于口令的验证——用账户和密码来验证登录。
- 基于密钥的验证——需要在本地生成密钥对，然后把密钥对中的公钥上传至服务器，并与服务器中的公钥进行比较；该方式相对来说更安全。

前文曾多次强调"Linux 操作系统中的一切都是文件"，因此在 Linux 操作系统中修改服务程序的运行参数，实际上就是在修改程序配置文件。sshd 服务的配置信息保存在 /etc/ssh/sshd_config 文件中。运维人员一般会把保存着最主要配置信息的文件称为主配置文件，而配置文件中有许多以井号（#）开头的注释行，要想让这些配置参数生效，需要在修改参数后再去掉前面的井号（#）。sshd 服务配置文件中包含的重要参数如表 6-3 所示。

表 6-3 sshd 服务配置文件中包含的参数及其作用

参　　数	作　　用
Port 22	默认的 sshd 服务端口
ListenAddress 0.0.0.0	设置 sshd 服务监听的 IP 地址
Protocol 2	SSH 协议的版本号
HostKey/etc/ssh/ssh_host_key	SSH 协议版本为 1 时，DES 私钥存放的位置
HostKey/etc/ssh/ssh_host_rsa_key	SSH 协议版本为 2 时，RSA 私钥存放的位置
HostKey/etc/ssh/ssh_host_dsa_key	SSH 协议版本为 2 时，DSA 私钥存放的位置
PermitRootLogin yes	设置是否允许 root 管理员直接登录
StrictModes yes	当远程用户的私钥改变时直接拒绝连接
MaxAuthTries 6	最大密码尝试次数
MaxSessions 10	最大终端数
PasswordAuthentication yes	允许密码验证
PermitEmptyPasswords no	不允许空密码登录

现有计算机的情况如下（实训时注意计算机角色和网络连接方式）。

计算机名为 Server01，角色为 RHEL 8 服务器，IP 为 192.168.10.1/24。

计算机名为 Client1，角色为 RHEL 8 客户机，IP 为 192.168.10.20/24。

需特别注意两台虚拟机的网络配置方式一定要一致，本例中都改为：桥接模式。

在 RHEL 8 操作系统中，已经默认安装并启用了 sshd 服务程序。接下来使用 ssh 命令在 Client1 上远程连接 Server01，其格式为 "ssh [参数] 主机 IP 地址"。要退出登录则执行 exit 命令。

（1）在 Client1 上操作。

```
[root@Client1 ~]# ssh 192.168.10.1
The authenticity of host '192.168.10.1 (192.168.10.1)' can't be established.
ECDSA key fingerprint is SHA256:f7b2rHzLTyuvW4WHLjl3SRMIwkiUN+cN9y1yDb9wUbM.
ECDSA key fingerprint is MD5:d1:69:a4:4f:a3:68:7c:f1:bd:4c:a8:b3:84:5c:50:19.
Are you sure you want to continue connecting (yes/no)? yes
Warning: Permanently added '192.168.10.1' (ECDSA) to the list of known hosts.
root@192.168.10.1's password: 此处输入远程主机 root 管理员的密码
Last login: Wed May 30 05:36:53 2018 from 192.168.10.
[root@Server01 ~]#
[root@Server01 ~]# exit
注销
Connection to 192.168.10.1 closed.
[root@Client1 ~]#
```

如果禁止以 root 管理员的身份远程登录到服务器，则可以大大降低被黑客暴力破解密码的概率。下面进行相应配置。

（2）在 Server01 SSH 服务器上操作。

① 首先使用 vim 文本编辑器打开 sshd 服务的主配置文件，然后把第 46 行 PermitRootLogin yes 中的参数值 yes 改成 no，这样就不再允许 root 管理员远程登录了。记得最后保存文件并退出。（在 vim 的命令模式下，输入 ": set nu" 可以给文件加行号。）

```
[root@Server01 ~]# vim /etc/ssh/sshd_config
……
 44
 45 #LoginGraceTime 2m
 46 PermitRootLogin no
 47 #StrictModes yes
……
```

② 一般的服务程序并不会在配置文件修改之后立即获得最新的参数。如果想让新配置文件生效，则需要手动重启相应的服务程序。最好也将这个服务程序加入开机启动项中，这样系统在下一次启动时，该服务程序便会自动运行，继续为用户提供服务。

```
[root@Server01 ~]# systemctl restart sshd
[root@Server01 ~]# systemctl enable sshd
```

（3）在 Client1 上测试。

当 root 管理员再尝试访问 sshd 服务程序时，系统会提示不可访问的错误信息。

```
[root@Client1 ~]# ssh 192.168.10.1
root@192.168.10.10's password: 此处输入远程主机 root 管理员的密码
Permission denied, please try again.
```

注意：为了不影响下面的实训，请将 Server01 的 /etc/ssh/sshd_config 配置文件恢复到初始状态。

2. 安全密钥验证

加密是对信息进行编码和解码的技术，在传输数据时，如果担心被他人监听或截获，就可以在传输前先使用公钥对数据加密处理，然后再行传送。这样，只有掌握私钥的用户才能解密这段数据，除此之外的其他人即便截获了数据，一般也很难将其破译为明文信息。

在生产环境中使用密码进行口令验证存在着被暴力破解或嗅探截获的风险。如果正确配置了密钥验证方式，那么 sshd 服务程序将更加安全。

下面使用密钥验证方式，以用户 student 身份登录 SSH 服务器，具体配置如下。

（1）在服务器 Server01 上建立用户 student，并设置密码。

```
[root@Server01 ~]# useradd student
[root@Server01 ~]# passwd student
```

（2）在客户端主机 Client1 中生成"密钥对"，查看公钥 id_rsa.pub 和私钥 id_rsa。

```
[root@Client1 ~]# ssh-keygen
Generating public/private rsa key pair.
Enter file in which to save the key (/root/.ssh/id_rsa):    //按回车键或设置密钥的存
                                                            //储路径
Enter passphrase (empty for no passphrase):      //直接按回车键或设置密钥的密码
Enter same passphrase again:                     //再次按回车键或设置密钥的密码
Your identification has been saved in /root/.ssh/id_rsa.
Your public key has been saved in /root/.ssh/id_rsa.pub.

The key fingerprint is:
SHA256:jSb1Z223Gp2j9HlDNMvXKwptRXR5A8vMnjCtCYPCTHs root@Server01
The key's randomart image is:
+---[RSA 2048]----+
|       .     o...|
|      + . .  * oo.|
|     = E.o o B o|
|      o. +o B..o |
|       . S ooo+= =|
|        o  .o...==|
|         . o o.=o|
|          o ..=o+|
|           ..o.oo|
+----[SHA256]-----+
[root@Client1 ~]# cat /root/.ssh/id_rsa.pub
ssh-rsa AAAAB3NzaC1yc2EAAAADAQABAAABAQCurhcVb9GHKP4taKQMuJRdLLKTAVnC4f9Y9
H2Or4rLx3YCqsBVY……（略）
42Z++MA8QJ9CpXyHDA54oEVrQoLitdWEYItcJIEqowIHM99L86vSCtKzhfD4VWvfLnMiO1UtostQ
fpLazjXoU/XVp1fkfYtc7FFl+uSAxIO1nJ root@Client1
[root@Client1 ~]# cat /root/.ssh/id_rsa
```

（3）把客户端主机 Client1 中生成的公钥文件传送至远程主机。

```
[root@Client1 ~]# ssh-copy-id student@192.168.10.1
/usr/bin/ssh-copy-id: INFO: attempting to log in with the new key(s), to filter out any that are already installed
```

```
/usr/bin/ssh-copy-id: INFO: 1 key(s) remain to be installed -- if you are
prompted now it is to install the new keys
    student@192.168.10.1's password:  // 此处输入远程服务器密码

Number of key(s) added: 1

Now try logging into the machine, with:   "ssh 'student@192.168.10.1'"
and check to make sure that only the key(s) you wanted were added.
```

（4）对服务器 Server01 进行设置（73 行左右），使其只允许密钥验证，拒绝传统的口令验证方式。将 "PasswordAuthentication yes" 改为 "PasswordAuthentication no"。记得在修改配置文件后保存并重启 sshd 服务程序。

```
[root@Server01 ~]# vim /etc/ssh/sshd_config
……
70 # To disable tunneled clear text passwords, change to no here!
71 #PasswordAuthentication yes
72 #PermitEmptyPasswords no
73 PasswordAuthentication no
……
[root@Server01 ~]# systemctl restart sshd
```

（5）在客户端 Client1 上尝试使用 student 用户远程登录到服务器，此时无须输入密码也可成功登录。同时利用 ifconfig 命令可查看到 ens160 的 IP 地址是 192.168.10.1，也即 Server01 的网卡和 IP 地址，说明已成功登录到了远程服务器 Server01 上。

```
[root@Client1 ~]# ssh student@192.168.10.1
Last failed login: Sat Jul 14 20:14:22 CST 2018 from 192.168.10.20 on ssh:notty
There were 6 failed login attempts since the last successful login.
[student@Server01 ~]$ ifconfig
ens160: flags=4163<UP,BROADCAST,RUNNING,MULTICAST>  mtu 1500
        inet 192.168.10.1  netmask 255.255.255.0  broadcast 192.168.10.255
        inet6 fe80::4552:1294:af20:24c6  prefixlen 64  scopeid 0x20<link>
        ether 00:0c:29:2b:88:d8  txqueuelen 1000  (Ethernet)
        ……
```

（6）在 Server01 上查看 Client1 客户机的公钥是否传送成功。本例成功传送。

```
[root@Server01 ~]# cat /home/student/.ssh/authorized_keys
ssh-rsa  AAAAB3NzaC1yc2EAAAADAQABAAABAQCurhcVb9GHKP4taKQMuJRdLLKTAVnC4f9Y9
H2Or4rLx3YCqsBVY………………（略）
zhfD4VWvfLnMiO1UtostQfpLazjXoU/XVp1fkfYtc7FFl+uSAxIO1nJ root@Client1
```

6.4 拓展阅读　全球 IPv4 地址耗尽是怎么回事

2019 年 11 月 26 日，是全球互联网发展历程中值得铭记的一天，一封来自欧洲 RIPE NCC 的邮件宣布全球 43 亿个 IPv4 地址正式耗尽，人类互联网跨入了 IPv6 时代。

全球 IPv4 地址耗尽到底是怎么回事？全球 IPv4 地址耗尽后对我国有什么影响？我国如何

应对？

全球 IPv4 地址耗尽是怎么回事？

IPv4 又称第四版互联网协议，是互联网协议开发过程中的第四个修订版本，也是此协议第一个被广泛部署的版本。IPv4 是互联网的核心，也是使用最广泛的互联网协议版本。IPv4 使用 32 位（4 字节）地址，地址空间中只有 4 294 967 296 个地址。全球 IPv4 地址耗尽，意思就是全球联网的设备越来越多，"这一串数字"不够用了。IP 地址是分配给每个联网设备的一系列号码，每个 IP 地址都是独一无二的。由于 IPv4 中规定 IP 地址长度为 32 位，现在物联网的快速发展，使得目前 IPv4 地址已经告罄。IPv4 地址耗尽应该意味着不能将任何新的 IPv4 设备添加到 Internet，目前各个国家和地区已经开始积极布局 IPv6。

在接下来的 IPv6 时代，我国存在着巨大机遇，其中我国推出的"雪人计划"就是一个益国益民的大事，这一计划必将助力中华民族的伟大复兴，助力中国在互联网方面取得更多话语权和发展权。让我们拭目以待吧！

6.5 项目实训　配置 TCP/IP 网络接口和配置远程管理

1. 视频位置

实训前请扫描二维码观看：项目实录 配置 TCP/IP 网络接口和项目实录配置远程管理。

视频 6-3
项目实录
配置 TCP/IP 网络
接口

2. 项目实训目的

掌握 Linux 下 TCP/IP 网络的设置方法。

学会使用命令检测网络配置。

学会启用和禁用系统服务。

掌握 SSH 服务及应用。

3. 项目背景

① 某企业新增了 Linux 服务器，但还没有配置 TCP/IP 网络参数，请设置好各项 TCP/IP 参数，并连通网络（使用不同的方法）。

② 要求用户在多个配置文件中快速切换。在公司网络中使用笔记本计算机时需要手动指定网络的 IP 地址，而回到家中则是使用 DHCP 自动分配 IP 地址。

视频 6-4
项目实录
配置远程管理

③ 通过 SSH 服务访问远程主机，可以使用证书登录远程主机，不需要输入远程主机的用户名和密码。

④ 使用 VNC 服务访问远程主机，使用图形界面访问，桌面端口号为 1。

4. 项目要求

在 Linux 操作系统下练习 TCP/IP 网络设置、网络检测方法、创建实用的网络会话、SSH 服务和 VNC 服务。

5. 做一做

根据项目实录视频进行项目的实训，检查学习效果。

练习题

一、填空题

1. _____ 文件主要用于设置基本的网络配置，包括主机名称、网关等。

2. 一块网卡对应一个配置文件，配置文件位于目录_____中，文件名以_____开始。
3. 客户端的 DNS 服务器的 IP 地址由_____文件指定。
4. 查看系统的守护进程可以使用_____命令。
5. 处于_____模式的网卡设备才可以进行网卡绑定，否则网卡间无法互相传送数据。
6. _____是一种能够以安全的方式提供远程登录的协议，也是目前_____Linux 操作系统的首选方式。
7. _____是基于 SSH 协议开发的一款远程管理服务程序，不仅使用起来方便快捷，而且能够提供两种安全验证的方法：_____和_____，其中_____方式相对来说更安全。
8. scp（secure copy）是一个基于_____协议在网络之间进行安全传输的命令，其格式为_____。

二、选择题

1.（　　）命令能用来显示 server 当前正在监听的端口。
　　A. ifconfig　　　　B. netlst　　　　C. iptables　　　　D. netstat
2. 文件（　　）存放机器名到 IP 地址的映射。
　　A. /etc/hosts　　　B. /etc/host　　　C. /etc/host. equiv　　D. /etc/hdinit
3. Linux 操作系统提供了一些网络测试命令，当与某远程网络连接不上时，就需要跟踪路由查看，以便了解在网络的什么位置出现了问题，请从下面的命令中选出满足该目的的命令（　　）。
　　A. ping　　　　　B. ifconfig　　　　C. traceroute　　　　D. netstat
4. 拨号上网使用的协议通常是（　　）。
　　A. PPP　　　　　B. UUCP　　　　　C. SLIP　　　　　　D. Ethernet

三、补充表格

请将 nmcli 命令的含义列表在表 6-4 中补充完整。

表 6-4　nmcli 命令的含义

命　令	含　义
	显示所有连接
	显示所有活动的连接状态
nmcli connection show "ens160"	
nmcli device status	
nmcli device show ens160	
	查看帮助
	重新加载配置
nmcli connection down test2	
nmcli connection up test2	
	禁用 ens160 网卡、物理网卡
nmcli device connect ens160	

四、简答题

1. 在 Linux 操作系统中有多种方法可以配置网络参数，请列举几种。
2. 在 Linux 操作系统中，当通过修改其配置文件中的参数来配置服务程序时，若想要让新配置的参数生效，还需要执行什么操作？
3. sshd 服务的口令验证与密钥验证方式，哪个更安全？

项目 7 配置与管理网络文件系统

学习要点

◎ 理解 NFS 服务的基本原理。
◎ 掌握 NFS 服务器的配置与调试。
◎ 掌握 NFS 客户端的配置。

素养要点

◎ 了解国家科学技术奖中最高等级的奖项——国家最高科学技术奖，激发学生的科学精神和爱国情怀。

◎ "盛年不重来，一日难再晨。及时当勉励，岁月不待人。"盛世之下，青年学生要惜时如金，学好知识，报效国家。

7.1 项目知识准备

资源共享是计算机网络的主要应用之一，本章主要介绍 UNIX 操作系统之间实现资源共享的方法——网络文件系统服务（network file system,NFS）。

7.1.1 NFS 服务概述

Linux 和 Windows 之间可以通过 Samba 共享文件，那么 Linux 之间怎么进行资源共享呢？这就要用到网络文件系统，它最早是 UNIX 操作系统之间共享文件和操作系统的一种方法，后来被 Linux 操作系统完美继承。NFS 与 Windows 下的"网上邻居"十分相似，它允许用户连接到一个共享位置，然后像对待本地硬盘一样操作。

NFS 最早是由 Sun 公司于 1984 年开发出来的，其目的就是让不同计算机、不同操作系统之间可以彼此共享文件。由于 NFS 使用起来非常方便，因此很快得到了大多数 UNIX/Linux 操作

视频 7-1
配置与管理 NFS 服务器

系统的支持，而且被互联网工程任务组（Internet Engineering Task Force,IETF）指定为 RFC1904、RFC1813 和 RFC3010 标准。

1. 使用 NFS 的好处

使用 NFS 的好处是显而易见的。

（1）本地工作站可以使用更少的磁盘空间，因为常规的数据可以存放在共享服务器上，而且可以通过网络访问到。

（2）用户不必在网络上的每台机器中都设一个 home 目录，home 目录可以放在 NFS 服务器上，并且在网络上处处可用。

例如，Linux 操作系统计算机每次启动时就自动挂载到 Server01 的 /exports/nfs 目录上，这个共享目录在本地计算机上被共享到每个用户的 home 目录中，如图 7-1 所示。具体命令如下。

```
[root@Client1 ~]# mount server01:/exports/nfs /home/client1/nfs
[root@Client2 ~]# mount server01:/exports/nfs /home/client2/nfs
```

这样，Linux 操作系统计算机上的这两个用户都可以把 /home/ 用户名 /nfs 当作本地硬盘，从而不用考虑网络访问问题。

（3）诸如 CD-ROM、DVD-ROM 之类的存储设备可以在网络上被其他机器使用。这可以减少整个网络上可移动介质设备的数量。

2. NFS 和 RPC

大家知道，绝大部分的网络服务都有固定的端口，如 Web 服务器的 80 端口、FTP 服务器的 21 端口、Windows 下 NetBIOS 服务器的 137 ～ 139 端口、DHCP 服务器的 67 端口……客户端访问服务器上相应的端口，服务器通过端口提供服务。那么 NFS 服务是这样吗？它的工作端口是多少？只能很遗憾地说："NFS 服务的工作端口未确定。"

这是因为 NFS 是一个很复杂的组件，它涉及文件传输、身份验证等方面的需求，每个功能都会占用一个端口。为了防止 NFS 服务占用过多的固定端口，它采用动态端口的方式来工作，每个功能提供服务时，都会随机取用一个小于 1024 的端口来提供服务。但这样一来又会对客户端造成困扰，客户端到底访问哪个端口才能获得 NFS 提供的服务呢？

此时，就需要用到远程过程调用（Remote Procedure Call，RPC）服务。RPC 主要的功能是记录每个 NFS 功能对应的端口，它工作在固定端口 111。当客户端请求提供 NFS 服务时，会访问服务器的 111 端口（RPC），RPC 会将 NFS 工作端口返回给客户端。NFS 启动时，自动向 RPC 服务器注册，告诉它自己各个功能使用的端口。NFS 与 RPC 合作为客户端提供服务如图 7-2 所示。

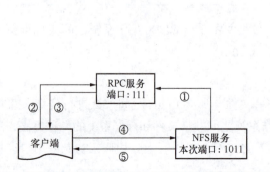

图 7-1 客户端可以将服务器上的共享目录直接挂载到本地

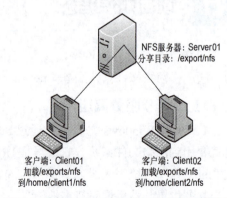

图 7-2 NFS 与 RPC 合作为客户端提供服务

常规的 NFS 服务是按照如下流程进行的。

① NFS 启动时，自动选择工作端口小于 1024 的 1011 端口，并向 RPC 服务（工作于 111 端

口）汇报，RPC 服务记录在案。

② 客户端需要 NFS 提供服务时，首先向 111 端口的 RPC 服务查询 NFS 服务工作在哪个端口。
③ RPC 服务回答客户端，它工作在 1011 端口。
④ 于是，客户端直接访问 NFS 服务器的 1011 端口，请求服务。
⑤ NFS 服务经过权限认证，允许客户端访问自己的数据。

注意：因为 NFS 服务需要向 RPC 服务器注册，所以 RPC 服务必须优先 NFS 服务启用。并且重新启动 RPC 服务后，也需要重新启动 NFS 服务，让 NFS 服务重新向 RPC 服务器注册，这样 NFS 服务才能正常工作。

7.1.2 NFS 服务的守护进程

Linux 中的 NFS 服务的守护进程主要由以下六个部分组成。其中，只有前面三个是必须的，后面三个是可选的。

1. rpc.nfsd

rpc.nfsd 守护进程的主要作用是判断、检查客户端是否具备登录主机的权限，负责处理 NFS 请求。

2. rpc.mounted

rpc.mounted 守护进程的主要作用是管理 NFS。当客户端顺利通过 rpc.nfsd 登录主机后，在开始使用 NFS 提供的文件之前，它会检查客户端的权限（根据 /etc/ exports 来对比客户端的权限）。只有通过检查后，客户端才可以顺利访问 NFS 服务器上的资源。

3. rpcbind

rpcbind 守护进程的主要功能是进行端口映射。当客户端尝试连接并使用 RPC 服务器提供的服务（如 NFS 服务）时，rpcbind 会将所管理的与服务对应的端口号提供给客户端，从而使客户端可以通过该端口向服务器请求服务。在 RHEL 6.4 中，rpcbind 默认已安装并且已经正常启动。

注意：虽然 rpcbind 只用于 RPC，但它对 NFS 服务来说是必不可少的。如果 rpcbind 没有运行，NFS 客户端就无法查找从 NFS 服务器中共享的目录。

4. rpc.locked

因为既然共享的 NFS 文件可以让客户端使用，那么当多个客户端同时尝试写入某个文件时，就可能出现问题。rpc.lockd 则可以用来解决这些问题。但是 rpc.lockd 必须要同时在客户端与服务端都开启后才行。此外 rpc.lockd 也常与 rpc.statd 同时启动。

5. rpc.stated

rpc.stated 守护进程负责处理客户端与服务器之间的文件锁定问题，确定文件的一致性（与 rpc.locked 有关）。当因为多个客户端同时使用一个文件而造成文件破坏时，rpc.stated 可以用来检测该文件并尝试恢复。

6. rpc.quotad

rpc.quotad 守护进程提供了 NFS 和配额管理程序之间的接口。不管客户端是否通过 NFS 对数据进行处理，都会受配额限制。

7.2 项目设计与准备

在 VMWare 虚拟机中启动两台 Linux 操作系统的计算机，其中一台作为 NFS 服务器，主机

视频 7-2 配置与管理 NFS 服务器

名为 Server01，规划好 IP 地址，如 192.168.10.1；一台作为 NFS 客户端，主机名为 Client1，同样规划好 IP 地址，如 192.168.10.20。配置 NFS 服务器，使得 NFS 客户机 Client1 可以浏览 NFS 服务器中特定目录下的内容。NFS 服务器和 NFS 客户端使用的操作系统以及 IP 地址可以根据表 7-1 来设置。

表 7-1　NFS 服务器和 NFS 客户端使用的操作系统以及 IP 地址

主 机 名	操作系统	IP 地址	网络连接方式
NFS 服务器：Server01	RHEL 8	192.168.10.1	VMnet1
NFS 客户端：Client1	RHEL 8	192.168.10.20	VMnet1

7.3 项目实施

本项目要用到计算机名，在 Server01 上设置 /etc/hosts 文件，使 IP 地址与计算机名对应。

```
[root@Server01 ~]# cat /etc/hosts
127.0.0.1       localhost localhost.localdomain localhost4 localhost4.localdomain4
::1             localhost localhost.localdomain localhost6 localhost6.localdomain6
192.168.10.1        Server01
192.168.10.20   Client1
```

任务 7-1　配置一台完整的 NFS 服务器

要启用 NFS 服务，首先需要安装 NFS 服务的软件包，在 RHEL 8 中，在默认情况下，NFS 服务会被自动安装到计算机中。

1. 安装 NFS 服务器

要成功启用 NFS 服务，必须保证服务器中已经安装了 rpcbind 和 nfs-utils 两个软件包。

（1）安装 NFS 服务必需的软件包。

① rpcbind。

大家知道，NFS 服务要正常运行，就必须借助 RPC 服务的帮助，做好端口映射工作，而这个工作就是由 rpcbind 负责的。一般 Linux 启动后，都会自动执行该文件，可以用以下命令查看该命令是否执行：

```
[root@Server01 ~]# ps -eaf |grep rpcbind
rpc         944       1  0 06:33 ?        00:00:00 /usr/bin/rpcbind -w -f
root       3126    2839  0 07:04 pts/0    00:00:00 grep --color=auto rpcbind
```

rpcbind 默认监听 TCP 和 UDP 的 111 号端口，当客户端请求 RPC 服务时，先与该端口联系，询问所请求的 RPC 服务是由哪个端口提供的。可以通过以下命令查看 111 号端口是否已经处于监听状态。

```
[root@Server01 ~]# netstat -anp|grep :111
tcp        0      0 0.0.0.0:111       0.0.0.0:*        LISTEN     1/systemd
tcp6       0      0 :::111            :::*             LISTEN     1/systemd
```

② nfs-utils。

nfs-utils 是提供 rpc.nfsd 和 rpc.mounted 这两个守护进程与其他相关文档、执行文件的套件。这是 NFS 服务的主要套件。

（2）安装 NFS 服务。

建议在安装 NFS 服务之前，使用如下命令检测系统是否安装了 NFS 相关性软件包。

```
[root@Server01 ~]# rpm -qa|grep nfs-utils
nfs-utils-2.3.3-31.el8.x86_64
[root@Server01 ~]# rpm -qa|grep rpcbind
rpcbind-1.2.5-7.el8.x86_64
```

如果系统还没有安装 NFS 软件包，则可以使用 dnf 命令安装所需的软件包。

① 使用 dnf 命令安装 NFS 服务。

```
[root@Server01 ~]# mount /dev/cdrom /media
[root@Server01 ~]# vim /etc/yum.repos.d/dvd.repo
[root@Server01 ~]# dnf clean all                  // 安装前先清除缓存
[root@Server01 ~]# dnf install rpcbind nfs-utils -y
```

② 所有软件包安装完毕，可以使用 rpm 命令再次查询。

```
[root@Server01 ~]# rpm -qa|grep nfs
[root@Server01 ~]# rpm -qa|grep rpc
```

2. 启动 NFS，并设置防火墙

① 查询 NFS 的各个程序是否在正常运行，命令如下。

```
[root@Server01 ~]# rpcinfo -p
```

② 如果没有看到 nfs 和 mounted 参数，则说明 NFS 没有运行，需要启动它。使用以下命令可以启动（三个服务的启动顺序不能变）。

```
[root@Server01 ~]# systemctl start rpcbind
[root@Server01 ~]# systemctl enable rpcbind
[root@Server01 ~]# systemctl start nfs-utils
[root@Server01 ~]# systemctl start nfs-server
[root@Server01 ~]# systemctl enable nfs-server
```

③ 设置 rpc-bind、mountd 和 nfs 这三个服务的防火墙选项为允许。

```
[root@Server01 ~]# firewall-cmd --permanent --add-service=rpc-bind
[root@Server01 ~]# firewall-cmd --permanent --add-service=mountd
[root@Server01 ~]# firewall-cmd --permanent --add-service=nfs
[root@Server01 ~]# firewall-cmd --reload
```

3. 配置文件 /etc/exports

NFS 服务的配置，主要是创建并维护 /etc/exports 文件。这个文件定义了服务器上的哪几个部分与网络上的其他计算机共享，以及共享的规则都有哪些等。

（1）exports 文件的格式。

现在来看看应该如何配置 /etc/exports 文件。某些 Linux 发行套件并不会主动提供 /etc/exports 文件，此时需要手动创建。

【例 7-1】请看下面的示例，需要的共享目录和测试文件一定要建立，否则会出错。

```
[root@Server01 ~]# mkdir /tmp1 /tmp2 /home/dir1 /pub
[root@Server01 ~]# touch /tmp1/f1 /tmp2/f2 /home/dir1/f3 /pub/f4
[root@Server01 ~]# vim /etc/exports
```

```
[root@Server01 ~]# cat  /etc/exports -n
/               Server01(rw,no_root_squash)
/tmp1           *(rw)  *.long60.cn(rw,sync)
/tmp2           192.168.10.0/24(ro)
/home/dir1      Client1(rw,all_squash,anonuid=1200,anongid=1200)
/pub            *(ro,insecure,all_squash)
```

- 在以上配置中，第 4 行表示在 Server01 的客户端上访问 NFS 服务器的文件系统时，每一个用户都可以以服务器上同名用户的权限对根目录进行操作。
- 第 5 行表示客户都可以以读写的权限访问 /tmp1 目录，位于 long60.cn 域的主机访问该目录时有读写权限，并且同步写入数据。
- 第 6 行表示只有 192.168.10.0/24 中的计算机才能访问 /tmp2 共享文件夹，并且限制为只允许读取。
- 第 7 行表示 Client1 客户端上所有的用户都可以读写 /home/dir1，并且所有用户的 UID 和 GID 都为 1200。
- 第 8 行设置了类似于 FTP 匿名用户的功能，所有的用户都能自由访问 /pub 目录，并且都映射为 nobody 用户。

说明：主机后面以圆括号 "( )" 设置权限参数，若权限参数不止一个，则以逗号 "," 分开，且主机名与圆括号是连在一起的，中间无空格。

在设置 /etc/exports 文件时，需要特别注意空格的使用，因为在此配置文件中，除了分开共享目录和共享主机以及分隔多台共享主机外，在其余的情形下都不可以使用空格。例如，以下两个范例就分别表示不同的含义。

```
/home   Client(rw)
/home   Client (rw)
```

在以上的第 1 行中，客户端 Client 对 /home 目录具有读取和写入权限；第 2 行中的客户端 Client 对 /home 目录只具有读取权限（这是系统对所有客户端的默认值），而除客户端 Client 之外的其他客户端对 /home 目录具有读取和写入权限。

（2）主机名规则。

这个文件的设置很简单，每一行最前面是要共享出来的目录，这个目录可以依照不同的权限共享给不同的主机。

至于主机名的设置，主要有以下两种方式。

① 可以使用完整的 IP 地址或者网段，例如，192.168.10.3、192.168.10.0/24 或 192.168.10.0/255.255.255.0 都可以接受。

② 可以使用主机名，这个主机名要在 /etc/hosts 内或者使用 DNS，只要能被找到就行（重点是可以找到 IP 地址）。如果是主机名，那么它可以支持通配符，例如，"*" 或 "？" 均可以接受。

（3）权限规则。

至于权限方面（就是圆括号内的参数），常用参数说明如表 7-2 所示。

表 7-2 权限常用参数说明

参数	说明
rw	read-write，可读 / 写的权限
ro	read-only，只读权限

续表

参　数	说　明
sync	数据同步写入内存与硬盘当中
async	数据会先暂存于内存当中，而非直接写入硬盘
no_root_squash	登录 NFS 主机使用共享目录的用户，如果是 root，那么对于这个共享的目录来说，它就具有 root 的权限。这个设置"极不安全"，不建议使用
root_squash	如果登录 NFS 主机使用共享目录的用户是 root，那么这个用户的权限将被压缩成匿名用户，通常它的 UID 与 GID 都会变成 nobody（nfsnobody）这个系统账号的身份
all_squash	不论登录 NFS 的用户身份如何，它的身份都会被压缩成匿名用户，即 nobody（nfsnobody）
anonuid	anon 是指 anonymous（匿名者），前面关于术语 squash 提到的匿名用户的 UID 设置值通常为 nobody（nfsnobody），但是可以自行设置这个 UID 值。当然，这个 UID 必须存在于 /etc/passwd 中
anongid	同 anonuid，但是 UID 变成 GID 就可以了

4. 使用 exportfs 命令

如果修改 /etc/exports 文件后不需要重新激活 NFS，则只要使用"exportfs -r"命令重新扫描一次 /etc/exports 文件并重新将设置加载即可。exportfs 命令常用选项说明如表 7-3 所示。

表 7-3 exportfs 命令常用选项说明

选　项	说　明
-a	全部加载 /etc/exports 的设置
-r	重新加载 /etc/exports 的设置
-u	卸载某一目录
-v	将共享的目录显示在屏幕上

【例 7-2】承接例 7-1，使用 exportfs 命令对 /etc/exports 文件进行一系列操作，观察输出结果。

```
[root@Server01 ~]# more /etc/exports
/                Server01(rw,no_root_squash)
/tmp1            *(rw) *.long60.cn(rw,sync)
/tmp2            192.168.10.0/24(ro)
/home/dir1       Client1(rw,all_squash,anonuid=1200,anongid=1200)
/pub             *(ro,insecure,all_squash)
[root@Server01 ~]# exportfs -r -v //重新导出 /etc/exports 中的目录，使 /etc/exports 生效
exporting Client1:/home/dir1
exporting Server01:/
exporting 192.168.10.0/24:/tmp2
exporting *.long60.cn:/tmp1
exporting *:/pub
exporting *:/tmp1
[root@Server01 ~]# exportfs -u *:/pub //取消 /etc/exports 中所列的 /pub 目录的导出
[root@Server01 ~]# exportfs -v *:/pub          // 重新导出 /pub 目录
exporting *:/pub
[root@Server01 ~]# exportfs -v                 // 查看目录导出情况
/                Server01(sync,wdelay,hide,no_subtree_check,sec=sys,rw,no_root_squash,no_all_squash)
/home/dir1       Client1(sync,wdelay,hide,no_subtree_check,anonuid=1200,anongid=1200,sec=sys,rw,root_squash,all_squash)
/tmp2            192.168.10.0/24(sync,wdelay,hide,no_subtree_check,sec=sys,ro,root_
```

```
squash,no_all_squash)
    /tmp1           *.long60.cn(sync,wdelay,hide,no_subtree_check,sec=sys,rw,root_
squash,no_all_squash)
    /tmp1           <world>(sync,wdelay,hide,no_subtree_check,sec=sys,rw,root_
squash,no_all_squash)
    /pub            <world>(sync,wdelay,hide,no_subtree_check,sec=sys,ro,root_
squash,all_squash)
```

最后查看 /var/lib/nfs/etab 文件，验证该文件内容与"exportfs -v"命令的输出是一致的。

```
[root@Server01 ~]# more /var/lib/nfs/etab
```

任务 7-2　在客户端挂载 NFS

Linux 下有多个好用的命令行工具，用于查看、连接、卸载、使用 NFS 服务器上的共享资源。

1. 配置 NFS 客户端

配置 NFS 客户端的一般步骤如下。

（1）安装 nfs-utils 软件包。

（2）识别要访问的远程共享。

```
showmount -e NFS 服务器 IP
```

（3）确定挂载点。

```
mkdir /nfstest
```

（4）使用命令挂载 NFS 共享。

```
mount -t nfs NFS 服务器 IP:/gongxiang /nfstest
```

（5）修改 fstab 文件实现 NFS 共享永久挂载。

```
vim /etc/fstab
```

2. 查看 NFS 服务器信息

在 RHEL 8 中查看 NFS 服务器上的共享资源使用 showmount 命令，其语法格式如下。

```
showmount [-adehv] [ServerName]
```

showmount 命令常用选项说明如表 7-4 所示。

表 7-4　showmount 命令常用选项说明

选项	说明
-a	查看服务器上的输出目录和所有连接客户端信息，显示格式为 host：dir
-d	只显示被客户端使用的输出目录信息
-e	显示服务器上所有的输出目录（共享资源）

例如，如果服务器的 IP 地址为 192.168.10.1，则查看该服务器上的 NFS 共享资源，可以执行以下命令。

```
[root@Client1 ~]# showmount -e 192.168.10.1
Export list for 192.168.10.1:
/pub *
```

```
/tmp1 (everyone)
/tmp2 192.168.10.0/24
/home/dir1 Client1
/          Server01
```

思考：如果出现以下错误信息，则应该如何处理？

```
[root@Client01 ~]# showmount 192.168.10.1 -e
clnt_create: RPC: Port mapper failure - Unable to receive: errno 113 (No route to host)
```

注意：出现错误的原因是 NFS 服务器的防火墙阻止了客户端访问 NFS 服务器。由于 NFS 使用许多端口，所以即使开放了 NFS 服务，仍然可能有问题。请确认同时开放了 rpc-bind 和 mountd 服务。请将这两项服务加入 firewalld 防火墙。

不过，粗暴禁用防火墙也能达到实验效果：

```
[root@Client01 ~]# systemctl stop firewalld
```

3. 在客户端挂载 NFS 服务器共享目录

在 RHEL 8 中挂载 NFS 服务器上的共享目录的命令为 mount（即可以加载其他文件系统的 mount）。

```
mount  -t nfs  服务器名称或地址：输出目录  挂载目录
```

【例 7-3】要挂载 192.168.10.1 这台服务器上的 /tmp1 目录，需要执行以下操作。

（1）创建本地目录。

首先在客户端创建一个本地目录，用来挂载 NFS 服务器上的输出目录。

```
[root@Client1 ~]# mkdir  /nfs
```

（2）挂载服务器目录。

再使用相应的 mount 命令挂载服务器目录。

```
[root@Client1 ~]# mount  -t nfs  192.168.10.1:/tmp1  /nfs
[root@Client1 ~]# ll /nfs
总用量 0
-rw-r--r--. 1 root root 0 2月  12 2021 f1
```

4. 卸载 NFS 服务器共享目录

要卸载刚才挂载的 NFS 服务器共享目录，可以执行以下命令。

```
[root@Client1 ~]# umount   /nfs
```

5. 在客户端启动时自动挂载 NFS

大家知道，RHEL 8 下的自动挂载文件系统都是在 /etc/fstab 中定义的，NFS 也支持自动挂载。

（1）编辑 fstab。

在 Client1 上，用文本编辑器打开 /etc/fstab，在其中添加如下一行。

```
192.168.10.1:/tmp1      /nfs    nfs     defaults  0  0
```

（2）使设置生效。

执行以下命令重新挂载 fstab 文件中定义的文件系统。

```
[root@Client1 ~]# mount     -a
[root@Client1 ~]# ll /nfs
总用量 0
-rw-r--r--. 1 root root 0 2月  12 2021 f1
```

任务 7-3 了解 NFS 服务的文件存取权限

NFS 服务本身并不具备用户身份验证功能，那么当客户端访问时，服务器该如何识别用户呢？主要有以下标准。

1. root 账户

如果客户端是以 root 账户访问 NFS 服务器资源，则基于安全方面的考虑，服务器会主动将客户端改成匿名用户，所以 root 账户只能访问服务器上的匿名资源。

2. NFS 服务器上有客户端账户

客户端是根据 UID 和 GID 来访问 NFS 服务器资源的，如果 NFS 服务器上有对应的用户名和组，就访问与客户端同名的资源。

3. NFS 服务器上没有客户端账户

如果 NFS 服务器上没有客户端账户，则客户端只能访问匿名资源。

7.4 拓展阅读 国家最高科学技术奖

国家最高科学技术奖于 2000 年由中华人民共和国国务院设立，由国家科学技术奖励工作办公室负责，是中国五个国家科学技术奖中最高等级的奖项，授予在当代科学技术前沿取得重大突破、在科学技术发展中有卓越建树，或者在科学技术创新、科学技术成果转化和高技术产业化中创造巨大社会效益或经济效益的科学技术工作者。

根据国家科学技术奖励工作办公室官网显示，国家最高科学技术奖每年评选一次，授予人数每次不超过两名，由国家主席亲自签署、颁发荣誉证书、奖章和奖金。截至 2020 年 1 月，共有 33 位杰出科学工作者获得该奖。其中，计算机科学家王选院士获此殊荣。

7.5 项目实训 配置与管理 NFS 服务器

视频 7-3
项目实录
配置与管理
NFS 服务器

1. 视频位置

实训前请扫描二维码观看：项目实录 配置与管理 NFS 服务器。

2. 项目实训目的

- 掌握配置 NFS 服务器的方法和技能。
- 掌握配置 NFS 客户端的方法和技能。

3. 项目背景

某企业的销售部有一个局域网，域名为 long60.cn，其网络拓扑如图 7-3 所示。网内有一台 Linux 的共享资源服务器 shareserver，域名为 shareserver. long60.cn。现要在 shareserver 上配置 NFS 服务器，使销售部的所有主机都可以访问 shareserver 中的 /share 共享目录中的内容，但不允许客户端更改共享资源的内容。同时，让主机 China 在每次系统启动时，自动将 shareserver 的 /share 目录中的内容挂载到 china3 的 /share1 目录下。

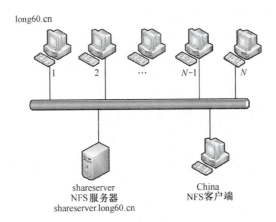

图 7-3　NFS 服务器搭建网络拓扑

4．项目要求

练习配置与管理 NFS 服务器与客户端。

深度思考：

在观看视频时思考以下几个问题。

（1）主机名的作用是什么？其他为主机命名的方法还有哪些？哪些是临时生效的？

（2）配置共享目录时使用了什么通配符？

（3）同步与异步选项如何应用？作用是什么？

（4）在视频中为了给其他用户赋予读写权限，使用了什么命令？

（5）命令"showmount"与"mount"在什么情况下使用？本项目使用它完成什么功能？

（6）如何实现 NFS 共享目录的自动挂载？本项目是如何实现自动挂载的？

5．做一做

根据项目实录视频内容，将项目完整地做一遍。

练习题

一、填空题

1．Linux 操作系统和 Windows 操作系统之间可以通过_____共享文件，和 UNIX 操作系统之间通过_____共享文件。

2．NFS 的英文全称是_____，中文名称是_____。

3．RPC 的英文全称是_____，中文名称是_____。RPC 最主要的功能是记录每个 NFS 功能对应的端口，它工作在固定端口_____。

4．Linux 下的 NFS 服务主要由 6 部分组成，其中_____、_____、_____是必需的。

5．_____守护进程的主要作用是判断、检查客户端是否具备登录主机的权限，负责处理 NFS 请求。

6．_____是提供 rpc.nfsd 和 rpc.mounted 这两个守护进程与其他相关文档、执行文件的套件。

7. 在 RHEL 8 下查看 NFS 服务器上的共享资源使用_____命令，它的格式是_____。
8. RHEL 8 下的自动挂载文件系统是在_____中定义的。

二、选择题

1. NFS 工作站要挂载（mount）远程 NFS 服务器上的一个目录时，以下哪一项是服务器必需的？（   ）

   A. rpcbind 必须启动

   B. NFS 服务必须启动

   C. 共享目录必须加载到 /etc/exports 文件中

   D. 以上全都需要

2. 请选择正确的命令，将 NFS 服务器 svr.long60.cn 的 /home/nfs 共享目录挂载到本机 /home2 下。（   ）

   A. mount -t nfs svr.long60.cn:/home/nfs /home2

   B. mount -t -s nfs svr.long60.cn./home/nfs /home2

   C. nfsmount svr.long60.cn:/home/nfs /home2

   D. nfsmount -s svr.long60.cn /home/nfs /home2

3. 哪个命令用来通过 NFS 使磁盘资源被其他系统使用？（   ）

   A. share   B. mount   C. export   D. exportfs

4. 以下 NFS 中，关于用户 ID 映射的描述正确的是（   ）。

   A. 服务器上的 root 用户默认值和客户端的一样

   B. root 被映射到 nfsnobody 用户

   C. root 不被映射到 nfsnobody 用户

   D. 在默认情况下，anonuid 不需要密码

5. 公司有 10 台 Linux 服务器，想用 NFS 在 Linux 服务器之间共享文件，应该修改的文件是（   ）。

   A. /etc/exports   B. /etc/crontab   C. /etc/named.conf   D. /etc/smb.conf

6. 查看 NFS 服务器 192.168.12.1 中的共享目录的命令是（   ）。

   A. show–e 192.168.12.1   B. show //192.168.12.1

   C. showmount–e 192.168.12.1   D. showmount–l 192.168.12.1

7. 将 NFS 服务器 192.168.12.1 的共享目录 /tmp 装载到本地目录 /nfs/shere 的命令是（   ）。

   A. mount 192.168.12.1/tmp /nfs/shere

   B. mount–t nfs 192.168.12.1/tmp /nfs/shere

   C. mount–t nfs 192.168.12.1:/tmp /nfs/shere

   D. mount–t nfs //192.168.12.1/tmp /nfs/shere

三、简答题

1. 简述 NFS 服务的工作流程。
2. 简述 NFS 服务的好处。
3. 简述 NFS 服务各组件及其功能。
4. 简述如何排除 NFS 故障。

学习情境三

网络系统安全

项目8　配置与管理防火墙
项目9　配置与管理代理服务器

千丈之堤，以蝼蚁之穴溃；百尺之室，以突隙之烟焚。
——《韩非子·喻老》

项目 8 配置与管理防火墙

学习要点

◎ 理解防火墙的分类及工作原理。
◎ 掌握 firewalld 防火墙的配置。
◎ 了解 NAT 的基本概念。
◎ 掌握 SNAT 和 DNAT 的配置方法。

素养要点

◎ 大学生应记住 "龙芯" "863" "973" "核高基" 等国家重大项目，这是中国人的骄傲。
◎ "人无刚骨，安身不牢。" 骨气是人的脊梁，是前行的支柱。新时代青年学生要有 "富贵不能淫，贫贱不能移，威武不能屈" 的气节，要有 "自信人生二百年，会当水击三千里" 的勇气，还要有 "我将无我，不负人民" 的担当。

防火墙和 SELinux 是非常重要的网络安全工具，利用防火墙可以保护企业内部网络免受外网的威胁，作为网络管理员，掌握防火墙和 SELinux 的配置与管理非常重要。本项目重点介绍 firewalld 和 SELinux 的配置与管理。

8.1 项目相关知识

视频 8-1
配置与管理防火墙和 SELinux

8.1.1 防火墙概述

防火墙的本义是指一种防护建筑物，古代建造木制结构房屋时，为防止火灾发生和蔓延，人们在房屋周围将石块堆砌成石墙，这种防护构筑物就被称为 "防火墙"。

通常所说的网络防火墙是套用了古代的防火墙的喻义，它指的是隔离在本地网络与外界网络之间的一道防御系统。防火墙可以使企业内部局域网与 Internet 之间或者与其他外部网络间互相隔离、限制网络互访，以此来保护内部网络。

防火墙的分类方法多种多样，不过从传统意义上讲，防火墙大致可以分为三大类，分别是"包过滤""应用代理""状态检测"，无论防火墙的功能多么强大，性能多么完善，归根结底都是在这三种技术的基础之上扩展功能的。

8.1.2 iptables 与 firewalld

早期的 Linux 操作系统采用过 ipfwadm 作为防火墙，但在 2.2.0 核心中被 ipchains 取代。

Linux 2.4 版本发布后，netfilter/iptables 信息包过滤系统正式使用。它引入了很多重要的改进，如基于状态的功能，基于任何 TCP 标记和 MAC 地址的包过滤，更灵活地分配和记录功能，强大而且简单的 NAT 功能和透明代理功能等，然而，最重要的变化是引入了模块化的架构方式。这使得 iptables 运用和功能扩展更加方便灵活。

Netfilter/iptables IP 数据包过滤系统实际是由 netfilter 和 iptables 两个组件构成的。Netfilter 是集成在内核中的一部分，它的作用是定义、保存相应的规则。而 iptables 是一种工具，用以修改信息的过滤规则及其他配置。用户可以通过 iptables 来设置适合当前环境的规则，而这些规则会保存在内核空间中。如果将 nefilter/iptable 数据包过滤系统比作一辆功能完善的汽车的话，那么 netfilter 就像是发动机以及车轮等部件，它可以让车发动、行驶。而 iptables 则像方向盘、刹车、油门，汽车行驶的方向、速度都要靠 iptables 来控制。

对于 Linux 服务器而言，采用 netfilter/iptables 数据包过滤系统，能够节约软件成本，并可以提供强大的数据包过滤控制功能，iptables 是理想的防火墙解决方案。

在 RHEL 8 系统中，firewalld 防火墙取代了 iptables 防火墙。现实而言，iptables 与 firewalld 都不是真正的防火墙，它们都只是用来定义防火墙策略的防火墙管理工具而已，或者说，它们只是一种服务。iptables 服务会把配置好的防火墙策略交由内核层面的 netfilter 网络过滤器来处理，而 firewalld 服务则是把配置好的防火墙策略交由内核层面的 nftables 包过滤框架来处理。换句话说，当前在 Linux 操作系统中其实存在多个防火墙管理工具，旨在方便运维人员管理 Linux 操作系统中的防火墙策略，只需要配置妥当其中的一个就足够了。虽然这些工具各有优劣，但它们在防火墙策略的配置思路上是保持一致的。

8.1.3 NAT 基础知识

网络地址转换器（network address translator,NAT）位于使用专用地址的 Intranet 和使用公用地址的 Internet 之间，主要具有以下几种功能。

（1）从 Intranet 传出的数据包由 NAT 将它们的专用地址转换为公用地址。

（2）从 Internet 传入的数据包由 NAT 将它们的公用地址转换为专用地址。

（3）支持多重服务器和负载均衡。

（4）实现透明代理。

这样在内网中计算机使用未注册的专用 IP 地址，而在与外部网络通信时，使用注册的公用 IP 地址，大大降低了连接成本。同时 NAT 也起到将内部网络隐藏起来，保护内部网络的作用，因为对外部用户来说，只有使用公用 IP 地址的 NAT 是可见的，类似于防火墙的安全措施。

1．NAT 的工作过程

（1）客户机将数据包发给运行 NAT 的计算机。

（2）NAT 将数据包中的端口号和专用的 IP 地址换成它自己的端口号和公用的 IP 地址，然后将数据包发给外部网络的目的主机，同时记录一个跟踪信息在映像表中，以便向客户机发送回答信息。

（3）外部网络发送回答信息给 NAT。

（4）NAT 将收到的数据包的端口号和公用 IP 地址转换为客户机的端口号和内部网络使用的专用 IP 地址并转发给客户机。

以上步骤对于网络内部的主机和网络外部的主机都是透明的，对它们来讲就如同直接通信一样。

NAT 的工作过程（见图 8-1）如下。

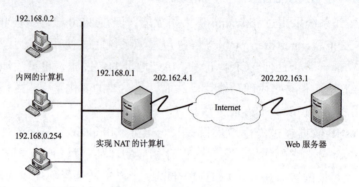

图 8-1　NAT 的工作过程

（1）192.168.0.2 用户使用 Web 浏览器连接到位于 202.202.163.1 的 Web 服务器，用户计算机将创建带有下列信息的 IP 数据包。

目标 IP 地址：202.202.163.1。

源 IP 地址：192.168.0.2。

目标端口：TCP 端口 80。

源端口：TCP 端口 1350。

（2）IP 数据包转发到运行 NAT 的计算机上，它将传出的数据包地址转换成下面的形式。

目标 IP 地址：202.202.163.1。

源 IP 地址：202.162.4.1。

目标端口：TCP 端口 80。

源端口：TCP 端口 2 500。

（3）NAT 协议在表中保留了 {192.168.0.2，TCP 1350} 到 {202.162.4.1，TCP 2500} 的映射，以便回传。

（4）转发的 IP 数据包是通过 Internet 发送的。Web 服务器响应通过 NAT 协议发回和接收。当接收时，数据包包含下面的公用地址信息。

目标 IP 地址：202.162.4.1。

源 IP 地址：202.202.163.1。

目标端口：TCP 端口 2 500。

源端口：TCP 端口 80。

（5）NAT 协议检查转换表，将公用地址映射到专用地址，并将数据包转发给位于 192.168.0.2 的计算机。转发的数据包包含以下地址信息。

目标 IP 地址：192.168.0.2。

源 IP 地址：202.202.163.1。

目标端口：TCP 端口 1 350。

源端口：TCP 端口 80。

对于来自 NAT 协议的传出数据包，源 IP 地址（专用地址）被映射到 ISP 分配的地址（公用地址），并且 TCP/UDP 端口号也会被映射到不同的 TCP/UDP 端口号。

对于到 NAT 协议的传入数据包，目标 IP 地址（公用地址）被映射到源 Internet 地址（专用地址），并且 TCP/UDP 端口号被重新映射回源 TCP/UDP 端口号。

2. NAT 的分类

（1）源 NAT（Source NAT，SNAT）。SNAT 是指修改第一个包的源 IP 地址。SNAT 会在包送出之前的最后一刻做好 Post-Routing 的动作。Linux 中的 IP 伪装（MASQUERADE）就是 SNAT 的一种特殊形式。

（2）目的 NAT（Destination NAT，DNAT）。DNAT 是指修改第一个包的目的 IP 地址。DNAT 总是在包进入后立刻进行 Pre-Routing 动作。端口转发、负载均衡和透明代理均属于 DNAT。

8.2 项目设计及准备

8.2.1 项目设计

网络建立初期，人们只考虑如何实现通信而忽略了网络的安全。而防火墙可以使企业内部局域网与 Internet 之间或者与其他外部网络互相隔离、限制网络互访来保护内部网络。

大量拥有内部地址的机器组成了企业内部网，那么如何连接内部网与 Internet？ iptables、firewalldd、NAT 服务器将是很好的选择，它们能够解决内部网访问 Internet 的问题并提供访问的优化和控制功能。

本项目在安装有企业版 Linux 网络操作系统的服务器 Server01 和 Server0-2 上配置 firewall 和 NAT，项目配置拓扑图会在任务中详细说明。

8.2.2 项目准备

部署 firewalld 和 NAT 应满足下列需求。

（1）安装好企业版 Linux 网络操作系统，并且必须保证常用服务正常工作。客户端使用 Linux 或 Windows 网络操作系统。服务器和客户端能够通过网络进行通信。

（2）或者利用虚拟机设置网络环境。

（3）3 台安装好 RHEL 8 的计算机。

（4）本项目要完成的任务如下。

① 安装与配置 firewalld。

② 配置 SNAT 和 DNAT。

8.3 项目实施

任务 8-1 使用 firewalld 服务

RHEL 8 系统集成了多款防火墙管理工具，其中 firewalld 提供了支持网络/防火墙区域（zone）定义网络连接以及接口安全等级的动态防火墙管理工具——Linux 操作系统的动态防火墙管理器（dynamic firewall manager of Linux systems）。Linux 操作系统的动态防火墙管理器拥有基于 CLI（命令行界面）和基于 GUI（图形用户界面）的两种管理方式。

相较于传统的防火墙管理配置工具，firewalld 支持动态更新技术并加入了区域（zone）的概念。简单来说，区域就是 firewalld 预先准备了几套防火墙策略集合（策略模板），用户可以根据生产场景的不同选择合适的策略集合，从而实现防火墙策略之间的快速切换。例如，有一台笔记本计算机,每天都要在办公室、咖啡厅和家里使用。按常理来讲,这三者的安全性按照由高到低的顺序排列,应该是家庭、办公室、咖啡厅。当前,希望为这台笔记本计算机指定如下防火墙策略规则:在家中允许访问所有服务;在办公室内仅允许访问文件共享服务;在咖啡厅仅允许上网浏览。在以往,需要频繁地手动设置防火墙策略规则,而现在只需要预设好区域集合,然后轻点鼠标就可以自动切换了,从而极大地提升了防火墙策略的应用效率。firewalld 中常见的区域名称(默认为 public)以及相应的策略规则如表 8-1 所示。

表 8-1 firewalld 中常用的区域名称及策略规则

区 域	默认策略规则
trusted	允许所有的数据包
home	拒绝流入的流量,除非与流出的流量相关;而如果流量与 ssh、mdns、ipp-client、amba-client 与 dhcpv6-client 服务相关,则允许流入
internal	等同于 home 区域
work	拒绝流入的流量,除非与流出的流量数相关;而如果流量与 SSH、ipp-client 与 dhcpv6-client 服务相关,则允许流量
public	拒绝流入的流量,除非与流出的流量相关;而如果流量与 SSH、dhcpv6-client 服务相关,则允许流量
external	拒绝流入的流量,除非与流出的流量相关;而如果流量与 SSH 服务相关,则允许流量
dmz	拒绝流入的流量,除非与流出的流量相关;而如果流量与 SSH 服务相关,则允许流量
block	拒绝流入的流量,除非与流出的流量相关
drop	拒绝流入的流量,除非与流出的流量相关

1. 使用终端管理工具

命令行终端是一种极富效率的工作方式,firewall-cmd 是 firewalld 防火墙配置管理工具的 CLI(命令行界面)版本。它的参数一般都是以"长格式"来提供的,但幸运的是,RHEL 8 操作系统支持部分命令的参数补齐。现在除了能用 Tab 键自动补齐命令或文件名等内容之外,还可以用 Tab 键来补齐表 8-2 中的长格式参数。

表 8-2 firewall-cmd 命令中使用的参数以及作用

参 数	作 用
--get-default-zone	查询默认的区域名称
--set-default-zone=<区域名称>	设置默认的区域,使其永久生效
--get-zones	显示可用的区域
--get-services	显示预先定义的服务
--get-active-zones	显示当前正在使用的区域与网卡名称
--add-source=	将源自此 IP 或子网的流量导向指定的区域
--remove-source=	不再将源自此 IP 或子网的流量导向某个指定区域
--add-interface=<网卡名称>	将源自该网卡的所有流量都导向某个指定区域
--change-interface=<网卡名称>	将某个网卡与区域关联
--list-all	显示当前区域的网卡配置参数、资源、端口以及服务等信息
--list-all-zones	显示所有区域的网卡配置参数、资源、端口以及服务等信息
--add-service=<服务名>	设置默认区域允许该服务的流量
--add-port=<端口号/协议>	设置默认区域允许该端口/协议的流量
--remove-service=<服务名>	设置默认区域不再允许该服务的流量
--remove-port=<端口号/协议>	设置默认区域不再允许该端口/协议的流量
--reload	让"永久生效"的配置规则立即生效,并覆盖当前的配置规则
--panic-on	开启应急状况模式
--panic-off	关闭应急状况模式

与 Linux 操作系统中其他的防火墙策略配置工具一样，使用 firewalld 配置的防火墙策略默认为运行时（runtime）模式，又称为当前生效模式，而且系统重启后会失效。如果想让配置策略一直存在，就需要使用永久（permanent）模式，方法就是在用 firewall-cmd 命令正常设置防火墙策略时添加 --permanent 参数，这样配置的防火墙策略就可以永久生效了。但是，永久生效模式有一个"不近人情"的特点，就是使用它设置的策略只有在系统重启之后才能自动生效。如果想让配置的策略立即生效，需要手动执行 firewall-cmd --reload 命令。

接下来的实验都很简单，但是提醒大家一定要仔细查看这里使用的是 runtime 模式还是 permanent 模式。如果不关注这个细节，即使正确配置了防火墙策略，也可能无法达到预期的效果。

（1）systemctl 命令速查。

```
systemctl unmask firewalld                      # 执行命令，即可实现取消服务的锁定
systemctl mask firewalld                        # 下次需要锁定该服务时执行
systemctl start firewalld.service               # 启动防火墙
systemctl stop firewalld.service                # 停止防火墙
systemctl reload firewalld.service              # 重载配置
systemctl restart firewalld.service             # 重启服务
systemctl status firewalld.service              # 显示服务的状态
systemctl enable firewalld.service              # 在开机时启用服务
systemctl disable firewalld.service             # 在开机时禁用服务
systemctl is-enabled firewalld.service          # 查看服务是否开机启动
systemctl list-unit-files|grep enabled          # 查看已启动的服务列表
systemctl --failed                              # 查看启动失败的服务列表
```

（2）firewall-cmd 命令速查。

```
firewall-cmd --state                            # 查看防火墙状态
firewall-cmd --reload                           # 更新防火墙规则
firewall-cmd --state                            # 查看防火墙状态
firewall-cmd --reload                           # 重载防火墙规则
firewall-cmd --list-ports                       # 查看所有打开的端口
firewall-cmd --list-services                    # 查看所有允许的服务
firewall-cmd --get-services                     # 获取所有支持的服务
```

（3）区域相关命令速查。

```
firewall-cmd --list-all-zones                   # 查看所有区域信息
firewall-cmd --get-active-zones                 # 查看活动区域信息
firewall-cmd --set-default-zone=public          # 设置 public 为默认区域
firewall-cmd --get-default-zone                 # 查看默认区域信息
firewall-cmd --zone=public --add-interface=eth0 # 将接口 eth0 加入区域 public
```

（4）接口相关命令速查。

```
firewall-cmd --zone=public --remove-interface=ens160    # 从区域 public 中删除接口 ens160
firewall-cmd --zone=default --change-interface=ens160   # 修改接口 ens160 所属区域为 default
firewall-cmd --get-zone-of-interface=ens160             # 查看接口 ens160 所属区域
```

（5）端口控制命令速查。

```
firewall-cmd --add-port=80/tcp --permanent      # 永久开启 80 端口（全局）
firewall-cmd --remove-port=80/tcp --permanent   # 永久关闭 80 端口（全局）
```

```
firewall-cmd --add-port=65001-65010/tcp --permanent  # 永久开启 65001-65010 端口（全局）
firewall-cmd --zone=public --add-port=80/tcp --permanent
# 永久开启 80 端口（区域 public）
firewall-cmd --zone=public --remove-port=80/tcp --permanent
# 永久关闭 80 端口（区域 public）
firewall-cmd --zone=public --add-port=65001-65010/tcp --permanent
# 永久开启 65001-65010 端口（区域 public）
firewall-cmd --query-port=8080/tcp              # 查询端口是否开放
firewall-cmd --permanent --add-port=80/tcp      # 开放 80 端口
firewall-cmd --permanent --remove-port=8080/tcp # 移除端口
firewall-cmd --reload                           # 重启防火墙（修改配置后要重启防火墙）
```

（6）使用终端管理工具实例。

① 查看 firewalld 服务当前状态和使用的区域。

```
[root@Server01 ~]# firewall-cmd --state              # 查看防火墙状态
[root@Server01 ~]# systemctl restart firewalld
[root@Server01 ~]# firewall-cmd --get-default-zone   # 查看默认域
public
```

② 查询防火墙生效 ens160 网卡在 firewalld 服务中的区域。

```
[root@Server01 ~]# firewall-cmd --get-active-zones            # 查看当前防火墙中生效的域
[root@Server01 ~]# firewall-cmd --set-default-zone=trusted    # 设定默认域
```

③ 把 firewalld 服务中 ens160 网卡的默认区域修改为 external，并在系统重启后生效。分别查看当前与永久模式下的区域名称。

```
[root@Server01 ~]# firewall-cmd --list-all --zone=work    # 查看指定域的火墙策略
[root@Server01 ~]# firewall-cmd --permanent --zone=external --change-interface=ens160
success
[root@Server01 ~]# firewall-cmd --get-zone-of-interface=ens160
trusted
[root@Server01 ~]# firewall-cmd --permanent --get-zone-of-interface=ens160
no zone
```

④ 把 firewalld 服务的当前默认区域设置为 public。

```
[root@Server01 ~]# firewall-cmd --set-default-zone=public
[root@Server01 ~]# firewall-cmd --get-default-zone
public
```

⑤ 启动/关闭 firewalld 防火墙服务的应急状况模式，阻断一切网络连接（当远程控制服务器时请慎用）。

```
[root@Server01 ~]# firewall-cmd --panic-on
success
[root@Server01 ~]# firewall-cmd --panic-off
success
```

⑥ 查询 public 区域是否允许请求 SSH 和 HTTPS 协议的流量。

```
[root@Server01 ~]# firewall-cmd --zone=public --query-service=ssh
```

```
yes
[root@Server01 ~]# firewall-cmd --zone=public --query-service=https
no
```

⑦ 把 firewalld 服务中请求 https 协议的流量设置为永久允许，并立即生效。

```
[root@Server01 ~]# firewall-cmd --get-services       # 查看所有可以设定的服务
[root@Server01 ~]# firewall-cmd --zone=public --add-service=https
[root@Server01 ~]# firewall-cmd --permanent --zone=public --add-service=https
[root@Server01 ~]# firewall-cmd --reload
[root@Server01 ~]# firewall-cmd --list-all           # 查看生效的防火墙策略
success
 [root@Server01 ~]# firewall-cmd --list-all          # 查看生效的防火墙策略
```

⑧ 把 firewalld 服务中请求 https 的流量设置为永久拒绝，并立即生效。

```
[root@Server01 ~]# firewall-cmd --permanent --zone=public --remove-service=https
success
[root@Server01 ~]# firewall-cmd --reload
[root@Server01 ~]# firewall-cmd --list-all           # 查看生效的防火墙策略
```

⑨ 把在 firewalld 服务中访问 8088 和 8089 端口的流量策略设置为允许，但仅限当前生效。

```
[root@Server01 ~]# firewall-cmd --zone=public --add-port=8088-8089/tcp
success
[root@Server01 ~]# firewall-cmd --zone=public --list-ports
8088-8089/tcp
```

firewalld 中的富规则表示更细致、更详细的防火墙策略配置，它可以针对系统服务、端口号、源地址和目标地址等诸多信息进行更有针对性的策略配置。它的优先级在所有的防火墙策略中也是最高的。

2. 使用图形管理工具

firewall-config 是 firewalld 防火墙配置管理工具的 GUI（图形用户界面）版本，几乎可以实现所有以命令行来执行的操作。毫不夸张地说，即使读者没有扎实的 Linux 命令基础，也完全可以通过它来妥善配置 RHEL 8 中的防火墙策略。

firewall-config 默认没有安装。

（1）安装 firewall-config。

```
[root@Server01 ~]# mount /dev/cdrom /media
[root@Server01 ~]# vim /etc/yum.repos.d/dvd.repo
[root@Server01 ~]# dnf install firewall-config -y
```

（2）启动图形界面的 firewall。

安装完成后，计算机的"活动"菜单中就会出现防火墙图标，在终端中输入命令：firewall-config 或者单击"活动"→"防火墙"命令，打开图 8-2 所示的界面，其功能具体如下。

① 选择运行时（runtime）模式或永久（permanent）模式的配置。
② 可选的策略集合区域列表。
③ 常用的系统服务列表。
④ 当前正在使用的区域。
⑤ 管理当前被选中区域中的服务。

⑥ 管理当前被选中区域中的端口。
⑦ 开启或关闭 SNAT（源地址转换协议）技术。
⑧ 设置端口转发策略。
⑨ 控制请求 ICMP 服务的流量。
⑩ 管理防火墙的富规则。
⑪ 管理网卡设备。
⑫ 被选中区域的服务，若勾选了相应服务前面的复选框，则表示允许与之相关的流量。
⑬ firewall-config 工具的运行状态。

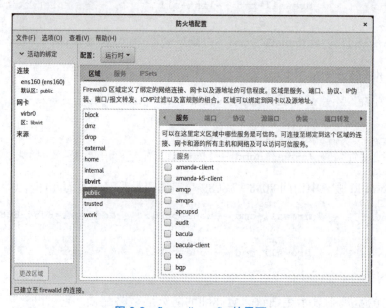

图 8-2　firewall-config 的界面

注意： 在使用 firewall-config 工具配置完防火墙策略之后，无须进行二次确认，因为只要有修改内容，它就自动保存。下面进入动手实践环节。

（1）将当前区域中请求 http 服务的流量设置为允许，但仅限当前生效。具体配置如图 8-3 所示。

图 8-3　放行请求 http 服务的流量

(2)尝试添加一条防火墙策略规则,使其放行访问 8088~8089 端口(TCP)的流量,并将其设置为永久生效,以达到系统重启后防火墙策略依然生效的目的。

① 选择"端口"→"添加"命令,打开图 8-4 所示的界面。

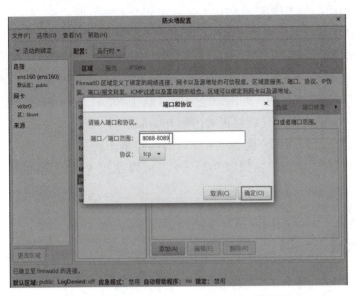

图 8-4　放行访问 8080~8088 端口的流量

② 配置完毕后单击"确定"按钮。

③ 在"选项"菜单中单击"重载防火墙"命令,让配置的防火墙策略立即生效,如图 8-5 所示。这与在命令行中执行 --reload 参数的效果一样。

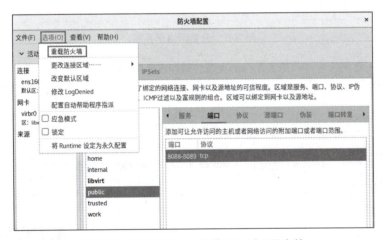

图 8-5　让配置的防火墙策略规则立即生效

任务 8-2　完成 NAT(SNAT 和 DNAT)企业实战

firewall 防火墙利用 nat 表能够实现 NAT 功能,将内网地址与外网地址进行转换,完成内、外网的通信。nat 表支持以下三种操作。

- SNAT:改变数据包的源地址。防火墙会使用外部地址,替换数据包的本地网络地址。这样使网络内部主机能够与网络外部通信。
- DNAT:改变数据包的目的地址。防火墙接收到数据包后,会替换该包目的地址,重新转发到网络内部的主机。当应用服务器处于网络内部时,防火墙接收到外部的请求,会按照规则设置,将访问重定向到指定的主机上,使外部的主机能够正常访问网络内部的主机。

- MASQUERADE：MASQUERADE 的作用与 SNAT 完全一样，改变数据包的源地址。因为对每个匹配的包，MASQUERADE 都要自动查找可用的 IP 地址，而不像 SNAT 用的 IP 地址是配置好的。所以会加重防火墙的负担。当然，如果接入外网的地址不是固定地址，而是 ISP 随机分配的，使用 MASQUERADE 将会非常方便。

下面以一个具体的综合案例来说明如何在 RHEL 上配置 NAT 服务，使得内、外网主机互访。

1. 企业环境和需求

公司网络拓扑图如图 8-6 所示。内部主机使用 192.168.10.0/24 网段的 IP 地址，并且使用 Linux 主机作为服务器连接互联网，外网地址为固定地址 202.112.113.112。现需要满足如下要求。

（1）配置 SNAT 保证内网用户能够正常访问 Internet。

（2）配置 DNAT 保证外网用户能够正常访问内网的 Web 服务器。

Linux 服务器和客户端的信息如表 8-3 所示（可以使用 VM 的克隆技术快速安装需要的 Linux 客户端）。

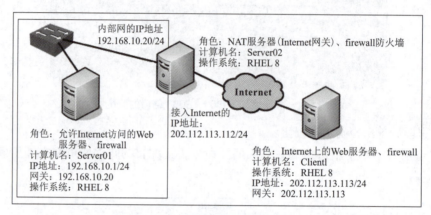

图 8-6 企业网络拓扑图

表 8-3 Linux 服务器和客户端的信息

主机名称	操作系统	IP 地址	角色
内网 NAT 客户端：Server01	RHEL 8	IP：192.168.10.1（VMnet1） 默认网关：192.168.10.20	Web 服务器、firewall 防火墙
防火墙：Server02	RHEL 8	IP1：192.168.10.20（VMnet1） IP2：202.112.113.112（VMnet8）	firewall、SNAT、DNAT
外网 NAT 客户端：Client1	RHEL 8	202.112.113.113（VMnet8）	Web、firewalld 防火墙

2. 解决方案

1）配置 SNAT 并测试

（1）在 Server02 上安装双网卡。

① 在 Server02 关机状态下，在虚拟机中添加两块网卡：第 1 块网卡连接到 VMnet1，第 2 块网卡连接到 VMnet8。

② 启动 Server02 计算机，以 root 用户身份登录计算机。

③ 单击右上角的网络连接图标 ，配置过程如图 8-7、图 8-8 所示（我的计算机原来的网卡是 ens160，第 2 块网卡系统自动命名为 ens224）。

④ 单击齿轮按钮可以设置网络接口 ens224 的 IPv4 的地址：202.112.113.112/24。

⑤ 按照前述方法，设置 ens160 网卡的 IP 地址为 192.168.10.20/24。

图 8-7 ens224 的有线设置

图 8-8 网络设置

在 Server02 上测试双网卡的 IP 设置是否成功。

```
[root@Server02 ~]# ifconfig
ens160: flags=4163<UP,BROADCAST,RUNNING,MULTICAST>  mtu 1500
        inet 192.168.10.20  netmask 255.255.255.0  broadcast 192.168.10.255
        ……………………

ens224: flags=4163<UP,BROADCAST,RUNNING,MULTICAST>  mtu 1500
        inet 202.112.113.112  netmask 255.255.255.0  broadcast 202.112.113.255
        ……………………
```

(2) 测试环境。

① 根据图 8-5 和表 8-5 配置 Server01 和 Client1 的 IP 地址、子网掩码、网关等信息。Server02 要安装双网卡,同时一定要注意计算机的网络连接方式。

注意:Client1 的网关不要设置,或者设置成为自身的 IP 地址(202.112.113.113)。

② 在 Server01 上,测试与 Server02 和 Client1 的连通性。

```
[root@Server01 ~]# ping 192.168.10.20   -c  4       // 通
[root@Server01 ~]# ping 202.112.113.112 -c  4       // 通
[root@Server01 ~]# ping 202.112.113.113 -c  4       // 不通
```

③ 在 Server02 上,测试与 Server01 和 Client1 的连通性。都是畅通的。

```
[root@Server02 ~]# ping -c 4 192.168.10.1
[root@Server02 ~]# ping -c 4 202.112.113.113
```

④ 在 Client1 上,测试与 Server01 和 Server02 的连通性。Client1 与 Server01 是不通的。

```
[root@Client1 ~]# ping -c 4 202.112.113.112       // 通
[root@Client1 ~]# ping -c 4 192.168.10.1          // 不通
connect: 网络不可达
```

(3) 在 Server02 上开启转发功能。

```
[root@Server02 ~]# echo 1 > /proc/sys/net/ipv4/ip_forward
 [root@client1 ~]# cat /proc/sys/net/ipv4/ip_forward
1                        // 确认开启路由存储转发,其值为 1。若没开启,需要下面的操作。
```

(4) 在 Server02 上将接口 ens224 加入外部网络区域(external)。

由于内网的计算机无法在外网上路由,所以内部网络的计算机 Server01 是无法上网的。因此需要通过 NAT 将内网计算机的 IP 地址转换成 RHEL 主机 ens224 接口的 IP 地址。为了实现这个功能,首先需要将接口 ens224 加入外部网络区域(external)。在 firewall 中,外部网络定义为一个直接与外部网络相连接的区域,来自此区域中的主机连接将不被信任。

```
[root@Server02 ~]# firewall-cmd --get-zone-of-interface=ens224
public
[root@Server02 ~]# firewall-cmd --permanent --zone=external --change-interface=ens224
The interface is under control of NetworkManager, setting zone to 'external'.
success
[root@Server02 ~]# firewall-cmd --zone=external --list-all
external (active)
  target: default
  icmp-block-inversion: no
  interfaces: ens224
  sources:
  services: ssh
  ports:
  protocols:
  masquerade: no
  ……………………
```

（5）由于需要 NAT 上网，所以将外部区域的伪装打开（Server02）。

```
[root@Server02 ~]# firewall-cmd --permanent --zone=external --add-masquerade
[root@Server02 ~]# firewall-cmd --reload
success
[root@Server02 ~]# firewall-cmd --permanent --zone=external --query-masquerade
yes                                    #查询伪装是否打开，下面命令也可以。
[root@Server02 ~]# firewall-cmd --zone=external --list-all
external (active)
  …………
  interfaces: ens224
  …………
  masquerade: yes
  ……………………
```

（6）在 Server02 上配置内部接口 ens160。

具体做法是将内部接口加入到内部区域 internal 中。

```
[root@Server02 ~]# firewall-cmd --get-zone-of-interface=ens160
public
[root@Server02 ~]# firewall-cmd --permanent --zone=internal --change-interface=ens160
The interface is under control of NetworkManager, setting zone to 'internal'.
success
[root@Server02 ~]# firewall-cmd --reload
[root@Server02 ~]# firewall-cmd --zone=internal --list-all
internal (active)
  target: default
  icmp-block-inversion: no
  interfaces: ens160
  ……………………
```

（7）在外网 Client1 上配置供测试的 Web。

```
[root@client2 ~]# mount /dev/cdrom  /media
[root@client2 ~]# dnf clean all
```

```
[root@client2 ~]# dnf install httpd -y
[root@client2 ~]# firewall-cmd --permanent --add-service=http
[root@client2 ~]# firewall-cmd --reload
[root@client2 ~]# firewall-cmd –list-all
[root@client2 ~]# systemctl restart httpd
[root@client2 ~]# netstat -an |grep :80              // 查看80端口是否开放
[root@client2 ~]# firefox 127.0.0.1
```

（8）在内网 Server01 上测试 SNAT 配置是否成功。

```
[root@Server01 ~]# ping 202.112.113.113 -c 4
[root@Server01 ~]# firefox  202.112.113.113
```

网络应该是畅通的，且能访问到外网的默认网站。

思考：请读者在 Client1 上查看 /var/log/httpd/access_log 中是否包含源地址 192.168.10.1，为什么？包含 202.112.113.112 吗？

```
[root@Client1 ~]# cat /var/log/httpd/access_log |grep 192.168.10.1
[root@Client1 ~]# cat /var/log/httpd/access_log |grep 202.112.113.112
```

2）配置 DNAT 并测试

（1）在 Server01 上配置内网 Web 及防火墙。

```
[root@Server01 ~]# mount /dev/cdrom /media
[root@Server01 ~]# dnf clean all
[root@Server01 ~]# dnf install httpd -y
[root@Server01 ~]# systemctl restart httpd
[root@Server01 ~]# netstat -an |grep :80              // 查看80端口是否开放
[root@Server01 ~]# firefox 127.0.0.1
```

（2）在 Server02 上配置 DNAT。

要想让外网能访问到内网的 Web 服务器，需要进行端口映射，将外网（external 区域）的 Web 访问映射到内部的 Server01 的 80 端口。

```
# 外部网络区域的80端口的请求都转发到192.168.10.1。加了 "--permanent" 需要重启防火墙才能生效
[root@Server02 ~]# firewall-cmd --permanent --zone=external --add-forward-port=port=80:proto=tcp:toaddr=192.168.10.1
success
[root@Server02 ~]# firewall-cmd --reload
# 查询端口映射结果
[root@Server02 ~]# firewall-cmd --zone=external --query-forward-port=port=80:proto=tcp:toaddr=192.168.10.1
yes
[root@Server02 ~]# firewall-cmd --zone=external --list-all # 查询端口映射结果
external (active)
  ………………
  masquerade: yes
  forward-ports: port=80:proto=tcp:toport=:toaddr=192.168.10.1
  ………………
```

（3）在外网 Client1 上测试。

在外网上访问的是 202.112.113.112，NAT 服务器 Server02 会将该 IP 地址的 80 端口的请求转发到内网 Server01 的 80 端口。**注意，不是直接访问的 192.168.10.1**。直接访问内网地址是访问不到的，如图 8-9 所示。

```
[root@client2 ~]# ping 192.168.10.1
connect: 网络不可达
[root@client2 ~]# firefox 202.112.113.112
```

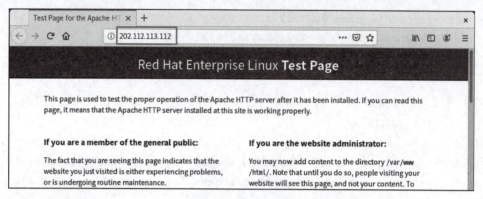

图 8-9 测试成功

3）实训结束后删除 Server02 上的 SNAT 和 DNAT 信息

```
[root@Server02 ~]# firewall-cmd --permanent --zone=external --remove-forward-port=port=80:proto=tcp:toaddr=192.168.10.1
[root@Server02 ~]# firewall-cmd --permanent --zone=public --change-interface=ens224
[root@Server02 ~]# firewall-cmd --permanent --zone=public --change-interface=ens160
[root@Server02 ~]# firewall-cmd --reload
```

8.4 拓展阅读 中国的"龙芯"

你知道"龙芯"吗？你知道"龙芯"的应用水平吗？

"龙芯"是我国最早研制的高性能通用处理器系列，于 2001 年在中国科学院计算所开始研发，得到了"863""973""核高基"等项目的大力支持，完成了 10 年的核心技术积累。2010 年，中国科学院和北京市政府共同牵头出资，龙芯中科技术有限公司正式成立，开始市场化运作，旨在将龙芯处理器的研发成果产业化。

龙芯中科技术有限公司（简称龙芯中科）研制的处理器产品包括龙芯 1 号、龙芯 2 号、龙芯 3 号三大系列。为了将国家重大创新成果产业化，龙芯中科技术有限公司（简称龙芯中科）努力探索，在国防、教育、工业、物联网等行业取得了重大市场突破，龙芯产品达到了良好的应用效果。

8.5 项目实训 配置与管理 firewall 防火墙

1. 视频位置
实训前请扫描二维码观看：项目实录 配置与管理 firewall 防火墙。

视频 8-2
项目实录
配置与管理
firewall 防火墙

2. 项目实训目的
- 掌握配置 firewalld 防火墙的方法和技能。
- 掌握管理 firewalld 防火墙的方法和技能。

3. 项目背景
假如某企业需要接入 Internet，由 ISP 分配 IP 地址 202.112.113.112。采用 firewall 作为 NAT 服务器接入网络，内部采用 192.168.1.0/24，外部采用 202.112.113.112。为确保安全，需要配置防火墙功能，要求内部仅能够访问 Web、DNS 及 Mail 这三台服务器；内部 Web 服务器 192.168.1.2 通过端口映射方式对外提供服务。配置 firewall 防火墙网络拓扑如图 8-10 所示。

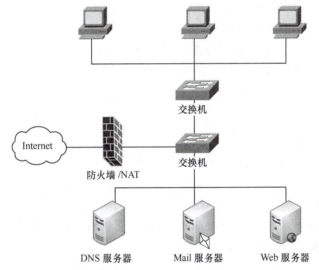

图 8-10 配置 firewall 防火墙网络拓扑

4. 项目要求
练习配置与管理 firewalld 防火墙。

深度思考：
在观看视频时思考以下几个问题。
（1）为何要设置两块网卡的 IP 地址？如何设置网卡的默认网关？
（2）如何接受或拒绝 TCP、UDP 的某些端口？
（3）如何屏蔽 ping 命令？如何屏蔽扫描信息？
（4）如何使用 SNAT 来实现内网访问互联网？如何实现 DNAT？
（5）在客户端如何设置 DNS 服务器地址？

5. 做一做
根据项目实录视频进行项目实训，检查学习效果。

练习题

一、填空题

1. _____可以使企业内部局域网与Internet之间或者与其他外部网络间互相隔离、限制网络互访，以此来保护_____。

2. 防火墙大致可以分为三大类，分别是_____、_____和_____。

3. _____表仅用于网络地址转换，其具体的动作有_____、_____以及_____。

4. 网络地址转换器（network address translator,NAT）位于使用专用地址的_____和使用公用地址的_____之间。

二、选择题

1. 在 RHEL 8 的内核中，提供 TCP/IP 包过滤功能的服务叫什么？（　　）

　　A. firewall　　　　B. iptables　　　C. firewalld　　　D. filter

2. 从下面选择关于 IP 伪装的适当描述。（　　）

　　A. 它是一个转化包的数据的工具

　　B. 它的功能就像 NAT 系统：转换内部 IP 地址到外部 IP 地址

　　C. 它是一个自动分配 IP 地址的程序

　　D. 它是一个将内部网连接到 Internet 的工具

三、简答题

1. 简述防火墙的概念、分类及作用。

2. 简述 NAT 的工作过程。

3. 简述 firewalld 中区域的作用。

4. 如何在 firewalld 中把默认的区域设置为 dmz？

5. 如何让 firewalld 中以永久（permanent）模式配置的防火墙策略规则立即生效？

6. 使用 SNAT 技术的目的是什么？

项目 9

配置与管理代理服务器

学习要点

◎ 了解代理服务器的基本知识。
◎ 掌握 squid 代理服务器的配置。

素养要点

◎ 国产操作系统的未来前途光明，只有瞄准核心科技埋头攻关，才能为高质量发展和国家信息产业安全插上腾飞的"翅膀"。
◎ "少壮不努力，老大徒伤悲。""劝君莫惜金缕衣，劝君惜取少年时。"青年学生要珍惜时间。

代理服务器（Proxy Server）等同于内网与 Internet 的桥梁。本项目重点介绍 squid 代理服务器的配置。

9.1 项目相关知识

代理服务器等同于内网与 Internet 的桥梁。普通的 Internet 访问是一个典型的客户机与服务器结构：用户利用计算机上的客户端程序，如浏览器发出请求，远端 WWW 服务器程序响应请求并提供相应的数据。而 Proxy 处于客户机与服务器之间，对于服务器来说，Proxy 是客户机，Proxy 提出请求，服务器响应；对于客户机来说，Proxy 是服务器，它接受客户机的请求，并将服务器上传来的数据转给客户机。它的作用如同现实生活中的代理服务商。

视频 9-1
配置与管理代理服务器

9.1.1 代理服务器的工作原理

当客户端在浏览器中设置好 Proxy 服务器后，所有使用浏览器访问 Internet 站点的请求都不会直接发给目的主机，而是首先发送至代理服务器，代理服务器接收到客户端的请求以后，由代理服务器向目的主机发出请求，并接收目的主机返回的数据，存放在代理服务器的硬盘，然后再由代理服务器将客户端请求的数据转发给客户端。具体流程如图 9-1 所示。

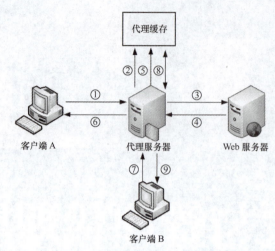

图 9-1　代理服务器工作原理

① 当客户端 A 对 Web 服务器端提出请求时，此请求会首先发送到代理服务器。
② 代理服务器接收到客户端请求后，会检查缓存中是否存有客户端所需要的数据。
③ 如果代理服务器没有客户端 A 所请求的数据，它将会向 Web 服务器提交请求。
④ Web 服务器响应请求的数据。
⑤ 代理服务器从服务器获取数据后，会保存至本地的缓存，以备以后查询使用。
⑥ 代理服务器向客户端 A 转发 Web 服务器的数据。
⑦ 客户端 B 访问 Web 服务器，向代理服务器发出请求。
⑧ 代理服务器查找缓存记录，确认已经存在 Web 服务器的相关数据。
⑨ 代理服务器直接回应查询的信息，而不需要再去服务器进行查询。从而达到节约网络流量和提高访问速度的目的。

9.1.2　代理服务器的作用

1. 提高访问速度

因为客户要求的数据存于代理服务器的硬盘中，因此下次这个客户或其他客户再要求相同目的站点的数据时，就会直接从代理服务器的硬盘中读取，代理服务器起到了缓存的作用，热门站点有很多客户访问时，代理服务器的优势更为明显。

2. 用户访问限制

因为所有使用代理服务器的用户都必须通过代理服务器访问远程站点，因此在代理服务器上就可以设置相应的限制，以过滤或屏蔽掉某些信息。这是局域网网管对局域网用户访问范围限制最常用的办法，也是局域网用户为什么不能浏览某些网站的原因。拨号用户如果使用代理服务器，同样必须服从代理服务器的访问限制。

3. 安全性得到提高

无论是上聊天室还是浏览网站，目的网站只能知道使用的代理服务器的相关信息，而客户端真实 IP 就无法测知，这就使得使用者的安全性得以提高。

9.2　项目设计与准备

如何连接内网与 Internet？代理服务器将是很好的选择，它能够解决内网访问 Internet 的问题并提供访问的优化和控制功能。

本项目在装有企业版 Linux 网络操作系统的服务器上安装 squid 代理服务器。

部署 squid 代理服务器应满足下列需求。

（1）安装好的企业版 Linux 网络操作系统，并且必须保证常用服务正常工作。客户端使用 Linux 或 Windows 网络操作系统。服务器和客户端能够通过网络进行通信。

（2）或者利用虚拟机设置网络环境。如果模拟互联网的真实情况，则需要三台虚拟机。Linux 服务器和客户端配置信息如表 9-1 所示。

表 9-1　Linux 服务器和客户端配置信息

主　机　名	操 作 系 统	IP 地址	角　　色
内网服务器：Server01	RHEL 8	192.168.10.1（VMnet1）	Web 服务器、firewalld
Squid 代理服务器：Server02	RHEL 8	IP 地址 1：192.168.10.20（VMnet1） IP 地址 2：202.112.113.112（VMnet8）	firewalld、squid
外网 Linux 客户端：Client1	RHEL 8	202.112.113.113（VMnet8）	Web 服务器、firewalld

9.3　项目实施

任务 9-1　安装、启动、停止 squid 服务

对于 Web 用户来说，squid 是一个高性能的代理服务器，可以加快内网浏览 Internet 的速度，提高客户端的访问命中率。squid 不仅支持 HTTP，还支持 FTP、gopher、安全套接字层（secure socket layer,SSL）和广域信息服务（wide area information service,WAIS）等协议。和一般的代理服务器不同，squid 用一个单独的、非模块化的 I/O 驱动的进程来处理所有的客户端请求。

1. squid 软件包与常用配置项

（1）squid 软件包

- 软件包名：squid。
- 服务名：squid。
- 主程序：/usr/sbin/squid。
- 配置目录：/etc/squid/。
- 主配置文件：/etc/squid/squid.conf。
- 默认监听端口：TCP 3128。
- 默认访问日志文件：/var/log/squid/access.log。

（2）常用配置项

- http_port 3128。
- access_log /var/log/squid/access.log。
- visible_hostname proxy.example.com。

2. 安装、启动、停止 squid 服务（在 Server02 上安装）

```
[root@Server02 ~]# rpm -qa |grep squid
[root@Server02 ~]# mount /dev/cdrom /media
[root@Server02 ~]# dnf clean all                    # 安装前先清除缓存
[root@Server02 ~]# dnf install squid -y
```

```
[root@Server02 ~]# systemctl start squid         # 启动 squid 服务
[root@Server02 ~]# systemctl enable squid        # 开机自动启动
```

任务 9-2 配置 squid 服务器

squid 服务的主配置文件是 /etc/squid/squid.conf，用户可以根据自己的实际情况修改相应的选项。

1. 几个常用的参数

与之前配置的服务程序大致类似，squid 服务程序的配置文件也存放在 /etc 目录下一个以服务名称命名的目录中。表 9-2 所示为常用的 squid 服务程序配置参数及其作用。

表 9-2 常用的 squid 服务程序配置参数及其作用

参 数	作 用
http_port 3128	设置监听的端口为 3128
cache_mem 64M	设置内存缓冲区的大小为 64 MB
cache_dir ufs /var/spool/squid 2000 16 256	设置硬盘缓存大小为 2 000 MB，缓存目录为 /var/spool/squid，一级子目录 16 个，二级子目录 256 个
cache_effective_user squid	设置缓存的有效用户
cache_effective_group squid	设置缓存的有效用户组
dns_nameservers [IP 地址]	一般不设置，而是用服务器默认的 DNS 地址
cache_access_log /var/log/squid/access.log	访问日志文件的保存路径
cache_log /var/log/squid/cache.log	缓存日志文件的保存路径
visible_hostname www.smile60.cn	设置 squid 服务器的名称

2. 设置 ACL

squid 代理服务器是 Web 客户端与 Web 服务器之间的中介，它能实现访问控制，决定哪一台计算机可以访问 Web 服务器以及如何访问。squid 服务器通过检查具有控制信息的主机和域的 ACL 来决定是否允许某计算机访问。ACL 是控制客户的主机和域的列表。使用 acl 命令可以定义 ACL，该命令可在控制项中创建标签。用户可以使用 http_access 等命令定义这些控制功能，可以基于多种 acl 选项（如源 IP 地址、域名、时间和日期等）来使用 acl 命令定义系统或者系统组。

1）acl 命令

acl 命令的格式如下：

```
acl  列表名称   列表类型   [-i]  列表值
```

其中，列表名称用于区分 squid 的各个 ACL，任何两个 ACL 都不能用相同的列表名称。一般来说，为了便于区分列表的含义，应尽量使用意义明确的列表名称。

列表类型用于定义可被 squid 识别的类型，如 IP 地址、主机名、域名、日期和时间等类型。ACL 列表类型及说明如表 9-3 所示。

表 9-3 ACL 列表类型及说明

ACL 列表类型	说 明
src ip-address/netmask	客户端源 IP 地址和子网掩码
src addr1-addr4/netmask	客户端源 IP 地址范围
dst ip-address/netmask	客户端目标 IP 地址和子网掩码
myip ip-address/netmask	本地套接字 IP 地址
srcdomain domain	源域名（客户端所属的域）
dstdomain domain	目的域名（Internet 中的服务器所属的域）

续表

ACL 列表类型	说 明
srcdom_regex expression	对源 URL 进行正则表达式匹配
dstdom_regex expression	对目的 URL 进行正则表达式匹配
time	指定时间。用法：acl aclname time [day-abbrevs] [h1:m1-h2:m2] 其中 day-abbrevs 可以为 S（Sunday）、M（Monday）、T（Tuesday）、W（Wednesday）、H（Thursday）、F（Friday）、A（Saturday） 注意，h1:m1 一定要比 h2:m2 小
port	指定连接端口，如 acl SSL_ports port 443
Proto	指定使用的通信协议，如 acl allowprotolist proto HTTP
url_regex	设置 URL 规则匹配表达式
urlpath_regex:URL-path	设置略去协议和主机名的 URL 规则匹配表达式

更多的 ACL 列表类型可以查看 squid.conf 文件。

2）http_access 命令

http_access 命令用于设置允许或拒绝某个 ACL 的访问请求，格式为：

```
http_access [allow|deny] ACL 的名称
```

squid 服务器在定义 ACL 后，会根据 http_access 的规则允许或禁止满足一定条件的客户端的访问请求。

【例 9-1】拒绝所有客户端的请求。

```
acl all src 0.0.0.0/0.0.0.0
http_access deny all
```

【例 9-2】禁止 IP 地址为 192.168.1.0/24 的用户上网。

```
acl client1 src 192.168.1.0/255.255.255.0
http_access deny client1
```

【例 9-3】禁止用户访问域名为 www.***.com 的网站。

```
acl baddomain dstdomain www.***.com
http_access deny baddomain
```

【例 9-4】禁止 IP 地址为 192.168.1.0/24 的用户在周一到周五的 9:00—18:00 上网。

```
acl client1 src 192.168.1.0/255.255.255.0
acl badtime time MTWHF 9:00-18:00
http_access deny client1 badtime
```

【例 9-5】禁止用户下载 *.mp3、*.exe、*.zip 和 *.rar 类型的文件。

```
acl badfile urlpath_regex -i \.mp3$ \.exe$ \.zip$ \.rar$
http_access deny badfile
```

【例 9-6】屏蔽 www.***.gov 站点。

```
acl badsite dstdomain -i www.***.gov
http_access deny badsite
```

-i 表示忽略字母大小写，默认情况下 squid 是区分大小写的。

【例 9-7】屏蔽所有包含"sex"的 URL 路径。

```
acl  sex  url_regex  -i  sex
http_access  deny  sex
```

【例 9-8】禁止访问 22、23、25、53、110、119 这些危险端口。

```
acl  dangerous_port  port  22  23  25  53  110  119
http_access  deny  dangerous_port
```

如果不确定哪些端口具有危险性，则也可以采取更为保守的方法，那就是只允许访问安全的端口。

默认的 squid.conf 包含下面的安全端口 ACL。

```
acl  safe_port1   port  80              #http
acl  safe_port2   port  21              #ftp
acl  safe_port3   port  443 563         #https,snews
acl  safe_port4   port  70              #gopher
acl  safe_port5   port  210             #wais
acl  safe_port6   port  1025-65535      #unregistered ports
acl  safe_port7   port  280             #http-mgmt
acl  safe_port8   port  488             #gss-http
acl  safe_port9   port  591             #filemaker
acl  safe_port10  port  777             #multiling http
acl  safe_port11  port  210             #waisp
http_access  deny  !safe_port1
http_access  deny  !safe_port2
   ……
http_access  deny  !safe_port11
```

http_access deny !safe_port1 表示拒绝所有非 safe_ports 列表中的端口。这样设置后，系统的安全性得到了进一步保障。其中"!"表示取反。

注意：由于 squid 是按照顺序读取 ACL 的，因此合理安排各个 ACL 的顺序至关重要。

任务 9-3 企业实战与应用

利用 squid 和 NAT 功能可以实现透明代理。透明代理是指客户端不需要知道代理服务器的存在，客户端也不需要在浏览器或其他的客户端中做任何设置，只需要将默认网关设置为 Linux 服务器的 IP 地址即可（内网 IP 地址）。

1. 企业环境和需求

透明代理服务的典型应用环境如图 9-2 所示。

企业需求如下。

（1）客户端在设置代理服务器地址和端口的情况下能够访问互联网上的 Web 服务器。

（2）客户端不需要设置代理服务器地址和端口就能够访问互联网上的 Web 服务器，即透明代理。

（3）为 Server02 配置代理服务，内存为 2 GB，硬盘为 SCSI 硬盘，容量为 200 GB，硬盘缓存为 10 GB，要求所有客户端都可以上网。

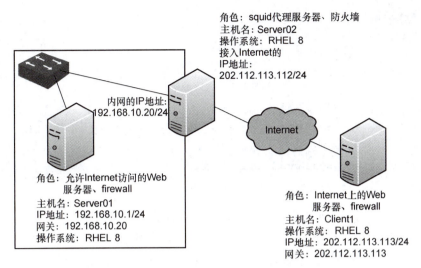

图 9-2 透明代理服务的典型应用环境

2. 手动设置代理服务器解决方案

1）部署环境

（1）在 Server02 上安装双网卡。

具体方法参见项目 8 相关内容。编者的计算机的第一块网卡是 ens160，第二块网卡系统自动命名为 ens224。

（2）配置 IP 地址、网关等信息。

本实训由三台 Linux 虚拟机组成，请按要求进行 IP 地址、网关等信息的设置：一台是 squid 代理服务器（Server02），双网卡（IP 地址 1 为 192.168.10.20/24，网络连接方式为 VMnet1；IP 地址 2 为 202.112.113.112/24，网络连接方式为 VMnet8）；一台是安装 Linux 操作系统的 squid 客户端（Server01，IP 地址为 192.168.10.1/24，网关为 192.168.10.20，网络连接方式为 VMnet1）；还有一台是互联网上的 Web 服务器，也安装了 Linux（IP 地址为 202.112.113.113，网络连接方式为 VMnet8）。

请读者注意各网卡的网络连接方式是 VMnet1 还是 VMnet8。后面的实训也会沿用。

① 在 Server01 上设置 IP 地址等信息。

② 在 Client1 上安装 httpd 服务，让防火墙放行 httpd 服务，并测试默认网络配置是否成功。

```
[root@Client1 ~]# mount /dev/cdrom /media              # 挂载安装光盘
[root@Client1 ~]# dnf clean all
[root@Client1 ~]# dnf install httpd -y                 # 安装 httpd 服务
[root@Client1 ~]# systemctl start httpd
[root@Client1 ~]# systemctl enable httpd
[root@Client1 ~]# systemctl start firewalld
[root@Client1 ~]# firewalld-cmd --permanent --add-service=http   # 让防火墙放行 httpd 服务
[root@Client1 ~]# firewalld-cmd --reload
[root@Client1 ~]# firefox 202.112.113.113              # 测试 Web 服务器配置是否成功
```

注意：Client1 的网关不需要设置，或者设置为自身的 IP 地址（202.112.113.113）。

2）在 Server02 上安装 squid 服务（前面已安装），配置 squid 服务（行号为大致位置）

```
[root@Server02 ~]# vim /etc/squid/squid.conf
……
```

```
55 acl localnet src 192.0.0.0/8
56 http_access allow localnet
57 http_access deny all
#上面3行的意思是，定义192.0.0.0的网络为localnet，允许访问localnet，其他都被拒绝
64 http_port 3128
67 cache_dir ufs /var/spool/squid 10240 16 256
#设置硬盘缓存大小为10GB，目录为/var/spool/squid，一级子目录16个，二级子目录256个
68 visible_hostname Server02
[root@Server02 ~]# systemctl start squid
[root@Server02 ~]# systemctl enable squid
```

3）在Linux客户端Server01上测试代理设置是否成功

① 打开Firefox浏览器，配置代理服务器。在浏览器中按【Alt】键调出菜单，单击"编辑"→"首选项"→"网络"→"设置"，打开"连接设置"对话框，选中"手动代理配置"单选按钮，将HTTP代理地址设为"192.168.10.20"，端口设为"3128"，同时勾选"为所有协议使用相同代理服务器"复选框，如图9-3所示。设置完成后单击"确定"按钮退出。

② 在浏览器地址栏中输入http://202.112.113.113，按【Enter】键，出现图9-4所示的不能正常连接界面。

4）排除故障

① 解决方案：在Server02上设置防火墙，当然也可以停用全部防火墙。

```
[root@Server02 ~]# firewalld-cmd --permanent --add-service=squid
[root@Server02 ~]# firewalld-cmd --permanent --add-port=80/tcp
[root@Server02 ~]# firewalld-cmd --reload
[root@Server02 ~]# netstat -an |grep :3128        #3128端口正常监听
tcp6       0      0 :::3128                :::*                    LISTEN
```

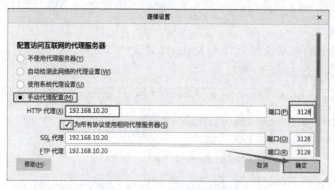

图9-3 在Firefox中配置代理服务器

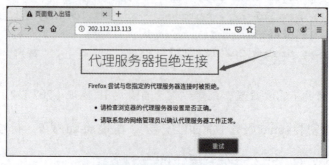

图9-4 不能正常连接界面

② 在 Server01 的浏览器地址栏中输入 http://202.112.113.113，按【Enter】键，出现图 9-5 所示的成功浏览界面。

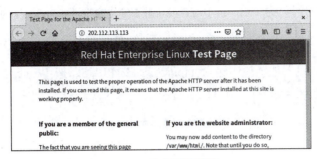

图 9-5　成功浏览界面

注意：设置服务器一要考虑 firewalld 防火墙，二要考虑管理布尔值（SELinux）。

5）在 Linux 服务器 Server02 上查看日志文件

```
[root@Server02 ~]# vim /var/log/squid/access.log
532869125.169    5 192.168.10.1 TCP_MISS/403 4379 GET http:#202.112.113.11
3/ - HIER_DIRECT/202.112.113.113 text/html
```

思考：Web 服务器 Client1 上的日志文件 var/log/messages 中有何记录？读者不妨查阅该日志文件。

3. 客户端不需要配置代理服务器的解决方案

（1）在 Server02 上配置 squid 服务，前文开放 squid 防火墙和端口的内容仍适用于本任务。

① 修改 squid.conf 配置文件，在 "http_port 3128" 下面增加如下内容并重新加载该配置。

```
[root@Server02 ~]# vim  /etc/squid/squid.conf
64 http_port 3128
64 http_port 3129 transparent
[root@Server02 ~]# systemctl restart squid
[root@Server02 ~]# netstat -an |grep :3128        # 查看端口是否启动监听，很重要
tcp6       0      0 :::3128                :::*                    LISTEN
[root@Server02 ~]# netstat -an |grep :3129        # 查看端口是否启动监听，很重要
tcp6       0      0 :::3129                :::*                    LISTEN
```

说明：3128 端口默认必须启动，因此不能用作透明代理端口！透明代理端口要单独设置，本例为 3129。

② 添加 firewalld 规则，将 TCP 端口为 80 的访问直接转向 3129 端口。重启防火墙和 squid。

```
[root@Server02 ~]# firewalld-cmd --permanent --add-forward-port=port=80:proto=tcp:toport=3129
success
[root@Server02 ~]# firewalld-cmd --reload
[root@Server02 ~]# systemctl restart squid
```

（2）在 Linux 客户端 Server01 上测试代理设置是否成功。

① 打开 Firefox 浏览器，配置代理服务器。在浏览器中按【Alt】键调出菜单，依次单击

"编辑"→"首选项"→"高级"→"网络"→"设置",打开"连接设置"对话框,选中"不使用代理服务器"单选按钮,将代理服务器设置清空。

② 设置 Server01 的网关为 192.168.10.20。(删除网关命令是将 add 改为 del。)

```
[root@Server01 ~]# route add default gw 192.168.10.20    # 网关一定要设置
```

③ 在 Server01 的浏览器地址栏中输入 http://202.112.113.113,按【Enter】键,显示测试成功。

(3) 在 Web 服务器 Client1 上查看日志文件。

```
[root@Client1 ~]# vim /var/log/httpd/access_log
202.112.113.112 - - [28/Jul/2018:23:17:15 +0800] "GET /favicon.ico HTTP/1.1" 404 209 "-" "Mozilla/5.0 (X11; Linux x86_64; rv:52.0) Gecko/20100101 Firefox/52.0"
```

注意:RHEL 8 的 Web 服务器日志文件是 /var/log/httpd/access_log,RHEL 6 中的 Web 服务器的日志文件是 /var/log/httpd/access.log。

(4) 初学者可以在 firewalld 的图形界面设置前文的端口转发规则,如图 9-6 所示。

```
[root@Server02 ~]# firewalld-config    # 需要用 DNF 先安装该软件
```

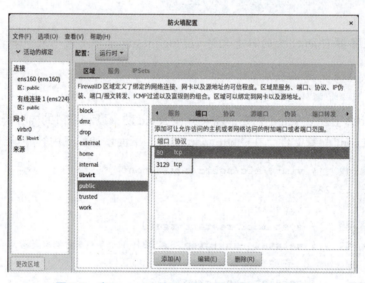

图 9-6 在 firewalld 的图形界面设置端口转发规则

4. 反向代理的解决方案

1) 使用反向代理

客户端要访问内网 Server01 的 Web 服务器,可以使用反向代理。

(1) 在 Server01 上安装、启动 httpd 服务,并设置防火墙让该服务通过。

```
[root@Server01 ~]# dnf install httpd -y
[root@Server01 ~]# systemctl start firewalld
[root@Server01 ~]# firewalld-cmd --permanent --add-service=http
[root@Server01 ~]# firewalld-cmd --reload
[root@Server01 ~]# systemctl start httpd
[root@Server01 ~]# systemctl enable httpd
```

(2) 在 Server02 上配置反向代理(特别注意 acl 等前 3 条命令,意思是先定义一个 localnet 网络,其网络 ID 是 202.0.0.0,后面再允许该网段访问,其他网段拒绝访问)。

```
[root@Server02 ~]# firewalld-cmd --permanent --add-service=squid
[root@Server02 ~]# firewalld-cmd --permanent --add-port=80/tcp
[root@Server02 ~]# firewalld-cmd --reload

[root@Server02 ~]# vim  /etc/squid/squid.conf
55 acl localnet src 202.0.0.0/8
56 http_access allow localnet
59 http_access deny all
64 http_port  202.112.113.112:80  vhost
65 cache_peer 192.168.10.1 parent 80 0 originserver weight=5 max_conn=30
[root@Server02 ~]# systemctl restart squid
```

（3）在 Client1 上进行测试（浏览器的代理服务器设置为"No proxy"）。

```
[root@Client1 ~]# firefox 202.112.113.112
```

2）几种错误的解决方案（以反向代理为例）

（1）如果防火墙设置不好，就会出现图 9-7 所示的不能正常连接界面。

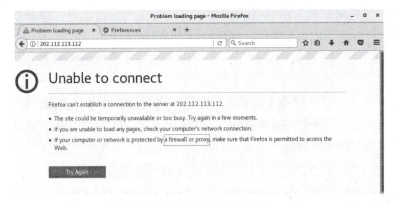

图 9-7　不能正常连接界面

解决方案：在 Server02 上设置防火墙，当然也可以停用全部防火墙（firewalld 防火墙默认是开启状态，停用防火墙的命令是 systemctl stop firewalld）。

```
[root@Server02 ~]# firewalld-cmd --permanent --add-service=squid
[root@Server02 ~]# firewalld-cmd --permanent --add-port=80/tcp
[root@Server02 ~]# firewalld-cmd --reload
```

（2）ACL 设置不对可能会出现图 9-8 所示的不能被检索界面。

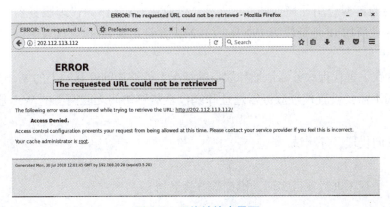

图 9-8　不能被检索界面

解决方案：在 Server02 上的配置文件中增加或修改如下语句。

```
[root@Server02 ~]# vim /etc/squid/squid.conf
acl localnet src 202.0.0.0/8
http_access allow localnet
http_access deny all
```

说明：防火墙是非常重要的保护工具，许多网络故障都是防火墙配置不当引起的，需要读者理解清楚。为了后续实训不受此影响，可以在完成本次实训后，重新恢复原来的初始安装备份。

9.4 拓展阅读　国产操作系统"银河麒麟"

你了解国产操作系统银河麒麟 V10 吗？它的深远影响是什么？

国产操作系统银河麒麟 V10 面世引发了业界和公众关注。这一操作系统不仅可以充分适应"5G 时代"需求，其独创的 kydroid 技术还支持海量安卓应用，将 300 万余款安卓适配软硬件无缝迁移到国产平台。银河麒麟 V10 作为国内安全等级最高的操作系统，是首款实现具有内生安全体系的操作系统，有能力成为承载国家基础软件的安全基石。

银河麒麟 V10 的推出，让人们看到了国产操作系统与日俱增的技术实力和不断攀登科技高峰的坚实脚步。

操作系统的自主发展是一项重大而紧迫的课题。实现核心技术的突破，需要多方齐心合力、协同攻关，为创新创造营造更好的发展环境。只有瞄准核心科技埋头攻关，才能为高质量发展和国家信息产业安全插上腾飞"翅膀"。

9.5 项目实训　配置与管理 squid 代理服务器

视频 9-2
项目实录
配置与管理 squid
代理服务器

1. 视频位置

实训前请扫描二维码观看：项目实录 配置与管理 squid 代理服务器。

2. 项目实训目的
- 掌握配置与管理代理服务器的方法和技能。
- 掌握配置反向代理的方法和技能。

3. 项目背景

代理服务器的典型应用环境如图 9-9 所示。企业用 squid 作为代理服务器（内网 IP 地址为 192.168.1.1），企业所用 IP 地址段为 192.168.1.0/24，并且用 8080 作为代理端口。

4. 项目要求

（1）客户端在设置代理服务器地址和端口的情况下能够访问互联网上的 Web 服务器。

（2）客户端不需要设置代理服务器地址和端口就能够访问互联网上的 Web 服务器，即透明代理。

（3）配置反向代理，并测试。

5. 做一做

根据项目实录视频进行项目实训，检查学习效果。

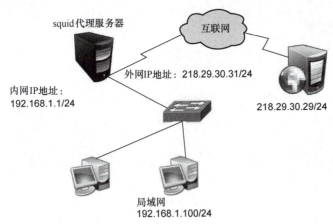

图 9-9 代理服务器的典型应用环境

 练习题

一、填空题

1. 代理服务器（proxy server）类似于内网与_____的"桥梁"。

2. 普通的 Internet 访问是一个典型的_____结构：用户利用计算机上的客户端程序（如浏览器）发出请求，远端 Web 服务器程序响应请求并提供相应的数据。

3. 代理服务器处于客户端与服务器之间，对于服务器来说，代理服务器是_____，代理服务器提出请求，服务器响应；对于客户端来说，代理服务器是_____，它接收客户端的请求，并将服务器上传的数据转给_____。

4. 当客户端在浏览器中设置好代理服务器后，所有使用浏览器访问 Internet 站点的请求都不会直接发送给_____，而是首先发送至_____。

二、简答题

1. 简述代理服务器的工作原理和作用。

2. 配置透明代理的目的是什么？如何配置透明代理？

学习情境四

网络服务器配置与管理

项目 10　配置与管理 samba 服务器
项目 11　配置与管理 DHCP 服务器
项目 12　配置与管理 DNS 服务器
项目 13　配置与管理 Apache 服务器
项目 14　配置与管理 FTP 服务器
项目 15　配置与管理 Postfix 邮件服务器

运筹策帷帐之中，决胜于千里之外。

——《史记·高祖本纪》

项目 10 配置与管理 samba 服务器

学习要点

◎ 了解 samba 环境及协议。
◎ 掌握 samba 的工作原理。
◎ 掌握主配置文件 samba.conf 的配置方法。
◎ 掌握 samba 服务密码文件的配置方法。
◎ 掌握输出共享的配置方法。
◎ 掌握 Linux 和 Windows 客户端共享 samba 服务器资源的方法。

素养要点

◎ 明确操作系统在新一代信息技术中的重要地位,激发科技报国的家国情怀和使命担当。
◎ 增强历史自觉、坚定文化自信。"天行健,君子以自强不息""明德至善、格物致知",青年学生要有"感时思报国,拔剑起蒿莱"的报国之志和家国情怀。

利用 samba 服务可以实现 Linux 操作系统和 Microsoft 公司的 Windows 操作系统之间的资源共享。本章主要介绍 Linux 操作系统中 samba 服务器的配置,以实现文件和打印共享。

10.1 项目相关知识

对于接触 Linux 的用户来说,听得最多的就是 samba 服务,为什么是 samba 呢?原因是 samba 最先在 Linux 和 Windows 之间架起了一座桥梁。正是由于 samba,可以在 Linux 操作系统和 Windows 操作系统之间互相通信,如复制文件、实现不同操作系统之间的资源共享等。可以将其架设成一个功能非常强大的文件服务器,也可以将其架设成提供本地和远程联机输出的服务器,甚至可以使用 samba 服务器完全取代 Windows Server 2016 中的域控制器,使域管理工作变得非常方便。

视频 10-1
管理与维护
samba 服务器

10.1.1 了解 samba 应用环境

- 文件和打印机共享：文件和打印机共享是 samba 的主要功能，通过服务器消息块（server message block,SMB）协议实现资源共享，将文件和打印机发布到网络中，以供用户访问。
- 身份验证和权限设置：smbd 服务支持 user mode 和 domain mode 等身份验证和权限设置模式，通过加密方式可以保护共享的文件和打印机。
- 名称解析：samba 通过 nmbd 服务可以搭建 NetBIOS 名称服务器（NetBIOS Name Server, NBNS），提供名称解析，将计算机的 NetBIOS 名解析为 IP 地址。
- 浏览服务：在局域网中，samba 服务器可以成为本地主浏览器（Local Master Browser, LMB），保存可用资源列表。当使用客户端访问 Windows 网上邻居时，会提供浏览列表，显示共享目录、打印机等资源。

10.1.2 了解 SMB 协议

SMB 通信协议可以看作局域网上共享文件和打印机的一种协议。它是 Microsoft 公司和 Intel 公司在 1987 年制定的协议，主要是作为 Microsoft 网络的通信协议，而 samba 将 SMB 协议搬到 UNIX 操作系统上使用。通过 "NetBIOS over TCP/IP"，使用 samba 不但能与局域网络主机共享资源，而且能与全世界的计算机共享资源。因为互联网上千千万万的主机所使用的通信协议就是 TCP/IP。SMB 协议是会话层和表示层以及小部分应用层上的协议，SMB 协议使用了 NetBIOS 的 API。另外，它是一个开放性的协议，允许协议扩展，这使它变得庞大而复杂，大约有 65 个最上层的作业，而每个作业都有超过 120 个函数。

10.2 项目设计与准备

在实施项目前先了解 samba 服务器的配置流程。

10.2.1 了解 samba 服务器配置的工作流程

首先对服务器进行设置：告诉 samba 服务器将哪些目录共享给客户端进行访问，并根据需要设置其他选项，例如，添加对共享目录内容的简单描述信息和访问权限等具体设置。

1. 基本的 samba 服务器的搭建流程

基本的 samba 服务器的搭建流程主要分为五个步骤。
（1）编辑主配置文件 smb.conf，指定需要共享的目录，并为共享目录设置共享权限。
（2）在 smb.conf 文件中指定日志文件名称和存放路径。
（3）设置共享目录的本地系统权限。
（4）重新加载配置文件或重新启动 SMB 服务，使配置生效。
（5）关闭防火墙，同时设置 SELinux 为允许。

2. samba 的工作流程

samba 的工作流程如图 10-1 所示。

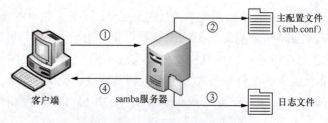

图 10-1　samba 的工作流程

（1）客户端请求访问 samba 服务器上的共享目录。
（2）samba 服务器接收到请求后，查询主配置文件 smb.conf，看看是否共享了目录，如果共享了目录，则查看客户端是否有权限访问。
（3）samba 服务器会将本次访问信息记录在日志文件中，日志文件的名称和路径都需要用户设置。
（4）如果客户端满足访问权限设置，则允许客户端进行访问。

10.2.2 设备准备

本项目要用到 Server01、Client3 和 Client1，设备情况如表 10-1 所示。

表 10-1　samba 服务器和 Windows 客户端使用的设备情况

主　机　名	操　作　系　统	IP 地址	网络连接方式
samba 共享服务器：Server01	RHEL 8	192.168.10.1/24	VMnet1（仅主机模式）
Windows 客户端：Client3	Windows 10	192.168.10.40/24	VMnet1（仅主机模式）
Linux 客户端：Client1	RHEL 8	192.168.10.21/24	VMnet1（仅主机模式）

10.3　项目实施

任务 10-1　安装并启动 samba 服务

使用 rpm -qa |grep samba 命令检测系统是否安装了 samba 软件包。

```
[root@Server01 ~]# rpm -qa |grep samba
```

（1）挂载 ISO 映像文件。

```
[root@Server01 ~]# mount /dev/cdrom /media
```

（2）制作 yum 源文件 /etc/yum.repos.d/dvd.repo，前面已经讲过，不再赘述。
（3）使用 dnf 命令查看 samba 软件包的信息。

```
[root@Server01 ~]# dnf info samba
```

（4）使用 dnf 命令安装 samba 服务。

```
[root@Server01 ~]# dnf clean all            // 安装前先清除缓存
[root@Server01 ~]# dnf install samba -y
```

（5）所有软件包安装完毕，可以使用 rpm 命令再一次进行查询。

```
[root@Server01 ~]# rpm -qa | grep samba
```

（6）启动 smb 服务，设置开机启动该服务。

```
[root@Server01 ~]# systemctl start smb ; systemctl enable smb
```

视频 10-2
配置与管理
samba 服务器

注意：在服务器配置中，更改配置文件后，一定要记得重启服务，让服务重新加载配置文件，这样新配置才生效。重启的命令是 systemctl restart smb 或 systemctl reload smb。

任务 10-2　了解主要配置文件 smb.conf

samba 的配置文件一般放在 /etc/samba 目录中，主配置文件名为 smb.conf。

1. samba 服务程序中的参数以及作用

使用 ll 命令查看 smb.conf 文件属性,并使用命令 vim /etc/samba/smb.conf 查看文件的详细内容,如图 10-2 所示(使用":set nu"加行号,后面同样处理,不再赘述)。

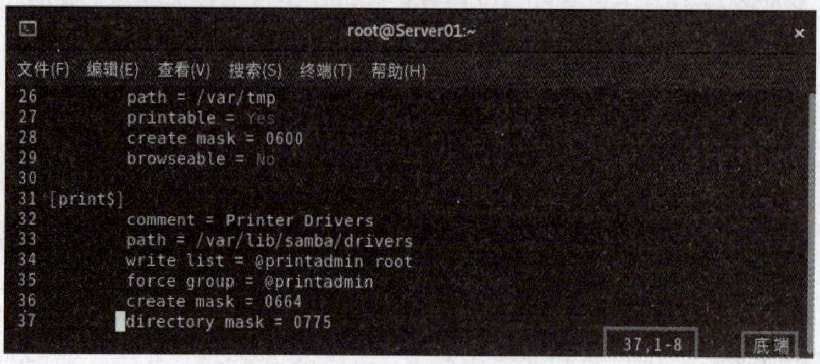

图 10-2 查看 smb.conf 配置文件

RHEL 8 的 smb.conf 配置文件已经简化,只有 37 行左右。为了更清楚地了解配置文件,建议研读 /etc/samba/smb.conf.example。samba 开发组按照功能不同,对 smb.conf 文件进行了分段划分,条理非常清楚。表 10-2 所示为 samba 服务程序中的参数以及作用。

表 10-2 samba 服务程序中的参数以及作用

作用范围	参 数	作 用
[global]	workgroup = MYGROUP	工作组名称,如 workgroup=SmileGroup
	server string = samba Server Version %v	服务器描述,参数 %v 为 SMB 版本号
	log file = /var/log/samba/log.%m	定义日志文件的存放位置与名称,参数 %m 为来访的主机名
	max log size = 50	定义日志文件的最大容量为 50 KB
	security = user	安全验证的方式,需验证来访主机提供的口令后才可以访问;提升了安全性,系统默认方式
	security = server	使用独立的远程主机验证来访主机提供的口令(集中管理账户)
	security = domain	使用域控制器进行身份验证
	passdb backend = tdbsam	定义用户后台的类型,共三种。第一种表示创建数据库文件并使用 pdbedit 命令建立 samba 服务程序的用户
	passdb backend = smbpasswd	第二种表示使用 smbpasswd 命令为系统用户设置 samba 服务程序的密码
	passdb backend = ldapsam	第三种表示基于 LDAP 服务进行账户验证
	load printers = yes	设置在 samba 服务启动时是否共享打印机设备
	cups options = raw	打印机的选项
[homes]	comment = Home Directories	描述信息
	browseable = no	指定共享信息是否在"网上邻居"中可见
	writable = yes	定义是否可以执行写入操作,与"read only"相反

技巧:为了方便配置,建议先备份 smb.conf,一旦发现错误可以随时从备份文件中恢复主配置文件。操作如下。

```
[root@Server01 ~]# cd /etc/samba; ls
[root@Server01 samba]# cp smb.conf  smb.conf.bak; cd
```

2. Share Definitions 共享服务的定义

Share Definitions 设置对象为共享目录和打印机,如果想发布共享资源,需要对 Share

Definitions 部分进行配置。Share Definitions 字段非常丰富，设置灵活。

先来看几个常用的字段。

（1）设置共享名。

共享资源发布后，必须为每个共享目录或打印机设置不同的共享名，供网络用户访问时使用，并且共享名可以与原目录名不同。

共享名的设置非常简单，格式为：

```
[共享名]
```

（2）共享资源描述。

网络中存在各种共享资源，为了方便用户识别，可以为其添加备注信息，方便用户查看共享资源的内容。

格式为：

```
comment = 备注信息
```

（3）共享路径。

共享资源的原始完整路径可以使用 path 字段进行发布，务必正确指定。

格式为：

```
path = 绝对地址路径
```

（4）设置匿名访问。

设置是否允许对共享资源进行匿名访问，可以更改 public 字段。

格式为：

```
public = yes          #允许匿名访问
public = no           #禁止匿名访问
```

【例 10-1】samba 服务器中有个目录为 /share，需要将该目录发布为共享目录，定义共享名为 public，要求：允许浏览、只读、允许匿名访问。设置如下所示。

```
[public]
    comment = public
    path = /share
    browseable = yes
    read only = yes
    public = yes
```

（5）设置访问用户。

如果共享资源存在重要数据，需要对访问用户进行审核，可以使用 valid users 字段进行设置。

格式为：

```
valid users = 用户名
valid users = @组名
```

【例 10-2】samba 服务器 /share/tech 目录中存放了公司技术部数据，只允许技术部员工和经理访问，技术部组为 tech，经理账号为 manager。

```
[tech]
    comment=tech
```

```
            path=/share/tech
            valid users=@tech,manager
```

（6）设置目录只读。

共享目录如果需要限制用户的读/写操作，可以通过 read only 实现。

格式为：

```
read only = yes        #只读
read only = no         #读写
```

（7）设置过滤主机。

注意网络地址的写法！

相关示例如下。

```
hosts allow = 192.168.10.   server.abc.com
```

上述程序表示允许来自 192.168.10.0 或 server.abc.com 的访问者访问 samba 服务器资源。

```
hosts deny = 192.168.2.
```

上述程序表示不允许来自 192.168.2.0 网络的主机访问当前 samba 服务器资源。

【例 10-3】samba 服务器公共目录 /public 中存放大量共享数据，为保证目录安全，仅允许 192.168.10.0 网络的主机访问，并且只允许读取，禁止写入。

```
[public]
       comment=public
       path=/public
       public=yes
       read only=yes
       hosts allow = 192.168.10.
```

（8）设置目录可写。

如果共享目录允许用户进行写操作，可以使用 writable 或 write list 两个字段进行设置。

writable 格式为：

```
writable = yes         #读写
writable = no          #只读
```

write list 格式为：

```
write list = 用户名
write list = @组名
```

注意：[homes] 为特殊共享目录，表示用户主目录。[printers] 表示共享打印机。

任务 10-3 samba 服务的日志文件和密码文件

日志文件对于 samba 非常重要，它存储着客户端访问 samba 服务器的信息，以及 samba 服务的错误提示信息等，可以通过分析日志，帮助解决客户端访问和服务器维护等问题。

1. samba 服务日志文件

在 /etc/samba/smb.conf 文件中，log file 为设置 samba 日志的字段，如下所示。

```
log file = /var/log/samba/log.%m
```

samba 服务的日志文件默认存放在 /var/log/samba/ 中，其中 samba 会为每个连接到 samba 服务器的计算机分别建立日志文件。使用 ls -a /var/log/samba 命令可以查看日志的所有文件。

当客户端通过网络访问 samba 服务器后，会自动添加客户端的相关日志。所以，Linux 管理员可以根据这些文件来查看用户的访问情况和服务器的运行情况。另外当 samba 服务器工作异常时，也可以通过 /var/log/samba/ 的日志进行分析。

2. samba 服务密码文件

samba 服务器发布共享资源后，客户端访问 samba 服务器，需要提交用户名和密码进行身份验证，验证合格后才可以登录。samba 服务为了实现客户身份验证功能，将用户名和密码信息存放在 /etc/samba/smbpasswd 中，在客户端访问时，将用户提交的资料与 smbpasswd 中存放的信息进行比对，只有相同，并且 samba 服务器其他安全设置允许，客户端与 samba 服务器的连接才能建立成功。

那么如何建立 samba 账号呢？首先，samba 账号并不能直接建立，需要先建立 Linux 同名的系统账号。例如，如果要建立一个名为 yy 的 samba 账号，那么 Linux 操作系统中必须提前存在一个同名的 yy 系统账号。

在 samba 中，添加账号的命令为 smbpasswd，格式为：

```
smbpasswd  -a  用户名
```

【例 10-4】在 samba 服务器中添加 samba 账号 reading。

（1）建立 Linux 操作系统账号 reading。

```
[root@Server01 ~]# useradd  reading
[root@Server01 ~]# passwd  reading
```

（2）添加 reading 用户的 samba 账号。

```
[root@Server01 ~]# smbpasswd  -a  reading
```

samba 账号添加完毕。如果在添加 samba 账号时输入完两次密码后出现错误信息"Failed to modify password entry for user amy"，则是因为 Linux 本地用户里没有 reading 这个用户，在 Linux 操作系统中添加就可以了。

提示：在建立 samba 账号之前，一定要先建立一个与 samba 账号同名的系统账号。

经过上面的设置，再次访问 samba 共享文件时就可以使用 reading 账号了。

任务 10-4 user 服务器实例解析

在 RHEL 8 中，samba 服务程序默认使用的是用户口令认证（user）模式。这种认证模式可以确保仅让有密码且受信任的用户访问共享资源，而且验证过程十分简单。

【例 10-5】如果公司有多个部门，因工作需要，就必须分门别类地建立相应部门的目录。要求将销售部的资料存放在 samba 服务器的 /companydata/sales/ 目录下集中管理，以便销售人员浏览，并且该目录只允许销售部员工访问。

需求分析：在 /companydata/sales/ 目录中存放有销售部的重要数据，为了保证其他部门无法查看其内容，需要将全局配置中的 security 设置为 user 安全级别。这样就启用了 samba 服务器的身份验证机制。然后在共享目录 /companydata/sales 下设置 valid users 字段，配置只允许销售部员工访问这个共享目录。

1. 在 Server01 上配置 samba 服务器（任务 10-1 已安装 samba 服务组件）

（1）建立共享目录，并在目录下建立测试文件。

```
[root@Server01 ~]# mkdir   /companydata
[root@Server01 ~]# mkdir   /companydata/sales
[root@Server01 ~]# touch   /companydata/sales/test_share.tar
```

（2）添加销售部用户和组并添加相应的 samba 账号。

① 使用 groupadd 命令添加 sales 组，然后执行 useradd 命令和 passwd 命令，以添加销售部员工的账号及密码。此处单独增加一个 test_user1 账号，不属于 sales 组，供测试用。

```
[root@Server01 ~]# groupadd   sales              #建立销售组 sales
[root@Server01 ~]# useradd  -g  sales  sale1     #建立用户 sale1，添加到 sales 组
[root@Server01 ~]# useradd  -g  sales  sale2     #建立用户 sale2，添加到 sales 组
[root@Server01 ~]# useradd   test_user1          #供测试用
[root@Server01 ~]# passwd   sale1                #设置用户 sale1 密码
[root@Server01 ~]# passwd   sale2                #设置用户 sale2 密码
[root@Server01 ~]# passwd   test_user1           #设置用户 test_user1 密码
```

② 为销售部成员添加相应的 samba 账号。

```
[root@Server01 ~]# smbpasswd  -a  sale1
[root@Server01 ~]# smbpasswd  -a  sale2
```

（3）修改 samba 主配置文件 vim /etc/samba/smb.conf。直接在原文件末尾添加，但要注意将原文件的 [global] 删除或用"#"注释，文件中不能有两个同名的 [global]。当然也可直接在原来的 [global] 上修改。

```
39  [global]
40      workgroup = Workgroup
41      server string = File Server
42      security = user
43      #设置 user 安全级别模式，取默认值
44      passdb backend = tdbsam
45      printing = cups
46      printcap name = cups
47      load printers = yes
48      cups options = raw
49  [sales]
50      #设置共享目录的共享名为 sales
51      comment=sales
52      path=/companydata/sales
53      #设置共享目录的绝对路径
54      writable = yes
55      browseable = yes
56      valid users = @sales
57      #设置可以访问的用户为 sales 组
```

2. 设置本地权限、SELinux 和防火墙（Server01）

（1）设置共享目录的本地系统权限和属组。

```
[root@Server01 ~]# chmod  770  /companydata/sales -R
[root@Server01 ~]# chown  :sales  /companydata/sales  -R
```

-R 选项是递归调用的，一定要加上。请读者再次复习前文的权限相关内容。

（2）更改共享目录和用户家目录的 context 值，或者禁用 SELinux。

```
[root@Server01 ~]# chcon -t samba_share_t /companydata/sales -R
[root@Server01 ~]# chcon -t samba_share_t /home/sale1 -R
[root@Server01 ~]# chcon -t samba_share_t /home/sale2 -R
```

或者：

```
[root@Server01 ~]# getenforce
[root@Server01 ~]# setenforce Permissive
```

或者：

```
[root@Server01 ~]# setenforce 0
```

（3）让防火墙放行，这一步很重要。

```
[root@Server01 ~]# firewall-cmd --permanent --add-service=samba
[root@Server01 ~]# firewall-cmd --reload        //重新加载防火墙
[root@Server01 ~]# firewall-cmd --list-all
public (active)
……
  services: ssh dhcpv6-client samba        //已经加入防火墙的允许服务
  ……
```

（4）重新加载 samba 服务并设置开机时自动启动。

```
[root@Server01 ~]# systemctl restart smb
[root@Server01 ~]# systemctl enable smb
```

3. Windows 客户端访问 samba 共享测试

一是在 Windows 10 中利用资源管理器进行测试，二是利用 Linux 客户端进行测试。本例使用 Windows 10 来测试。以下的操作在 Client3 上进行。

（1）使用 UNC 路径直接访问

依次选择"开始"→"运行"命令，使用 UNC 路径直接进行访问，如 \\192.168.10.1。打开"Windows 安全中心"对话框，如图 10-3 所示。输入 sale1 或 sale2 及其密码，登录后可以正常访问。

试一试：注销 Windows 10 客户端，使用 test_user1 用户和密码登录会出现什么情况？

（2）使用映射网络驱动器访问 samba 服务器共享目录

Windows 10 默认不会在桌面上显示"此电脑"图标。首先让"此电脑"在桌面上显示。

① 在桌面空白处右击，在弹出的快捷菜单中选择"个性化"命令。

② 单击"主题"→"桌面图标设置"命令。

③ 勾选"计算机"复选框，单击"应用"→"确定"按钮。

④ 回到桌面，发现"此电脑"图标已回到桌面上了。

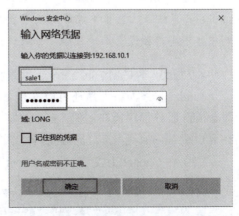

图 10-3 "Windows 安全中心"对话框

⑤ 双击"此电脑"图标，单击"计算机"→"映射网络驱动器"下拉按钮。

⑥ 在下拉列表中单击"映射网络驱动器"命令，如图 10-4 所示，在弹出的"映射网络驱动器"对话框中选择 Z 驱动器，并输入 sales 共享目录的地址，如 \\192.168.10.1\sales，单击"完成"按钮，如图 10-5 所示。

⑦ 在接下来的对话框中输入可以访问 sales 共享目录的 samba 账号和密码。

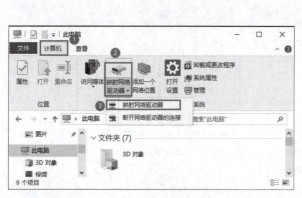

图 10-4　选择"映射网络驱动器"命令　　　　图 10-5　"映射网络驱动器"对话框

⑧ 再次双击"此电脑"图标，驱动器 Z 就是共享目录 sales，可以很方便地访问了，如图 10-6 所示。

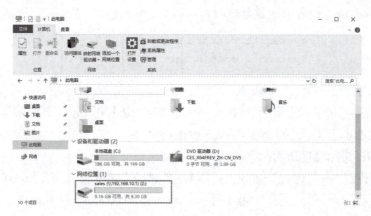

图 10-6　成功设置网络驱动器 Z

注意：samba 服务器在将本地文件系统共享给 samba 客户端时，涉及本地文件系统权限和 samba 共享权限。当客户端访问共享资源时，最终的权限取这两种权限中最严格的。在后面的实例中，不再单独设置本地权限。如果读者对权限不是很熟悉，请参考前面项目 4 的相关内容。

4. Linux 客户端访问 samba 共享服务器

samba 服务程序当然还可以实现 Linux 操作系统之间的文件共享。请读者按照表 10-1 来设置 samba 服务程序所在主机（samba 共享服务器）和 Linux 客户端 Client1 使用的 IP 地址，然后在客户端 Client1 上安装 samba 服务和支持文件共享服务的软件包（cifs-utils）。

（1）在 Client1 上安装 samba-client 和 cifs-utils。

```
[root@@Client1 ~]# mount /dev/cdrom /media
[root@@Client1 ~]# vim  /etc/yum.repos.d/dvd.repo
[root@@Client1 ~]# dnf install samba-client cifs-utils -y
```

(2)在 Linux 客户端使用 smbclient 命令访问服务器。

① smbclient 可以列出目标主机共享目录列表。smbclient 命令的格式如下：

```
smbclient -L 目标 IP 地址或主机名 -U 登录用户名％密码
```

当查看 Server01（192.168.10.1）主机的共享目录列表时，提示输入密码。这时可以不输入密码，而直接按【Enter】键，表示匿名登录，然后显示匿名用户可以看到的共享目录列表。

```
[root@@Client1 ~]# smbclient -L 192.168.10.1
```

若想使用 samba 账号查看 samba 服务器共享的目录，可以加上 -U 选项，后面接用户名％密码。下面的命令显示只有 sale2 账号（其密码为 12345678）才有权限浏览和访问的 sales 共享目录。

```
[root@@Client1 ~]# smbclient -L 192.168.10.1 -U sale2%12345678
```

注意：不同用户使用 smbclient 浏览的结果可能是不一样的，这由服务器设置的访问控制权限而定。

② 还可以使用 smbclient 命令行共享访问模式浏览共享的资料。

smbclient 命令行共享访问模式的命令格式如下：

```
smbclient //目标 IP 地址或主机名/共享目录 -U 用户名％密码
```

下面的命令运行后，将进入交互式界面（输入"?"可以查看具体命令）。

```
[root@@Client1 ~]# smbclient //192.168.10.1/sales -U sale2%12345678
Try "help" to get a list of possible commands.
smb: \> ls

  test_share.tar                  A      0  Mon Jul 16 18:39:03 2018

        9754624 blocks of size 1024. 9647416 blocks available
smb: \> mkdir testdir              //新建一个目录进行测试
smb: \> ls

  test_share.tar                  A      0  Mon Jul 16 18:39:03 2018
  testdir                         D      0  Mon Jul 16 21:15:13 2018

     9754624 blocks of size 1024. 9647416 blocks available
smb: \> exit
[root@@Client1 ~]#
```

另外，smbclient 登录 samba 服务器后，可以使用 help 查询支持的命令。

(3) Linux 客户端使用 mount 命令挂载共享目录。

mount 命令挂载共享目录的格式如下：

```
mount -t cifs //目标 IP 地址或主机名/共享目录名称 挂载点 -o username=用户名
```

下面的命令结果为将 192.168.10.1 主机上的共享目录 sales 挂载到 /smb/sambadata 目录下，cifs 是 samba 使用的文件系统。

```
[root@@Client1 ~]# mkdir -p /smb/sambadata
[root@@Client1 ~]# mount -t cifs  //192.168.10.1/sales /smb/sambadata/ -o username=sale1
Password for sale1@//192.168.10.1/sales:  ********
//输入 sale1 的 samba 用户密码，不是系统用户密码
[root@@Client1 ~]# cd /smb/sambadata
[root@@Client1 sambadata]# ls
testdir   test_share.tar
root@Client1 sambadata]# cd
```

5. Linux 客户端访问 Windows 共享服务器

在客户端 Client1 上直接使用命令 smbclient 可以访问 Windows 共享服务器。

```
[root@Server01 ~]# smbclient -L //192.168.10.31  -U administrator
Enter SAMBA\administrator's password:
    Sharename       Type      Comment
    ---------       ----      -------
    ADMIN$          Disk      远程管理
    C$              Disk      默认共享
    IPC$            IPC       远程 IPC
SMB1 disabled -- no workgroup available
[root@Server01 ~]#
```

任务 10-5　配置可匿名访问的 samba 服务器

接任务 10-4，那么如何配置可匿名访问的 samba 服务器呢？

【例 10-6】 公司需要添加 samba 服务器作为文件服务器，工作组名为 Workgroup，共享目录为 /share，共享名为 public，这个共享目录允许公司所有员工下载文件，但不允许上传文件。

分析：这个案例属于 samba 的基本配置，既然允许所有员工访问，就需要为每个用户建立一个 samba 账号，那么如果公司拥有大量用户呢？1 000 个用户，甚至 100 000 个用户，每个都设置会非常麻烦，可以采用匿名账户 nobody 访问，这样实现起来非常简单。

（1）参考步骤。

① 在 Server01 上建立 share 目录，并在其下建立测试文件，设置共享文件夹本地系统权限。

```
[root@Server01 ~]# mkdir  /share ; touch  /share/test_share.tar
[root@Server01 ~]# chmod 645  /share -R
```

② 修改 samba 主配置文件 smb.conf。

```
[root@Server01 ~]# vim  /etc/samba/smb.conf
```

在任务 10-4 的基础上修改配置文件，与任务 10-4 配置文件一样的内容不再显示出来。

```
39      [global]
                  ……
44                map to guest = bad user
                  ……
50      [public]
51                comment=public
52                path=/share
```

```
53                guest ok=yes
54                # 允许匿名用户访问
55                browseable=yes
56                # 在客户端显示共享的目录
57                public=yes
58                # 最后设置允许匿名访问
59                read only = yes
```

③ 让防火墙放行 samba 服务。在任务 10-4 中已详细设置，这里不再赘述。

注意：以下实例，不再考虑防火墙和 SELinux 的设置，但不意味着防火墙和 SELinux 不用设置。（firewall-cmd --permanent --add-service=samba、firewall-cmd --reload。）

④ 更改共享目录的 context 值。

```
[root@Server01 ~]# chcon -t samba_share_t /share
```

提示：可以使用 getenforce 命令查看"SELinux"防火墙是否被强制实施（默认是这样），如果不被强制实施，步骤③ 和步骤④ 可以省略。使用命令 setenforce 1 可以设置强制实施防火墙，使用命令 setenforce 0 可以取消强制实施防火墙（注意是数字"1"和数字"0"）。

⑤ 重新加载配置。
可以使用 restart 重新启动服务或者使用 reload 重新加载配置。

```
[root@Server01 ~]# systemctl restart smb
```

或者：

```
[root@Server01 ~]# systemctl reload smb
```

注意：重启 samba 服务，虽然可以让配置生效，但是 restart 是先关闭 samba 服务再开启服务，这样在公司网络运营过程中肯定会对客户端员工的访问造成影响，建议使用 reload 命令重新加载配置文件使其生效，这样不需要中断服务就可以重新加载配置。

通过以上对 samba 服务器的设置，用户不需要输入账号和密码就可直接登录 samba 服务器并访问 public 共享目录了。在 Windows 客户端可以用 UNC 路径测试，方法是在 Windows 10（Client3）资源管理器地址栏中输入 \\192.168.10.1。但出现了错误，如图 10-7 所示。

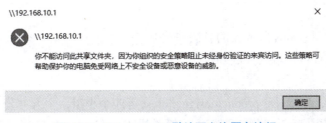

图 10-7　Windows 10 默认不允许匿名访问

（2）解决 Windows 10 默认不允许匿名访问的问题。
① 在 Client3 的命令提示符下输入命令"gpedit.msc"，并单击"确定"按钮。
② 待本地组策略编辑器弹出后，依次选取"计算机管理"→"管理模板"→"网络"→"lanman 工作站"命令。

③ 在右侧窗口找到"启用不安全的来宾登录"选项，将之调整为"已启用"，单击"应用"→"确定"按钮。

④ 重启设备再次测试。

注意：① 完成实训后记得恢复到正常默认，即删除或注释掉 map to guest = bad user。

② samba 共享文件能看到目录但看不到内容的解决方法为：编辑 /etc/sysconfig/selinux/config 文件，将 SELINUX=enforcing 改为 disabled，然后重启系统即可。

10.4 拓展阅读 "龙芯之母"——黄令仪院士

中国"龙芯之母"黄令仪先生曾说："我这辈子最大的心愿就是匍匐在地，擦干祖国身上的耻辱！"而她也用自己的实际行动打破了美国的技术封锁，为中国省下了 2 万多亿的芯片采购费用。

黄令仪 1936 年出生于广西南宁，年幼时经历过战火，亲眼目睹过同胞被日军飞机炸死，他的报国之心也可能在那时就已经生根发芽了。1958 年，她以优异的成绩进入清华大学半导体专业深造，1960 年在母校创建了国内首个半导体实验室，研发出我国的半导体二极管。黄令仪不断刻苦探索，曾参与突破两弹一星瓶颈而开展的芯片研发任务，带领团队成功研制出半导体三极管。

2001 年，中科院向全国发出了打造"中国芯"的集结令，尽管经费不足，困难重重，65 岁的黄令仪毅然加入龙芯研发团队，成为项目负责人。2018 年，她亲自主持并成功研制了"龙芯三号"，"龙芯三号"的研制成功使不仅让歼 20 和北斗都装上了中国芯，让复兴号高铁实现了百分百国产化，更从 2018 年起每年为国家省下至少 2 万亿元的芯片支出。

一块小小的芯片凝聚着中国最前沿的科研力，中国的芯片发展之路虽然并不平坦，但路在脚下，志在心中，年轻一代的科学家已经逐渐成长，未来中国芯的研发之路必将群英汇集，愈发璀璨。青年学生应该向老一辈科学家学习，要惜时如金，学好知识，报效祖国。

视频 10-3
项目实录
配置与管理 samba
服务器

10.5 项目实训 配置与管理 samba 服务器

1. 视频位置

实训前请扫描二维码观看：项目实录 配置与管理 samba 服务器。

2. 项目实训目的

- 掌握配置与管理 samba 服务器的方法和技能。
- 掌握配置 samba 客户端的方法和技能。

3. 项目背景

某公司有 system、develop、productdesign 和 test 等四个小组，个人办公操作系统为 Windows 10，少数开发人员采用 Linux 操作系统，服务器操作系统为 RHEL 8，需要设计一套建立在 RHEL 8 之上的安全文件共享方案。每个用户都有自己的网络磁盘，develop 组到 test 组有共用的网络硬盘，所有用户（包括匿名用户）有一个只读共享资料库；所有用户（包括匿名用户）要有一个存放临时文件的文件夹。samba 服务器搭建网络拓扑如图 10-8 所示。

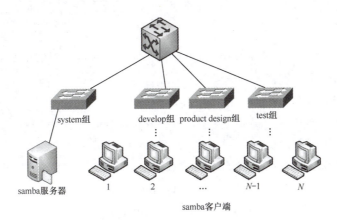

图 10-8 samba 服务器搭建网络拓扑

4. 项目要求

（1）system 组具有管理所有 samba 空间的权限。

（2）各部门的私有空间：各小组拥有自己的空间，除了小组成员及 system 组有权限以外，其他用户不可访问（包括列表、读和写）。

（3）资料库：所有用户（包括匿名用户）都具有读取权限而不具有写入数据的权限。

（4）develop 组与 test 组之外的用户不能访问 develop 组与 test 组的共享空间。

（5）公共临时空间：让所有用户可以读取、写入、删除。

深度思考：

在观看视频时思考以下几个问题。

（1）用 mkdir 命令建立共享目录，可以同时建立多少个目录？

（2）chown、chmod、setfacl 这些命令如何熟练应用？

（3）组账户、用户账户、samba 账户等的建立过程是怎样的？

（4）useradd 的各类选项（-g、-G、-d、-s、-M）的含义分别是什么？

（5）权限 700 和 755 的含义是什么？请查找相关权限表示的资料，也可以向作者索要相关微课资源。

（6）注意不同用户登录后的权限变化。

5. 做一做

根据项目要求及视频内容，将项目完整地完成。

练习题

一、填空题

1. samba 服务功能强大，使用_____协议，英文全称是_____。
2. SMB 经过开发，可以直接运行于 TCP/IP 上，使用 TCP 的_____端口。
3. samba 服务由两个进程组成，分别是_____和_____。
4. samba 服务软件包包括_____、_____、_____和_____（不要求版本号）。
5. samba 的配置文件一般就放在_____目录中，主配置文件名为_____。
6. samba 服务器有_____、_____、_____、_____和_____五种安全模式，默认

级别是_____。

二、选择题

1. 用 samba 共享了目录，但是在 Windows 网络邻居中却看不到它，应该在 /etc/samba/smb.conf 中怎样设置才能正确工作？（　　）

    A. AllowWindowsClients=yes   B. Hidden=no
    C. Browseable=yes   D. 以上都不是

2. （　　）命令可用来卸载 samba-3.0.33-3.7.el5.i386.rpm。

    A. rpm -D samba-3.0.33-3.7.el5   B. rpm -i samba-3.0.33-3.7.el5
    C. rpm -e samba-3.0.33-3.7.el5   D. rpm -d samba-3.0.33-3.7.el5

3. （　　）命令可以允许 198.168.0.0/24 访问 samba 服务器。

    A. hosts enable = 198.168.0.   B. hosts allow = 198.168.0.
    C. hosts accept = 198.168.0.   D. hosts accept = 198.168.0.0/24

4. 启动 samba 服务时，（　　）是必须运行的端口监控程序。

    A. nmbd   B. lmbd   C. mmbd   D. smbd

5. 下面列出的服务器类型中，（　　）可以使用户在异构网络操作系统之间进行文件系统共享。

    A. FTP   B. samba   C. DHCP   D. Squid

6. samba 服务的密码文件是（　　）。

    A. smb.conf   B. samba.conf   C. smbpasswd   D. smbclient

7. 利用（　　）命令可以对 samba 的配置文件进行语法测试。

    A. smbclient   B. smbpasswd   C. testparm   D. smbmount

8. 可以通过设置条目（　　）来控制访问 samba 共享服务器的合法主机名。

    A. allow hosts   B. valid hosts   C. allow   D. publics

9. samba 的主配置文件中不包括（　　）。

    A. global 参数   B. directory shares 部分
    C. printers shares 部分   D. applications shares 部分

三、简答题

1. 简述 samba 服务器的应用环境。
2. 简述 samba 的工作流程。
3. 简述基本的 samba 服务器搭建流程的五个主要步骤。

项目 11

配置与管理 DHCP 服务器

学习要点

◎ 了解 DHCP 服务器在网络中的作用。
◎ 理解 DHCP 的工作过程。
◎ 掌握 DHCP 服务器的基本配置方法。
◎ 掌握 DHCP 客户端的配置和测试方法。

素养要点

◎ 2020 年,在全球浮点运算性能最强的 500 台超级计算机中,中国部署的超级计算机数量继续位列全球第一。这是中国的自豪,也是中国崛起的重要见证。

◎ "三更灯火五更鸡,正是男儿读书时。黑发不知勤学早,白首方悔读书迟。"祖国的发展日新月异,我们拿什么报效祖国?唯有勤奋学习,惜时如金,才无愧盛世年华。

DHCP 服务器是常见的网络服务器。本章将详细讲解在 Linux 操作平台下 DHCP 服务器的配置。

11.1 项目相关知识

DHCP 是一个局域网的网络协议,使用用户数据报协议(User Datagram Protocol,UDP)工作,其主要有两个用途:一是用于内部网或网络服务供应商自动分配 IP 地址;二是用于内部网管理员作为对所有计算机进行中央管理的手段。

11.1.1 DHCP 服务器概述

DHCP 基于客户端/服务器模式,当 DHCP 客户端启动时,它会自动与 DHCP 服务器通信,要求提供自动分配 IP 地址的服务,而安装了 DHCP 服务软件的服务器则会响应要求。

视频 11-1
配置与管理
DHCP 服务器

DHCP 是一个简化主机 IP 地址分配管理的 TCP/IP，用户可以利用 DHCP 服务器管理动态的 IP 地址分配及其他相关的环境配置工作，如 DNS 服务器、WINS 服务器、网关（gateway）的设置。

在 DHCP 机制中，DHCP 系统可以分为服务器和客户端两个部分，服务器使用固定的 IP 地址，在局域网中扮演着给客户端提供动态 IP 地址、DNS 配置和网关配置的角色。客户端与 IP 地址相关的配置，都在启动时由服务器自动分配。

11.1.2 DHCP 的工作过程

DHCP 客户端和服务器申请 IP 地址、获得 IP 地址的工作过程一般分为四个阶段，如图 11-1 所示。

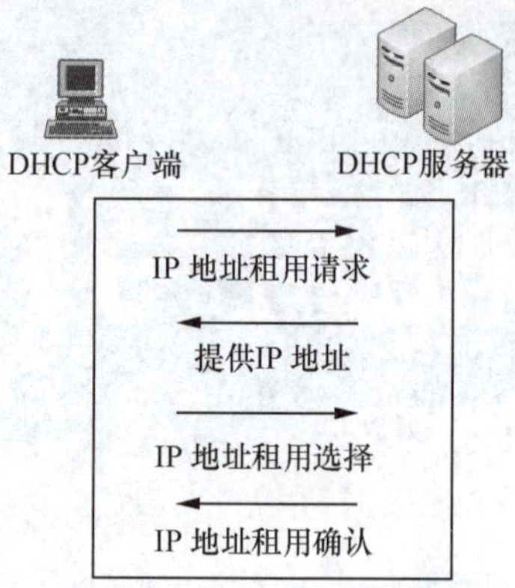

1. DHCP 客户端发送 IP 地址租用请求

当客户端启动网络时，由于网络中的每台机器都需要有一个地址，所以此时的计算机 TCP/IP 地址与 0.0.0.0 绑定在一起。它会发送一个"DHCP Discover"（DHCP 发现）广播信息包到本地子网。该信息包发送给 UDP 端口 67，即 DHCP/BOOTP 服务器端口。

2. DHCP 服务器提供 IP 地址

本地子网的每一个 DHCP 服务器都会接收"DHCP Discover"信息包。每个接收到请求的 DHCP 服务器都会检查它是否有提供给请求客户端的有效空闲地址，如果有，则以"DHCP Offer"

图 11-1 DHCP 的工作过程

（DHCP 提供）信息包作为响应。该信息包包括有效的 IP 地址、子网掩码、DHCP 服务器的 IP 地址、租用期限，以及其他有关 DHCP 范围的详细配置。所有发送"DHCP Offer"信息包的服务器将保留它们提供的这个 IP 地址（该地址暂时不能分配给其他的客户端）。"DHCP Offer"信息包广播发送到 UDP 端口 68，即 DHCP/BOOTP 客户端端口。响应是以广播的方式发送的，因为客户端没有能直接寻址的 IP 地址。

3. DHCP 客户端选择 IP 地址租用

客户端通常对第一个提议产生响应，并以广播的方式发送"DHCP Request"（DHCP 请求）信息包作为响应。该信息包告诉服务器"是的，我想让你给我提供服务。我接收你给我的租用期限"。另外，一旦信息包以广播方式发送，网络中的所有 DHCP 服务器都可以看到该信息包，那些提议没有被客户端承认的 DHCP 服务器将保留的 IP 地址返回给它的可用地址池。客户端还可利用 DHCP Request 询问服务器的其他配置选项，如 DNS 服务器或网关地址。

4. DHCP 服务器确认 IP 地址租用

当服务器接收到"DHCP Request"信息包时，它以一个"DHCP Acknowledge"（DHCP 确认）信息包作为响应。该信息包提供了客户端请求的任何其他信息，并且也是以广播方式发送的。该信息包告诉客户端"一切准备好。记住你只能在有限时间内租用该地址，而不能永久占据！好了，以下是你询问的其他信息"。

注意：客户端执行 DHCP Discover 后，如果没有 DHCP 服务器响应客户端的请求，则客户端会随机使用 169.254.0.0/16 网段中的一个 IP 地址配置本机地址。

11.1.3 DHCP 服务器分配给客户端的 IP 地址类型

在客户端向 DHCP 服务器申请 IP 地址时，服务器并不总是给它一个动态的 IP 地址，而是根据实际情况决定。

1. 动态 IP 地址

客户端从 DHCP 服务器取得的 IP 地址一般都不是固定的，而是每次都可能不一样。在 IP 地址有限的企业内，动态 IP 地址可以最大化地达到资源的有效利用。它的利用原理并不是每个员工都会同时上线，而是优先为上线的员工提供 IP 地址，离线之后再收回。

2. 静态 IP 地址

客户端从 DHCP 服务器取得的 IP 地址也并不总是动态的。例如，有的企业除了员工用计算机外，还有数量不少的服务器，这些服务器如果也使用动态 IP 地址，则不但不利于管理，而且客户端访问起来也不方便。该怎么办呢？可以设置 DHCP 服务器记录特定计算机的 MAC 地址，然后为每个 MAC 地址分配一个固定的 IP 地址。

至于如何查询网卡的 MAC 地址，根据网卡是本机还是远程计算机，采用的方法也有所不同。

小知识：什么是 MAC 地址？MAC 地址也称为物理地址或硬件地址，是由网络设备制造商生产时写在硬件内部的（网络设备的 MAC 地址都是唯一的）。在 TCP/IP 网络中，从表面上看来是通过 IP 地址进行数据传输，但实际上最终是通过 MAC 地址来区分不同节点的。

（1）查询本机网卡的 MAC 地址。

这个很简单，使用 ifconfig 命令。

（2）查询远程计算机网卡的 MAC 地址。

既然 TCP/IP 网络通信最终要用到 MAC 地址，那么使用 ping 命令当然也可以获取对方的 MAC 地址信息，只不过它不会显示出来，要借助其他工具来完成。

```
[root@Server01 ~]# ifconfig
[root@Server01 ~]# ping  -c  1 192.168.10.21        //ping 远程计算机 1 次
[root@Server01 ~]# arp  -n                //查询缓存在本地的远程计算机中的 MAC 地址
```

11.2 项目设计与准备

11.2.1 项目设计

部署 DHCP 之前应该先进行规划，明确哪些 IP 地址自动分配给客户端（作用域中应包含的 IP 地址），哪些 IP 地址手动指定给特定的服务器。例如，在本项目中，IP 地址要求如下。

（1）适用的网络是 192.168.10.0/24，网关为 192.168.10.254。

（2）192.168.10.1 ~ 192.168.10.30 网段地址是服务器的固定地址。

（3）客户端可以使用的地址段为 192.168.10.31 ~ 192.168.10.200，但 192.168.10.105、192.168.10.107 为保留地址。

注意：手动配置的 IP 地址一定要排除掉保留地址，或者采用地址池以外的可用 IP 地址，否则会造成 IP 地址冲突。

11.2.2 项目准备

部署 DHCP 服务应满足下列需求。

（1）安装 Linux 企业版服务器，作为 DHCP 服务器。

（2）DHCP 服务器的 IP 地址、子网掩码、DNS 服务器等 TCP/IP 参数必须手动指定，否则将不能为客户端分配 IP 地址。

（3）DHCP 服务器必须拥有一组有效的 IP 地址，以便自动分配给客户端。

（4）如果不特别指出，则所有 Linux 的虚拟机网络连接方式都选择 VMnet1（仅主机模式），如图 11-2 所示。请读者特别留意！

图 11-2 Linux 虚拟机的网络连接方式

（5）本项目要用到 Server01、Client1、Client2 和 Client3，设备情况如表 11-1 所示。

表 11-1 DHCP 服务器和客户端使用的设备情况

主 机 名	操作系统	IP 地址	网络连接方式
DHCP 服务器：Server01	RHEL 8	192.168.10.1/24	VMnet1（仅主机模式）
Linux 客户端：Client1	RHEL 8	自动获取	VMnet1（仅主机模式）
Linux 客户端：Client2	RHEL 8	保留地址	VMnet1（仅主机模式）
Windows 客户端：Client3	Windows 10	自动获取	VMnet1（仅主机模式）

11.3 项目实施

11-2
配置与管理
DHCP 服务器

任务 11-1 在服务器 Server01 上安装 DHCP 服务器

（1）检测系统是否已经安装了 DHCP 相关软件。

```
[root@Server01 ~]# rpm -qa | grep dhcp
```

（2）如果系统还没有安装 dhcp 软件包，则可以使用 dnf 命令安装所需软件包。

① 挂载 ISO 映像文件。

```
[root@Server01 ~]# mount /dev/cdrom /media
```

② 制作用于安装的 yum 源文件（详见项目 1 中的相关内容）。

```
[root@Server01 ~]# vim /etc/yum.repos.d/dvd.repo
```

③ 使用 dnf 命令查看 dhcp 软件包的信息。

```
[root@Server01 ~]# dnf  info dhcp-server
```

④ 使用 dnf 命令安装 DHCP 服务器。

```
[root@Server01 ~]# dnf clean all            //安装前先清除缓存
[root@Server01 ~]# dnf  install  dhcp-server  -y
```

软件包安装完毕,可以使用 rpm 命令再一次查询,结果如下。

```
[root@Server01 ~]# rpm -qa | grep dhcp
dhcp-server-4.3.6-40.el8.x86_64
dhcp-common-4.3.6-40.el8.noarch
dhcp-client-4.3.6-40.el8.x86_64
dhcp-libs-4.3.6-40.el8.x86_64
```

试一试:如果执行 dnf install dhcp* 命令,则结果是怎样的?读者不妨一试。

任务 11-2 熟悉 DHCP 主配置文件

基本的 DHCP 服务器搭建流程如下。

(1)编辑主配置文件 /etc/dhcp/dhcpd.conf,指定 IP 地址作用域(指定一个或多个 IP 地址范围)。

(2)建立租用数据库文件。

(3)重新加载配置文件或重新启动 dhcpd 服务使配置生效。

DHCP 的工作流程如图 11-3 所示。

(1)客户端发送广播向服务器申请 IP 地址。

(2)服务器收到请求后查看主配置文件 dhcpd.conf,先根据客户端的 MAC 地址查看是否为客户端设置了固定 IP 地址。

(3)如果为客户端设置了固定 IP 地址,则将该 IP 地址发送给客户端。如果没有设置固定 IP 地址,则将地址池中的 IP 地址发送给客户端。

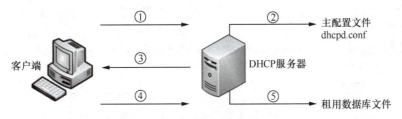

图 11-3 DHCP 的工作流程

(4)客户端收到服务器回应后,客户端给予服务器响应,告诉服务器已经使用了分配的 IP 地址。

(5)服务器将相关租用信息存入数据库。

1. 主配置文件 dhcpd.conf

(1)复制样例文件到主配置文件。

默认主配置文件(/etc/dhcp/dhcpd.conf)没有任何实质内容,打开查阅,发现里面有一句话"see /usr/share/doc/dhcp-server/dhcpd.conf.example"。下面复制样例文件到主配置文件。

```
[root@Server01 ~]#  cp  /usr/share/doc/dhcp-server/dhcpd.conf.example /etc/dhcp/dhcpd.conf
[root@Server01 ~]#
```

（2）dhcpd.conf 主配置文件的组成部分。
- parameters（参数）。
- declarations（声明）。
- option（选项）。

（3）dhcpd.conf 主配置文件的整体框架。

dhcpd.conf 包括全局配置和局部配置。

全局配置可以包含参数或选项，该部分对整个 DHCP 服务器生效。

局部配置通常由声明部分表示，该部分仅对局部生效，例如，只对某个 IP 地址作用域生效。

dhcpd.conf 文件的格式为：

```
# 全局配置
参数或选项；                    # 全局生效
# 局部配置
声明 {
     参数或选项；               # 局部生效
     }
```

dhcp 范本配置文件内容包含了部分参数或选项，以及声明的用法，其中注释部分可以放在任何位置，并以"#"开头，当一行内容结束时，以"；"结束，花括号所在行除外。

可以看出整个配置文件分成全局和局部两个部分，但是并不容易看出哪些属于参数，哪些属于声明和选项。

2. 常用参数

参数主要用于设置服务器和客户端的动作或者是否执行某些任务，如设置 IP 地址租用时间、是否检查客户端使用的 IP 地址等，如表 11-2 所示。

表 11-2 dhcpd 服务程序配置文件中的常用参数及其作用

参数	作用
ddns-update-style [类型]	定义 DNS 服务器动态更新的类型，类型包括 none（不支持动态更新）、interim（互动更新模式）与 ad-hoc（特殊更新模式）
[allow | ignore] client-updates	允许 / 忽略客户端更新 DNS 记录
default-lease-time 600	默认超时时间，单位是 s
max-lease-time 7200	最大超时时间，单位是 s
option domain-name-servers 192.168.10.1	定义 DNS 服务器地址
option domain-name "domain.org"	定义 DNS 域名
range 192.168.10.10 192.168.10.100	定义用于分配的 IP 地址池
option subnet-mask 255.255.255.0	定义客户端的子网掩码
option routers 192.168.10.254	定义客户端的网关地址
broadcase-address 192.168.10.255	定义客户端的广播地址
ntp-server 192.168.10.1	定义客户端的网络时间协议（Network Time Protocol，NTP）服务器
nis-servers 192.168.10.1	定义客户端的网络信息服务（Network Information Service，NIS）的地址
Hardware 00:0c:29:03:34:02	指定网卡接口的类型与 MAC 地址
server-name mydhcp.smile60.cn	向 DHCP 客户端通知 DHCP 服务器的主机名
fixed-address 192.168.10.105	将某个固定的 IP 地址分配给指定主机
time-offset [偏移误差]	指定客户端与格林尼治时间的偏移差

3. 常用声明介绍

声明一般用来指定 IP 地址作用域、定义为客户端分配的 IP 地址池等。

声明格式如下。

```
声明 {
        选项或参数；
            }
```

常见声明的使用如下。

（1）subnet 网络号 netmask 子网掩码 {……}。

作用：定义作用域，指定子网。

```
subnet   192.168.10.0    netmask   255.255.255.0   {
                        ……
                                                    }
```

注意：网络号至少要与 DHCP 服务器的其中一个网络号相同。

（2）range dynamic-bootp 起始 IP 地址 结束 IP 地址。

作用：指定动态 IP 地址范围。

```
range dynamic-bootp    192.168.10.100    192.168.10.200
```

注意：可以在 subnet 声明中指定多个 range，但多个 range 定义的 IP 地址范围不能重复。

4. 常用选项

选项通常用来配置 DHCP 客户端的可选参数，如定义客户端的 DNS 地址、默认网关等。选项内容都是以 option 关键字开始的。

常用选项如下。

（1）option routers IP 地址。

作用：为客户端指定默认网关。

```
option routers    192.168.10.254
```

（2）option subnet-mask 子网掩码。

作用：设置客户端的子网掩码。

```
option subnet-mask    255.255.255.0
```

（3）option domain-name-servers IP 地址。

作用：为客户端指定 DNS 服务器地址。

```
option  domain-name-servers    192.168.10.1
```

注意：（1）～（3）项可以用在全局配置中，也可以用在局部配置中。

5. IP 地址绑定

DHCP 中的 IP 地址绑定用于给客户端分配固定 IP 地址。例如，服务器需要使用固定 IP 地址就可以使用 IP 地址绑定，通过 MAC 地址与 IP 地址的对应关系为指定的物理地址计算机分配固定 IP 地址。

整个配置过程需要用到 host 声明和 hardware、fixed-address 参数。

（1）host 主机名 {......}。
作用：用于定义保留地址。例如：

```
host   computer1{......}
```

注意：该项通常搭配 subnet 声明使用。

（2）hardware 类型 硬件地址。
作用：定义网络接口类型和硬件地址。常用类型为以太网（ethernet），硬件地址为 MAC 地址。例如：

```
hardware   ethernet   3a:b5:cd:32:65:12
```

（3）fixed-address IP 地址。
作用：定义 DHCP 客户端指定的 IP 地址。

```
fixed-address   192.168.10.105
```

注意：（2）、（3）项只能应用于 host 声明中。

6. 租用数据库文件

租用数据库文件用于保存一系列的租用声明，其中包含客户端的主机名、MAC 地址、分配到的 IP 地址，以及 IP 地址的有效期等相关信息。这个数据库文件是可编辑的 ASCII 格式文本文件。每当租约有变化时，都会在文件结尾添加新的租用记录。

DHCP 服务器刚安装好时，租用数据库文件 dhcpd.leases 是空文件。

当 DHCP 服务器正常运行时，就可以使用 cat 命令查看租用数据库文件内容了。

```
cat   /var/lib/dhcpd/dhcpd.leases
```

任务 11-3　配置 DHCP 服务器的应用实例

现在完成一个简单的应用实例。

1. 实例需求

技术部有 60 台计算机，各台计算机的 IP 地址要求如下。

（1）DHCP 服务器和 DNS 服务器的地址都是 192.168.10.1/24，有效 IP 地址段为 192.168.10.1～192.168.10.254，子网掩码是 255.255.255.0，网关为 192.168.10.254。

（2）192.168.10.1～192.168.10.30 网段地址是服务器的固定地址。

（3）客户端可以使用的地址段为 192.168.10.31～192.168.10.200，但 192.168.10.105、192.168.10.107 为保留地址，其中 192.168.10.105 保留给 Client2。

（4）客户端 Client1 模拟所有的其他客户端，采用自动获取方式配置 IP 地址等信息。

2. 网络环境搭建

Linux 服务器和客户端的地址及 MAC 地址信息如表 11-3 所示（可以使用 VM 的"克隆"技术快速安装需要的 Linux 客户端，MAC 地址因读者的计算机不同而不同）。

表 11-3　Linux 服务器和客户端的地址及 MAC 地址信息

主 机 名	操作系统	IP 地址	MAC 地址
DHCP 服务器：Server01	RHEL 8	192.168.10.1	00:0C:29:2B:88:D8
Linux 客户端：Client1	RHEL 8	自动获取	00:0C:29:64:08:86
Linux 客户端：Client2	RHEL 8	保留地址	00:0C:29:08:5B:CA

3 台安装了 RHEL 8 的计算机，网络连接模式都设为仅主机模式（VMnet1），其中，一台作为服务器，两台作为客户端。

3. 服务器配置

（1）定制全局配置和局部配置，局部配置需要把 192.168.10.0/24 声明出来，然后在该声明中指定一个 IP 地址池，范围为 192.168.10.31 ～ 192.168.10.200，但要去掉 192.168.10.105 和 192.168.10.107，其他分配给客户端使用。注意 range 的写法！

（2）要保证使用固定 IP 地址，就要在 subnet 声明中嵌套 host 声明，目的是单独为 Client2 设置固定 IP 地址，并在 host 声明中加入 IP 地址和 MAC 地址绑定的选项以申请固定 IP 地址。

使用 vim /etc/dhcp/dhcpd.conf 命令可以编辑 DHCP 配置文件，全部配置文件的内容如下：

```
ddns-update-style none;
log-facility local7;
subnet 192.168.10.0 netmask 255.255.255.0 {
  range 192.168.10.31 192.168.10.104;
  range 192.168.10.106 192.168.10.106;
  range 192.168.10.108 192.168.10.200;
  option domain-name-servers 192.168.10.1;
  option domain-name "myDHCP.smile60.cn";
  option routers 192.168.10.254;
  option broadcast-address 192.168.10.255;
  default-lease-time 600;
  max-lease-time 7200;
}
host    Client2{
        hardware ethernet 00:0c:29:08:5b:ca;
        fixed-address 192.168.10.105;
}
```

（3）配置完成保存并退出，重启 dhcpd 服务，并设置开机自动启动。

```
[root@Server01 ~]# systemctl restart dhcpd
[root@Server01 ~]# systemctl enable dhcpd
```

注意：如果 DHCP 启动失败，则可以使用 dhcpd 命令排错。

① 配置文件有问题。
- 内容不符合语法结构，如缺少分号。
- 声明的子网和子网掩码不匹配。
② 主机 IP 地址和声明的子网不在同一网段。
③ 主机没有配置 IP 地址。
④ 配置文件路径出问题，例如，在 RHEL 6 以下版本中，配置文件保存在 /etc/dhcpd.conf，但是在 RHEL 6 及以上版本中，却保存在 /etc/dhcp/dhcpd.conf。

4. 在客户端 Client1 上进行测试

注意：在真实网络中，应该不会出现客户端获取错误的动态 IP 地址的问题。但如果使用的是 VMWare 12 或其他类似的版本，虚拟机中的 DHCP 客户端可能会获取到 192.168.79.0 网络中的一个地址，与我们的预期目标不符。这时需要关闭 VMnet8 和 VMnet1 的 DHCP 服务功能。

关闭 VMnet8 和 VMnet1 的 DHCP 服务功能的方法如下（本项目的服务器和客户端的网络连接模式都为 VMnet1）。

在 VMWare 主窗口中，依次单击"编辑"→"虚拟网络编辑器"命令，打开"虚拟网络编辑器"对话框，选中 VMnet1 或 VMnet8，去掉对应的 DHCP 服务启用选项，如图 11-4 所示。

（1）以 root 用户身份登录名为 Client1 的 Linux 计算机，依次单击"活动"→"显示应用程序"→"设置"→"网络"命令，打开"网络"对话框，如图 11-5 所示。

（2）单击图 11-5 所示的齿轮按钮，在弹出的"有线"对话框中单击"IPv4"标签，并将"IPv4 method"配置为"自动（DHCP）"，最后单击"应用"按钮，如图 11-6 所示。

（3）回到图 11-5 所示的对话框，在图 11-5 中先关闭"有线"，再打开"有线"，再单击齿轮按钮。这时会看到图 11-7 所示的结果：Client1 成功获取了 DHCP 服务器地址池的一个 IP 地址。

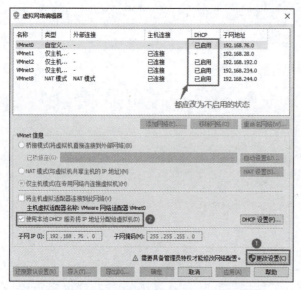

图 11-4 "虚拟网络编辑器"对话框

图 11-5 "网络"对话框

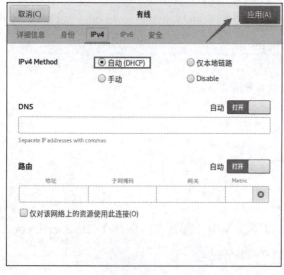

图 11-6 设置"自动（DHCP）"

图 11-7 成功获取 IP 地址

5. 在客户端 Client2 上进行测试

同样以 root 用户身份登录名为 Client2 的 Linux 客户端，按前文"4. 在客户端 Client1 上进行测试"的方法，设置 Client2 自动获取 IP 地址，最后的结果如图 11-8 所示。

6. Windows 客户端配置（Client3）

（1）Windows 客户端比较简单，在 TCP/IP 属性中设置自动获取即可。

（2）在 Windows 命令提示符下，利用 ipconfig 命令可以释放 IP 地址，然后重新获取 IP 地址。相关命令如下。

- 释放 IP 地址：ipconfig /release。
- 重新申请 IP 地址：ipconfig /renew。

图 11-8　客户端 Client2 成功获取 IP 地址

7. 在服务器 Server01 端查看租用数据库文件

```
[root@Server01 ~]# cat    /var/lib/dhcpd/dhcpd.leases
```

说明：限于篇幅，超级作用域和中继代理的相关内容，请扫描二维码"项目实训　配置与管理 DHCP 服务器"观看。

11.4　拓展阅读　中国的超级计算机

你知道全球超级计算机 500 强榜单吗？你知道中国目前的水平吗？

由国际组织"TOP500"编制的新一期全球超级计算机 500 强榜单于 2020 年 6 月 23 日揭晓。榜单显示，在全球浮点运算性能最强的 500 台超级计算机中，中国部署的超级计算机数量继续位列全球第一，达到 226 台，占总体份额超过 45%；"神威太湖之光"和"天河二号"分列榜单第四、第五位。中国厂商联想、曙光、浪潮是全球前三的"超算"供应商，总交付数量达到 312 台，所占份额超过 62%。

全球超级计算机 500 强榜单始于 1993 年，每半年发布一次，是给全球已安装的超级计算机排名的知名榜单。

11.5　项目实训　配置与管理 DHCP 服务器

1. 视频位置

实训前请扫描二维码观看：项目实录 配置与管理 DHCP 服务器。

2. 项目实训目的

- 掌握配置与管理 DHCP 服务器的方法和技能。
- 掌握配置 DHCP 客户端的方法和技能。

3. 项目背景

视频 11-3
项目实录
配置与管理
DHCP 服务器

某企业计划构建一台 DHCP 服务器来解决 IP 地址动态分配的问题，要求能够分配 IP 地址以及网关、DNS 等其他网络属性信息。

（1）配置基本 DHCP。

企业 DHCP 服务器和 DNS 服务器的 IP 地址均为 192.168.10.1，DNS 服务器的域名为 dns.long60.cn，默认网关地址为 192.168.10.254。

将 IP 地址 192.168.10.10/24 ～ 192.168.10.200/24 用于自动分配，将 IP 地址 192.168.10.100/24 ～ 192.168.10.120/24、192.168.10.10/24、192.168.10.20/24 排除，预留给需要手动指定 TCP/IP 参数的服务器，将 192.168.10.200/24 用作预留地址等。DHCP 服务器搭建网络拓扑如图 11-9 所示。

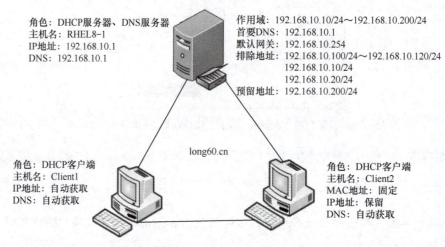

图 11-9　DHCP 服务器搭建网络拓扑

（2）配置 DHCP 超级作用域。

企业内部建立 DHCP 服务器，网络规划采用单作用域结构，使用 192.168.10.0/24 网段的 IP 地址。随着企业规模扩大，设备数量增多，现有的 IP 地址无法满足网络的需求，需要添加可用的 IP 地址。这时可以使用超级作用域增加 IP 地址，在 DHCP 服务器上添加新的作用域，使用 192.168.20.0/24 网段扩展网络地址的范围。该企业配置的 DHCP 超级作用域网络拓扑如图 11-10 所示（注意各虚拟机网卡的不同网络连接方式）。

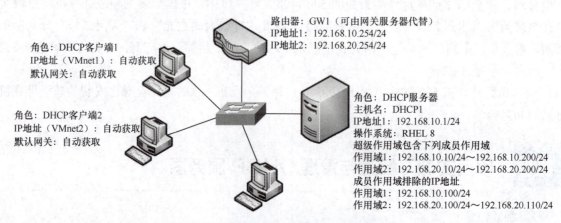

图 11-10　配置 DHCP 超级作用域网络拓扑

GW1 是网关服务器，可以由带 2 块网卡的 RHEL 8 充当，2 块网卡分别连接虚拟机的 VMnet1 和 VMnet2。DHCP1 是 DHCP 服务器，作用域 1 的有效 IP 地址段为 192.168.10.10/24 ~ 192.168.10.200/24，默认网关是 192.168.10.254，作用域 2 的有效 IP 地址段为 192.168.20.10/24 ~ 192.168.20.200/24，默认网关是 192.168.20.254。

2 台客户端分别连接到虚拟机的 VMnet1 和 VMnet2，DHCP 客户端的 IP 地址获取方式是自动获取。

DHCP 客户端 1 应该获取 192.168.10.0/24 网络中的 IP 地址，网关是 192.168.10.254。

DHCP 客户端 2 应该获取 192.168.20.0/24 网络中的 IP 地址，网关是 192.168.20.254。

（3）配置 DHCP 中继代理。

企业内部存在两个子网，分别为 192.168.10.0/24、192.168.20.0/24，现在需要使用一台 DHCP 服务器为这两个子网客户机分配 IP 地址。该企业配置的 DHCP 中继代理网络拓扑如图 11-11 所示。

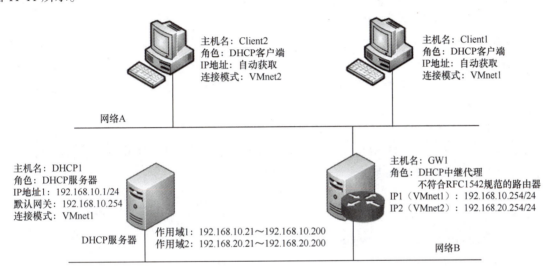

图 11-11 配置 DHCP 中继代理网络拓扑

4. 项目要求

练习配置与管理 DHCP 服务器。

深度思考：

在观看视频时思考以下几个问题。

（1）DHCP 软件包中哪些是必需的？哪些是可选的？

（2）DHCP 服务器的范本文件如何获得？

（3）如何设置保留地址？设置"host"声明有何要求？

（4）超级作用域的作用是什么？

（5）配置中继代理要注意哪些问题？

5. 做一做

根据视频内容，将项目完整地完成。

练习题

一、填空题

1. DHCP 工作过程包括_____、_____、_____、_____四种信息包。
2. 如果 DHCP 客户端无法获得 IP 地址，将自动从_____地址段中选择一个作为自己的地址。
3. 在 Windows 环境下，使用_____命令可以查看 IP 地址配置，释放 IP 地址使用_____命令，续租 IP 地址使用_____命令。
4. DHCP 是一个简化主机 IP 地址分配管理的 TCP/IP 标准协议，英文全称是_____，中文名称为_____。
5. 当客户端注意到它的租用期到了_____以上时，就要更新该租用期。这时它发送一个_____信息包给它所获得原始信息的服务器。
6. 当租用期达到期满时间的近_____时，客户端如果在前一次请求中没能更新租用期的话，它会再次试图更新租用期。
7. 配置 Linux 客户端需要修改网卡配置文件，将 BOOTPROTO 项设置为_____。

二、选择题

1. TCP/IP 中，哪个协议是用来进行 IP 地址自动分配的？（　　）
   A. ARP　　　　　B. NFS　　　　　C. DHCP　　　　　D. DNS
2. DHCP 租用文件默认保存在（　　）目录中。
   A. /etc/dhcp　　B. /etc　　　C. /var/log/dhcp　　D. /var/lib/dhcpd
3. 配置完 DHCP 服务器，运行（　　）命令可以启动 DHCP 服务。
   A. systemctl start dhcpd.service　　　B. systemctl start dhcpd
   C. start dhcpd　　　　　　　　　　　　D. dhcpd on

三、简答题

1. 动态 IP 地址方案有什么优点和缺点？简述 DHCP 服务器的工作过程。
2. 简述 IP 地址租用和更新的全过程。
3. 简述 DHCP 服务器分配给客户端的 IP 地址类型。

项目 12

配置与管理 DNS 服务器

学习要点

◎ 理解 DNS 的域名空间结构。
◎ 掌握 DNS 查询模式。
◎ 掌握 DNS 域名解析过程。
◎ 掌握常规 DNS 服务器的安装与配置方法。
◎ 掌握缓存服务器的配置方法。

素养要点

◎ "雪人计划"同样服务国家的"信创产业"。最为关键的是,中国可以借助 IPv6 的技术升级,改变自己在国际互联网治理体系中的地位。这样的事例可以大大激发学生的爱国情怀和求知求学的斗志。

◎ "靡不有初,鲜克有终。""莫等闲,白了少年头,空悲切。"青年学生为人做事要有头有尾、善始善终、不负韶华。

DNS 服务器是常见的网络服务器。本项目将详细讲解在 Linux 操作平台下 DNS 服务器的配置。

12.1 项目相关知识

域名服务(domain name service,DNS)是互联网/局域网中最基础也是非常重要的一项服务,它提供了网络访问中域名和 IP 地址的相互转换。

12.1.1 域名空间

在域名系统中,每台计算机的域名由一系列用点分开的字母数字段组成。例如,某台计算机的 FQDN(full qualified domain name,FQDN)为 www.12306.cn,其具有的域名为 12306.cn;另

视频 12-1
配置与管理
DNS 服务器

一台计算机的 FQDN 为 www.tsinghua.edu.cn，其具有的域名为 tsinghua.edu.cn。域名是有层次的，域名中最重要的部分位于右边。FQDN 中最左边的部分是单台计算机的主机名或主机别名。

DNS 域名空间的分层结构如图 12-1 所示。

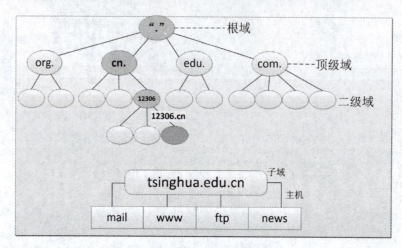

图 12-1 DNS 域名空间结构

整个 DNS 域名空间结构如同一棵倒挂的树，层次结构非常清晰。根域位于顶部，紧接在根域下面的是顶级域，每个顶级域又可以进一步划分为不同的二级域，二级域再划分出子域，子域下面可以是主机也可以再划分子域，直到最后的主机。在 Internet 中的域是由 InterNIC 负责管理的，域名的服务则由 DNS 来实现。

12.1.2 域名解析过程

DNS 解析过程如图 12-2 所示。

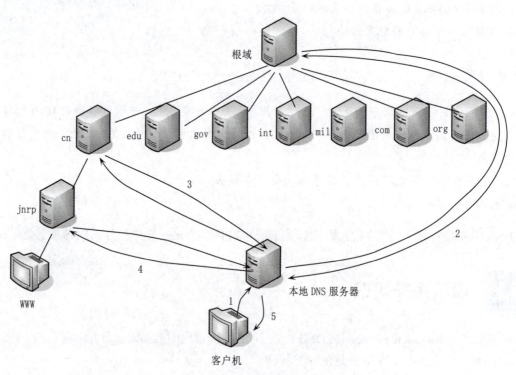

图 12-2 DNS 域名解析过程

① 客户机提出域名解析请求，并将该请求发送给本地的域名服务器。

② 当本地的域名服务器收到请求后，就先查询本地的缓存，如果有该记录项，则本地的域

名服务器就直接把查询的结果返回。

③ 如果本地的缓存中没有该记录，则本地域名服务器直接把请求发给根域名服务器，然后根域名服务器再返回给本地域名服务器一个所查询域（根的子域）的主域名服务器的地址。

④ 本地服务器再向上一步返回的域名服务器发送请求，然后接收请求的服务器查询自己的缓存，如果没有该记录，则返回相关的下级的域名服务器的地址。

⑤ 重复④，直到找到正确的记录。

⑥ 本地域名服务器把返回的结果保存到缓存，以备下一次使用，同时还将结果返回给客户机。

12.2 项目设计与准备

12.2.1 项目设计

为了保证校园网中的计算机能够安全、可靠地通过域名访问本地网络以及互联网资源，需要在网络中部署主 DNS 服务器、从 DNS 服务器、缓存 DNS 服务器和转发 DNS 服务器。

12.2.2 项目准备

一共 4 台计算机，其中 3 台使用的是 Linux 操作系统，1 台使用的是 Windows 10 操作系统，如表 12-1 所示。

表 12-1　DNS 服务器和客户端信息

主 机 名	操作系统	IP 地址	角色及网络连接模式
DNS 服务器：Server01	RHEL 8	192.168.10.1/24	主 DNS 服务器；VMnet1
DNS 服务器：Server02	RHEL 8	192.168.10.2/24	从 DNS、缓存 DNS、转发 DNS 等；VMnet1
Linux 客户端：Client1	RHEL 8	192.168.10.20/24	Linux 客户端；VMnet1
Windows 客户端：Client3	Windows 10	192.168.10.40/24	Windows 客户端；VMnet1

注意：DNS 服务器的 IP 地址必须是静态的。

12.3 项目实施

在 Linux 下架设 DNS 服务器通常使用伯克利互联网域名（berkeley Internet name domain，BIND）程序来实现，其守护进程是 named。

任务 12-1　安装与启动 DNS

BIND 是一款实现 DNS 服务器的开放源码软件。BIND 原本是美国国防高级研究计划局（Defense Advanced Research Projects Agency，DARPA）资助伯克利大学（Berkeley）开设的一个研究生课题。经过多年的变化和发展，BIND 已经成为世界上使用极为广泛的 DNS 服务器软件，目前互联网上绝大多数的 DNS 服务器都是用 BIND 来架设的。

BIND 能够运行在当前大多数的操作系统上。目前，BIND 软件由互联网软件联合会（Internet Software Consortium，ISC）这个非营利性机构负责开发和维护。

1. 安装 BIND 软件包

（1）使用 dnf 命令安装 BIND 服务（光盘挂载、yum 源文件的制作请参考前面相关内容）。

视频 12-2
配置与管理
DNS 服务器

```
[root@Server01 ~]# mount /dev/cdrom /media
[root@Server01 ~]# dnf clean all            // 安装前先清除缓存
[root@Server01 ~]# dnf install bind bind-chroot bind-utils-y
```

（2）安装完后再次查询，发现已安装成功。

```
[root@Server01 ~]# rpm -qa|grep bind
bind-chroot-9.11.13-3.el8.x86_64
……
bind-9.11.13-3.el8.x86_64
```

2. DNS 服务的启动、停止与重启，加入开机自启动

```
[root@Server01 ~]# systemctl start named;systemctl stop named
[root@Server01 ~]# systemctl restart named; systemctl enable named
```

任务 12-2　掌握 BIND 配置文件

一般的 DNS 配置文件分为主配置文件、区域配置文件和正、反向解析区域声明文件。下面介绍主配置文件和区域配置文件，正、反向解析区域声明文件会融合到实例中一并介绍。

1. 认识主配置文件

主配置文件位于 /etc 目录下，可使用 cat 命令查看，注意 "-n" 用于显示行号。

```
[root@Server01 ~]# cat /etc/named.conf -n
……                                              //略
10  options {
11      listen-on port 53 { 127.0.0.1; };       // 指定 BIND 侦听的 DNS 查询
                                                // 请求的本机 IP 地址及端口
12      listen-on-v6 port 53 { ::1; };          // 限于 IPv6
13      directory  "/var/named";                // 指定区域配置文件所在的路径
14      dump-file  "/var/named/data/cache_dump.db";
15      statistics-file "/var/named/data/named_stats.txt";
16      memstatistics-file "/var/named/data/named_mem_stats.txt";
17      secroots-file  "/var/named/data/named.secroots";
18      recursing-file "/var/named/data/named.recursing";
19      allow-query { localhost; };             // 指定接收 DNS 查询请求的客户端

……                                              //略

31      recursion yes;
32
33      dnssec-enable yes;
34      dnssec-validation yes;                  // 改为 no 可以忽略 SELinux 影响

……                                              //略

// 以下用于指定 BIND 服务的日志参数
45  logging {
46          channel default_debug {
47                  file "data/named.run";
48                  severity dynamic;
```

```
49             };
50     };
51
52     zone "." IN {                              // 用于指定根服务器的配置信息，一般不能改动
53         type hint;
54         file "named.ca";
55     };
56
57     include "/etc/named.rfc1912.zones";        // 指定区域配置文件，一定要根据实际修改
58     include "/etc/named.root.key";
```

options 配置段属于全局性的设置，常用的配置命令及功能如下：

① directory：用于指定 named 守护进程的工作目录，各区域正、反向搜索解析文件和 DNS 根服务器地址列表文件 named.ca 应放在该配置指定的目录中。

② allow-query{}：与 allow-query{localhost;} 功能相同。另外，还可使用地址匹配符来表达允许的主机：any 可匹配所有的 IP 地址，none 不匹配任何 IP 地址，localhost 匹配本地主机使用的所有 IP 地址，localnets 匹配同本地主机相连的网络中的所有主机。例如，若仅允许 127.0.0.1 和 192.168.1.0/24 网段的主机查询该 DNS 服务器，则命令如下：

```
allow-query {127.0.0.1;192.168.1.0/24};
```

③ listen-on：设置 named 守护进程监听的 IP 地址和端口。若未指定，则默认监听 DNS 服务器的所有 IP 地址的 53 号端口。当服务器安装有多块网卡，有多个 IP 地址时，可通过该配置命令指定所要监听的 IP 地址。对于只有一个地址的服务器，不必设置。例如，若要设置 DNS 服务器监听 192.168.1.2 这个 IP 地址，使用标准的 53 号端口，则配置命令如下：

```
listen-on  port 5353 { 192.168.1.2;};
```

④ forwarders{}：用于定义 DNS 转发器。设置转发器后，所有非本域的和在缓存中无法找到的域名查询，可由指定的 DNS 转发器来完成解析工作并进行缓存。forward 用于指定转发方式，仅在 forwarders 转发器列表不为空时有效，其用法为 "forward first | only；"。forward first 为默认方式，DNS 服务器会将用户的域名查询请求先转发给 forwarders 设置的转发器，由转发器来完成域名的解析工作，若指定的转发器无法完成解析或无响应，则再由 DNS 服务器自身来完成域名解析。若设置为 "forward only；"，则 DNS 服务器仅将用户的域名查询请求转发给转发器；若指定的转发器无法完成域名解析或无响应，则 DNS 服务器自身也不会试着对其进行域名解析。例如，某地区的 DNS 服务器为 61.128.192.68 和 61.128.128.68，若要将其设置为 DNS 服务器的转发器，则配置命令如下：

```
options{
        forwarders {61.128.192.68;61.128.128.68;};
        forward first;
};
```

2. 认识区域配置文件

区域配置文件位于 /etc 目录下，可将 named.rfc1912.zones 复制为主配置文件中指定的区域配置文件，在本书中是 /etc/named.zones（cp-p 表示把修改时间和访问权限也复制到新文件中）。

```
[root@Server01 ~]# cp -p /etc/named.rfc1912.zones  /etc/named.zones
```

```
[root@Server01 ~]# cat /etc/named.rfc1912.zones
zone "localhost.localdomain" IN {
    type master;                          // 主要区域
    file "named.localhost";               // 指定正向解析区域声明文件
    allow-update { none; };
};
……                                         // 略
zone "1.0.0.127.in-addr.arpa" IN {        // 反向解析区域
 type master;
 file "named.loopback";                   // 指定反向解析区域声明文件
 allow-update { none; };
};
……                                         // 略
```

（1）区域声明。

① 主 DNS 服务器的正向解析区域声明格式为（样本文件为 named.localhost）：

```
zone  "区域名称" IN {
    type master ;
    file  "实现正向解析的区域声明文件名";
    allow-update {none;};
};
```

② 从 DNS 服务器的正向解析区域声明的格式如下：

```
zone  "区域名称" IN {
    type slave ;
    file  "实现正向解析的区域声明文件名";
    masters {主 DNS 服务器的 IP 地址;};
};
```

反向解析区域的声明格式与正向相同，只是 file 指定的要读的文件不同，以及区域的名称不同。若要反向解析 x.y.z 网段的主机，则反向解析的区域名称应设置为 z.y.x.in-addr.arpa。（反向解析区域样本文件为 named.loopback。）

（2）根区域文件 /var/named/named.ca。

/var/named/named.ca 是一个非常重要的文件，其包含了互联网的顶级 DNS 服务器的名字和地址。利用该文件可以让 DNS 服务器找到根 DNS 服务器，并初始化 DNS 的缓冲区。当 DNS 服务器接到客户端主机的查询请求时，如果在缓冲区中找不到相应的数据，就会通过根服务器进行逐级查询。/var/named/named.ca 文件的主要内容如图 12-3 所示。

说明：① 以";"开始的行都是注释行。

② 行 ". 518400 IN NS a.root-servers.net." 的含义："."表示根域；518400 是存活期；IN 是资源记录的网络类型，表示互联网类型；NS 是资源记录类型；"a.root-servers.net." 是主机域名。

③ 行 "a.root-servers.net. 3600000 IN A 198.41.0.4" 的含义：A 资源记录用于指定根服务器的 IP 地址；a.root-servers.net. 是主机域名；3600000 是存活期；A 是资源记录类型；最后对应的是 IP 地址。

由于 named.ca 文件经常会随着根服务器的变化而发生变化，所以建议最好从国际互联网络信息中心的 FTP 服务器下载最新的版本，文件名为 named.root。

```
                                root@RHEL7-1:~                          _  □  ×
File Edit View Search Terminal Help
; <<>> DiG 9.9.4-RedHat-9.9.4-38.el7_3.2 <<>> +bufsize=1200 +norec @a.root-servers.net
; (2 servers found)
;; global options: +cmd
;; Got answer:
;; ->>HEADER<<- opcode: QUERY, status: NOERROR, id: 17380
;; flags: qr aa; QUERY: 1, ANSWER: 13, AUTHORITY: 0, ADDITIONAL: 27

;; OPT PSEUDOSECTION:
; EDNS: version: 0, flags:; udp: 1472
;; QUESTION SECTION:
;.                              IN      NS

;; ANSWER SECTION:
.                       518400  IN      NS      a.root-servers.net.
.                       518400  IN      NS      b.root-servers.net.
.                       518400  IN      NS      c.root-servers.net.
.                       518400  IN      NS      d.root-servers.net.
.                       518400  IN      NS      e.root-servers.net.
.                       518400  IN      NS      f.root-servers.net.
.                       518400  IN      NS      g.root-servers.net.
.                       518400  IN      NS      h.root-servers.net.
.                       518400  IN      NS      i.root-servers.net.
.                       518400  IN      NS      j.root-servers.net.
.                       518400  IN      NS      k.root-servers.net.
.                       518400  IN      NS      l.root-servers.net.
.                       518400  IN      NS      m.root-servers.net.

;; ADDITIONAL SECTION:
a.root-servers.net.     3600000 IN      A       198.41.0.4
a.root-servers.net.     3600000 IN      AAAA    2001:503:ba3e::2:30
b.root-servers.net.     3600000 IN      A       192.228.79.201
b.root-servers.net.     3600000 IN      AAAA    2001:500:84::b
c.root-servers.net.     3600000 IN      A       192.33.4.12
                                                                    1,1     Top
```

图 12-3 /var/named/named.ca 文件的主要内容

任务 12-3 配置主 DNS 服务器实例

1. 实例环境及需求

某校园网要架设一台 DNS 服务器来负责 long60.cn 域的域名解析工作。DNS 服务器的 FQDN 为 dns.long60.cn，IP 地址为 192.168.10.1。要求对以下域名实现正、反向域名解析。

dns.long60.cn		192.168.10.1
mail.long60.cn	MX 资源记录	192.168.10.2
slave.long60.cn	← →	192.168.10.3
www.long60.cn		192.168.10.4
ftp.long60.cn		192.168.10.5

另外，为 www.long60.cn 设置别名为 web.long60.cn。

2. 配置过程

配置过程包括主配置文件、区域配置文件和正、反向解析区域声明文件的配置。

（1）配置主配置文件 /etc/named.conf。

该文件在 /etc 目录下。把 options 选项中的侦听 IP 地址（127.0.0.1）改成 any，把 dnssec-validation yes 改为 dnssec-validation no；把允许查询网段 allow-query 后面的 localhost 改成 any。在 include 语句中指定区域配置文件为 named.zones。修改后相关内容如下。

```
[root@Server01 ~]# vim /etc/named.conf

        listen-on port 53 { any; };
        listen-on-v6 port 53 { ::1; };
        directory       "/var/named";
        dump-file       "/var/named/data/cache_dump.db";
        statistics-file "/var/named/data/named_stats.txt";
        memstatistics-file "/var/named/data/named_mem_stats.txt";
        allow-query     { any; };
        recursion yes;
```

```
        dnssec-enable yes;
        dnssec-validation no;
        dnssec-lookaside auto;
        ……
include "/etc/named.zones";                                    //必须更改！！
include "/etc/named.root.key";
```

（2）配置区域配置文件 named.zones。

执行命令 vim /etc/named.zones，增加以下内容（在任务 12-2 中已将 /etc/named.rfc1912.zones 复制为主配置文件中指定的区域配置文件 /etc/named.zones）。

```
[root@Server01 ~]# vim /etc/named.zones

zone "long60.cn" IN {
      type master;
      file "long60.cn.zone";
      allow-update { none; };
};

zone "10.168.192.in-addr.arpa" IN {
      type master;
      file "1.10.168.192.zone";
      allow-update { none; };
};
```

提示：区域配置文件的名称一定要与 /etc/named.conf 文件中指定的文件名一致。在本书中是 named.zones。

（3）修改 BIND 的正、反向解析区域声明文件。

① 创建 long60.cn.zone 正向解析区域声明文件。

正向解析区域声明文件位于 /var/named 目录下，为编辑方便可先将样本文件 named.localhost 复制到 long60.cn. zone（加 -p 选项的目的是保持文件属性），再对 long60.cn.zone 进行修改。

```
[root@Server01 ~]# cd /var/named
[root@Server01 named]# cp  -p named.localhost long60.cn.zone
[root@Server01 named]# vim /var/named/long60.cn.zone
$TTL 1D
@       IN SOA    @ root.long60.cn. (
                  1997022700      ; serial          //该文件的版本号
                  28800           ; refresh         //更新时间间隔
                  14400           ; retry           //重试时间间隔
                  3600000         ; expiry          //过期时间
                  86400 )         ; minimum         //最小时间间隔，单位是 s
@                 IN              NS                dns.long60.cn.
@                 IN              MX          10    mail.long60.cn.
dns               IN              A                 192.168.10.1
mail              IN              A                 192.168.10.2
slave             IN              A                 192.168.10.3
www               IN              A                 192.168.10.4
```

```
ftp             IN      A           192.168.10.5
web             IN      CNAME       www.long60.cn.
```

强调：① 正、反向解析区域声明文件的名称一定要与 /etc/named.zones 文件中区域声明中指定的文件名一致。

② 正、反向解析区域声明文件的所有记录行都要顶格写，前面不要留有空格，否则会导致 DNS 服务器不能正常工作。

说明如下。

第一个有效行为 SOA 资源记录。该记录的格式为：

```
@           IN SOA   origin. contact. (
);
```

其中，@ 是该域的替代符，例如，long60.cn.zone 文件中的 @ 代表 long60.cn。origin 表示该域的主 DNS 服务器的 FQDN，用"."结尾表示这是个绝对名称。例如，long60.cn.zone 文件中的 origin 为 dns.long60.cn.。contact 表示该域的管理员的电子邮件地址。它是正常 E-mail 地址的变通，将 @ 变为"."。例如，long60.cn.zone 文件中的 contact 为 mail.long60.cn.。所以在上面的例子中，SOA 有效行（@ IN SOA @ root.long60.cn.）可以改为 @ IN SOA long60.cn. root.long60.cn.。

行"@ IN NS dns.long60.cn."说明该域的 DNS 服务器至少应该定义一个。

行"@ IN MX 10 mail.long60.cn."用于定义邮件交换器，其中 10 表示优先级别，数字越小，优先级别越高。

② 创建 1.10.168.192.zone 反向解析区域声明文件。

反向解析区域声明文件位于 /var/named 目录下，为方便编辑，可先将样本文件 /etc/named/named.loopback 复制到 1.10.168.192.zone，再对 1.10.168.192.zone 进行修改。

```
[root@Server01 named]# cp -p named.loopback 1.10.168.192.zone
[root@Server01 named]# vim /var/named/1.10.168.192.zone
$TTL 1D
@       IN SOA    @    root.long60.cn. (
                                    0         ; serial
                                    1D        ; refresh
                                    1H        ; retry
                                    1W        ; expire
                                    3H )      ; minimum
@           IN NS           dns.long60.cn.
@           IN MX    10     mail.long60.cn.
1           IN PTR          dns.long60.cn.
2           IN PTR          mail.long60.cn.
3           IN PTR          slave.long60.cn.
4           IN PTR          www.long60.cn.
5           IN PTR          ftp.long60.cn.
```

（4）设置防火墙放行，设置主配置文件、区域配置文件和正、反向解析区域声明文件的属组为 named（如果前面复制主配置文件和区域文件时使用了 -p 选项，则此步骤可省略）。

```
[root@Server01 named]# firewall-cmd --permanent --add-service=dns
[root@Server01 named]# firewall-cmd --reload
```

```
[root@Server01 named]# chgrp named /etc/named.conf /etc/named.zones
[root@Server01 named]# chgrp named long60.cn.zone 1.10.168.192.zone
```

（5）重新启动 DNS 服务，添加开机自启动功能。

```
[root@Server01 named]# systemctl restart named ; systemctl enable named
```

（6）在 Client3（Windows 10）上测试。

① 将 Client3 的 TCP/IP 属性中的首选 DNS 服务器的地址设置为 192.168.10.1，如图 12-4 所示。

② 在命令提示符下使用 nslookup 测试，如图 12-5 所示。

（7）在 Linux 客户端 Client1 上测试。

① 在 Linux 操作系统中，可以修改 /etc/resolv.conf 文件来设置 DNS 客户端，如下所示。

```
[root@Client1 ~]# vim /etc/resolv.conf
   nameserver 192.168.10.1
   nameserver 192.168.10.2
   search   long60.cn
```

其中，nameserver 指明 DNS 服务器的 IP 地址，可以设置多个 DNS 服务器，查询时按照文件中指定的顺序解析域名。只有当第一个 DNS 服务器没有响应时，才向下面的 DNS 服务器发出域名解析请求。search 用于指明域名搜索顺序，当查询没有域名后缀的主机名时，将自动附加由 search 指定的域名。

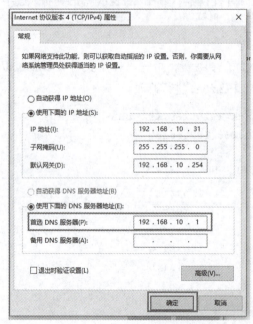

图 12-4　设置首选 DNS 服务器

图 12-5　在 Windows 10 中的测试结果

在 Linux 操作系统中，还可以通过系统菜单设置 DNS，相关内容已多次介绍，不再赘述。

② 使用 nslookup 测试 DNS。

BIND 软件包提供了三个 DNS 测试工具：nslookup、dig 和 host。其中 dig 和 host 是命令行工具，而 nslookup 既可以使用命令行模式，也可以使用交互模式。下面在客户端 Client1（192.168.10.20）上测试，前提是必须保证与 Server01 服务器通信畅通。

```
[root@Client1 ~]# vim /etc/resolv.conf
   nameserver 192.168.10.1
```

```
      nameserver 192.168.10.2
      search   long60.cn
[root@Client1 ~]# nslookup    // 运行 nslookup 命令
> server
Default server: 192.168.10.1
Address: 192.168.10.1#53
> www.long60.cn         // 正向查询，查询域名 www.long60.cn 对应的 IP 地址
Server:         192.168.10.1
Address:        192.168.10.1#53

Name:       www.long60.cn
Address: 192.168.10.4
> 192.168.10.2          // 反向查询，查询 IP 地址 192.168.10.2 对应的域名
Server:         192.168.10.1
Address:        192.168.10.1#53

2.10.168.192.in-addr.arpa    name = mail.long60.cn.
> set all                // 显示当前设置的所有值
Default server: 192.168.10.1
Address: 192.168.10.1#53

Set options:
  novc          nodebug                 nod2
  search        recurse
  timeout = 0          retry = 3      port = 53
  querytype = A          class = IN
  srchlist = long60.cn
// 查询 long60.cn 域的 NS 资源记录配置
> set type=NS           // 此行中 type 的取值还可以为 SOA、MX、CNAME、A、PTR 及 any 等
> long60.cn
Server:         192.168.10.1
Address:        192.168.10.1#53

long60.cn         nameserver = dns.long60.cn.
> exit
[root@Client1 ~]#
```

说明：如果要求所有员工均可以访问外网地址，还需要设置根域，并建立根域对应的区域文件，这样才可以访问外网地址。

下载根 DNS 服务器的最新版本。下载完毕，将该文件改名为 named.ca，然后复制到 /var/named 下。

任务 12-4　配置缓存 DNS 服务器

下面是公司内部只作缓存使用的 DNS 服务器（缓存 DNS 服务器），对外部的网络请求一概拒绝，只需要在 Server02 上配置好 /etc/named.conf 文件中的以下项即可。

（1）在 Server02 上安装 DNS 服务器。
（2）配置 /etc/named.conf，配置完成后使用 cat /etc/named.conf -n 命令显示，其中 -n 选项在

显示时自动加上行号，读者不要把行号写到配置文件里！在本书中，黑体一般表示添加或更改内容。

```
10    options {
11        listen-on port 53 { any; };
12        listen-on-v6 port 53 { any; };
19        allow-query     { any; };
31        recursion yes;
32        forwarders{192.168.10.1;};          // 设置转发到的DNS服务器
33        forward only;                        // 指明这个服务器是缓存DNS服务器
45    };
```

（3）设置防火墙放行，重新启动 DNS 服务，添加开机自启动功能。

（4）将 Client3 的首选 DNS 服务器设置为 192.168.10.2 进行测试。

这样，一个简单的缓存 DNS 服务器就架设成功了。一般缓存 DNS 服务器都是互联网服务提供商（Internet Service Provider，ISP）或者大型公司才会使用。

任务 12-5　测试 DNS 的常用命令及常见错误

1. dig 命令

dig 命令是一个灵活的命令行方式的域名查询工具，常用于从 DNS 服务器获取特定的信息。例如，通过 dig 命令查看域名 www.long60.cn 的信息。

```
[root@Client1 ~]# dig www.long60.cn

; <<>> DiG 9.9.4-RedHat-9.9.4-50.el7 <<>> www.long60.cn
……
; EDNS: version: 0, flags:; udp: 4096
;; QUESTION SECTION:
;www.long60.cn.                 IN      A

;; ANSWER SECTION:
www.long60.cn.  86400   IN      A       192.168.10.4

;; AUTHORITY SECTION:
long60.cn.              86400   IN      NS      dns.long60.cn.

;; ADDITIONAL SECTION:
dns.long60.cn.  86400   IN      A       192.168.10.1

;; Query time: 2 msec
;; SERVER: 192.168.10.1#53(192.168.10.1)
;; WHEN: Tue Jul 17 22:22:40 CST 2018
;; MSG SIZE  rcvd: 91
```

2. host 命令

host 命令用来进行简单的主机名信息查询。在默认情况下，host 命令只在主机名和 IP 地址之间转换。下面是一些常见的 host 命令的使用方法。

```
[root@Client1 ~]# host dns.long60.cn          // 正向查询主机地址
```

```
    [root@Client1 ~]# host 192.168.10.3       //反向查询 IP 地址对应的域名
// 查询不同类型的资源记录配置，-t 选项后可以为 SOA、MX、CNAME、A、PTR 等
    [root@Client1 ~]# host -t NS long60.cn
    [root@Client1 ~]# host -l long60.cn       //列出整个 long60.cn 域的信息
    [root@Client1 ~]# host -a web.long60.cn   //列出与指定主机资源记录相关的信息
```

3. DNS 服务器配置中的常见错误

（1）配置文件名写错。在这种情况下，运行 nslookup 命令不会出现命令提示符 ">"。

（2）主机域名后面没有 "."，这是常犯的错误。

（3）/etc/resolv.conf 文件中的 DNS 服务器的 IP 地址不正确。在这种情况下，运行 nslookup 命令不出现命令提示符。

（4）回送地址的数据库文件有问题。同样运行 nslookup 命令不出现命令提示符。

（5）在 /etc/named.conf 文件中的 zone 区域声明中定义的文件名与 /var/named 目录下的区域数据库文件名不一致。

提示：可以查看 /var/log/messages 日志文件内容了解配置文件出错的位置和原因。

12.4 拓展阅读 "雪人计划"

"雪人计划（Yeti DNS Project）"是基于全新技术架构的全球下一代互联网 IPv6 根服务器测试和运营实验项目，旨在打破现有的根服务器困局，为下一代互联网提供更多的根服务器解决方案。

"雪人计划"是 2015 年 6 月 23 日在国际互联网名称与数字地址分配机构（the Internet Corporation for Assigned Names and Numbers，ICANN）第 53 届会议上正式对外发布的。

发起者包括中国"下一代互联网关键技术和评测北京市工程中心"、日本 WIDE 机构（M 根运营者）、国际互联网名人堂入选者保罗·维克西（Paul Vixie）博士等组织和个人。

2019 年 6 月 26 日，中华人民共和国工业和信息化部同意中国互联网络信息中心设立域名根服务器及运行机构。"雪人计划"于 2016 年在中国、美国、日本、印度、俄罗斯、德国、法国等全球 16 个国家完成 25 台 IPv6 根服务器架设，其中 1 台主根服务器和 3 台辅根服务器部署在中国，事实上形成了 13 台原有根服务器加 25 台 IPv6 根服务器的新格局，为建立多边、透明的国际互联网治理体系打下坚实基础。

12.5 项目实训 配置与管理 DNS 服务器

1. 视频位置
实训前请扫描二维码观看：项目实录 配置与管理 DNS 服务器。

2. 项目实训目的
- 掌握 Linux 操作系统中主 DNS 服务器的配置方法。
- 掌握 Linux 下从 DNS 服务器的配置方法。

3. 项目背景
某企业有一个局域网（192.168.10.0/24），其 DNS 服务器搭建网络拓扑如图 12-6 所示。该

视频 12-3
项目实录
配置与管理
DNS 服务器

企业中已经有自己的网页，员工希望通过域名来访问，同时员工也需要访问互联网上的网站。该企业已经申请了域名 long60.cn，企业需要互联网上的用户通过域名访问公司的网页。

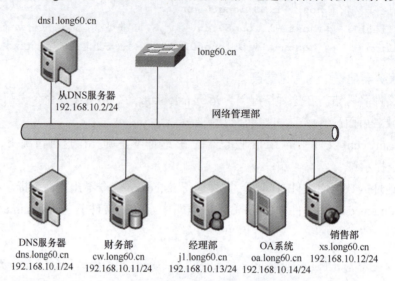

图 12-6　某企业 DNS 服务器搭建网络拓扑

要求在企业内部构建一台 DNS 服务器，为局域网中的计算机提供域名解析服务。DNS 服务器管理 long60.cn 的域名解析，DNS 服务器的域名为 dns.long60.cn，IP 地址为 192.168.10.1。从 DNS 服务器的 IP 地址为 192.168.10.2。同时还必须为客户提供互联网上的主机的域名解析，要求分别能解析以下域名：财务部（cw.long60.cn，192.168.10.11）、销售部（xs.long60.cn，192.168.10.12）、经理部（jl.long60.cn，192.168.10.13）、OA 系统（oa.long60.cn，192.168.10.14）。

4. 项目实训内容

练习配置 Linux 操作系统下的主 DNS 及从 DNS 服务器。

5. 做一做

根据项目实录视频进行项目实训，检查学习效果。

练习题

一、填空题

1. 在互联网中，计算机之间直接利用 IP 地址进行寻址，因而需要将用户提供的主机名转换成 IP 地址，把这个过程称为_____。

2. DNS 提供了一个_____的命名方案。

3. DNS 顶级域名中表示商业组织的是_____。

4. _____表示主机的资源记录，_____表示别名的资源记录。

5. 可以用来检测 DNS 资源创建是否正确的两个工具是_____、_____。

6. DNS 服务器的查询模式有_____、_____。

7. DNS 服务器分为四类：_____、_____、_____、_____。

8. 一般在 DNS 服务器之间的查询请求属于_____查询。

二、选择题

1. 在 Linux 环境下，能实现域名解析的功能软件模块是（　　）。

　　A. Apache　　　　B. dhcpd　　　　C. BIND　　　　D. SQUID

2. www.ryjiaoyu.com 是互联网中主机的（　　）。
   A. 用户名　　　　B. 密码　　　　C. 别名　　　　D. IP 地址　　　　E. FQDN
3. 在 DNS 服务器配置文件中 A 类资源记录是什么意思？（　　）
   A. 官方信息　　　　　　　　B. IP 地址到名字的映射
   C. 名字到 IP 地址的映射　　　D. 一个域名服务器的规范
4. 在 Linux DNS 系统中，根服务器提示文件是（　　）。
   A. /etc/named.ca　　　　　　B. /var/named/named.ca
   C. /var/named/named.local　　D. /etc/named.local
5. DNS 指针记录的标志是（　　）。
   A. A　　　　　B. PTR　　　　C. CNAME　　　　D. NS
6. DNS 服务使用的端口是（　　）。
   A. TCP 53　　B. UDP 54　　C. TCP 54　　D. UDP 53
7. （　　）命令可以测试 DNS 服务器的工作情况。
   A. dig　　　　B. host　　　　C. nslookup　　　　D. named-checkzone
8. （　　）命令可以启动 DNS 服务。
   A. systemctl start named　　　　B. systemctl restart named
   C. service dns start　　　　　　D. /etc/init.d/dns start
9. 指定 DNS 服务器位置的文件是（　　）。
   A. /etc/hosts　　B. /etc/networks　　C. /etc/resolv.conf　　D. /.profile

项目 13

配置与管理 Apache 服务器

学习要点

◎ 了解 Apache。
◎ 掌握 Apache 服务的安装与启动方法。
◎ 掌握 Apache 服务的主配置文件。
◎ 掌握各种 Apache 服务器的配置方法。
◎ 会创建 Web 网站和虚拟主机。

素养要点

◎ 中国传统文化博大精深，学习和掌握其中的各种思想精华，对树立正确的世界观、人生观、价值观很有益处。

◎ "博学之，审问之，慎思之，明辨之，笃行之。"青年学生增强历史自觉、坚定文化自信，讲究学习方法，珍惜现在的时光，不负韶华。

利用 Apache 服务可以实现在 Linux 系统构建 Web 站点。本项目将主要介绍 Apache 服务的配置方法，以及虚拟主机、访问控制等的实现方法。

视频 13-1
配置与管理
Apache 服务器

13.1 项目相关知识

由于能够提供图形、声音等多媒体数据，再加上可以交互的动态 Web 语言的广泛普及，万维网（world wide web,WWW）深受互联网用户欢迎。一个最重要的证明就是，当前的绝大部分互联网流量都是由 Web 浏览产生的。

13.1.1 Web 服务概述

Web 服务是解决应用程序之间相互通信的一项技术。严格地说，Web 服务是描述一系列操作的接口，它使用标准的、规范的可扩展标记语言（extensible markup language,XML）描述接口。

这一描述中包括与服务进行交互所需的全部细节，如消息格式、传输协议和服务位置。而在对外的接口中隐藏了服务实现的细节，仅提供一系列可执行的操作。这些操作独立于软、硬件平台和编写服务所用的编程语言。Web 服务既可单独使用，也可同其他 Web 服务一起使用，实现复杂的商业功能。

Web 服务是互联网上广泛应用的一种信息服务技术。它采用的是客户/服务器结构，整理和存储各种资源，并响应客户端软件的请求，把所需的信息资源通过浏览器传送给用户。

Web 服务通常可以分为两种：静态 Web 服务和动态 Web 服务。

13.1.2 HTTP

超文本传输协议（hypertext transfer protocol,HTTP）是目前国际互联网基础上的一个重要组成部分。而 Apache、IIS 服务器是 HTTP 的服务器软件，微软公司的 Internet Explorer 和 Mozilla 的 Firefox 则是 HTTP 的客户端实现。

13.2 项目设计与准备

13.2.1 项目设计

利用 Apache 服务建立普通 Web 站点、基于主机和用户认证的访问控制。

13.2.2 项目准备

安装有企业服务器版 Linux 的 PC 一台、测试用计算机两台（Windows 10、Linux），并且两台计算机都连入局域网。该环境也可以用虚拟机实现。规划好各台主机的 IP 地址，如表 13-1 所示。

表 13-1 Linux 服务器和客户端信息

主 机 名	操作系统	IP 地址	角色及网络连接模式
Server01	RHEL 8	192.168.10.1/24 192.168.10.10/24	Web 服务器、DNS 服务器；VMnet1
Client1	RHEL 8	192.168.10.20/24	Linux 客户端；VMnet1
Client3	Windows 10	192.168.10.40/24	Windows 客户端；VMnet1

13.3 项目实施

首先要安装 Apache 服务器软件。

任务 13-1　安装、启动与停止 Apache 服务器

下面是具体操作步骤。

1. 安装 Apache 相关软件

```
[root@Server01 ~]# rpm -q httpd
[root@Server01 ~]# mount /dev/cdrom /media
[root@Server01 ~]# dnf clean all              // 安装前先清除缓存
[root@Server01 ~]# dnf install httpd -y
[root@Server01 ~]# rpm -qa|grep httpd         // 检查安装组件是否成功
```

视频 13-2
配置与管理
Apache 服务器

注意：一般情况下，Firefox 默认已经安装，需要根据情况而定。

启动 Apache 服务的命令如下（重新启动和停止的命令分别是 restart 和 stop）。

```
[root@Server01 ~]# systemctl start  httpd
```

2. 让防火墙放行，并设置 SELinux 为允许

需要注意的是，RHEL 8 采用了 SELinux 这种增强的安全模式，在默认配置下，只有 SSH 服务可以通过。像 Apache 服务，安装、配置、启动完毕，还需要对它放行才行。

（1）使用防火墙命令，放行 http 服务。

```
[root@Server01 ~]# firewall-cmd --list-all
[root@Server01 ~]# firewall-cmd --permanent --add-service=http
[root@Server01 ~]# firewall-cmd --reload
[root@Server01 ~]# firewall-cmd --list-all
public (active)
  ……
  sources:
  services: ssh dhcpv6-client samba dns http
  ……
```

（2）更改当前的 SELinux 值，后面可以跟 Enforcing、Permissive 或者 0、1。

```
[root@Server01 ~]# setenforce 0
[root@Server01 ~]# getenforce
Permissive
```

注意：利用 setenforce 设置 SELinux 值，重启系统后失效，如果再次使用 httpd，则仍需重新设置 SELinux，否则客户端无法访问 Web 服务器。如果想长期有效，请修改 /etc/sysconfig/selinux 文件，按需要赋予 SELinux 相应的值（Enforcing、Permissive 或者 0、1）。本书多次提到防火墙和 SELinux，请读者一定注意，许多问题可能是防火墙和 SELinux 引起的，且对于系统重启后失效的情况也要了如指掌。

3. 测试 httpd 服务是否安装成功

① 装完 Apache 服务器后，启动它，并设置开机自动加载 Apache 服务。

```
[root@Server01 ~]# systemctl start httpd
[root@Server01 ~]# systemctl enable httpd
[root@Server01 ~]# firefox http://127.0.0.1
```

② 如果看到图 13-1 所示的提示信息，则表示 Apache 服务器已安装成功。也可以在"Applications"菜单中直接启动 Firefox，然后在地址栏中输入 http://127.0.0.1，测试是否成功安装。

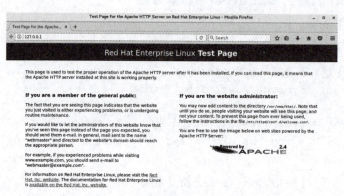

图 13-1 Apache 服务器运行正常

③ 测试成功后将 SELinux 值恢复到初始状态。

```
[root@Server01 ~]# setenforce 1
```

任务 13-2　认识 Apache 服务器的配置文件

在 Linux 操作系统中配置服务，其实就是修改服务的配置文件，Linux 操作系统中的配置文件及存放位置如表 13-2 所示。

表 13-2　Linux 操作系统中的配置文件及存放位置

配 置 文 件	存 放 位 置
服务目录	/etc/httpd
主配置文件	/etc/httpd/conf/httpd.conf
网站数据目录	/var/www/html
访问日志	/var/log/httpd/access_log
错误日志	/var/log/httpd/error_log

Apache 服务器的主配置文件是 httpd.conf，该文件通常存放在 /etc/httpd/conf 目录下。文件看起来很复杂，其实有很多是注释内容。本节先简要介绍，后文将给出实例，非常容易理解。

httpd.conf 文件不区分大小写，在该文件中以"#"开始的行为注释行。除了注释和空行外，服务器把其他行认为是完整的或部分的命令。命令又分为类似于 shell 的命令和伪 HTML 标记。shell 命令的格式为"配置参数名称 参数值"。伪 HTML 标记的格式为：

```
<Directory />
    Options FollowSymLinks
    AllowOverride None
</Directory>
```

在 httpd 服务程序的主配置文件中，存在三种类型的信息：注释行信息、全局配置、区域配置。配置 httpd 服务程序文件时常用的参数如表 13-3 所示。

表 13-3　配置 httpd 服务程序文件时常用的参数

参　　数	含　　义
ServerRoot	服务目录
ServerAdmin	管理员邮箱
User	运行服务的用户
Group	运行服务的用户组
ServerName	网站服务器的域名
DocumentRoot	文档根目录（网站数据目录）
Directory	网站数据目录的权限
Listen	监听的 IP 地址与端口号
DirectoryIndex	默认的索引页页面
ErrorLog	错误日志文件
CustomLog	访问日志文件
Timeout	网页超时时间，默认为 300 s

从表 13-3 可知，DocumentRoot 参数用于定义网站数据的保存路径，其参数的默认值是把网站数据存放到 /var/www/html 目录中；而当前网站普遍的首页面名称是 index.html，因此可以向 /var/www/html 目录中写入一个文件，替换 httpd 服务程序的默认首页面，该操作会立即生效（在本机上测试）。

```
[root@Server01 ~]# echo "Welcome To MyWeb" > /var/www/html/index.html
[root@Server01 ~]# firefox http://127.0.0.1
```

程序的首页内容已发生改变，如图 13-2 所示。

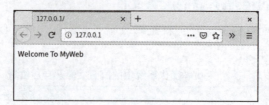

图 13-2　程序的首页内容已发生改变

提示：如果没有出现希望的画面，而是仍回到默认页面，那么一定是 SELinux 的问题。请在终端命令行运行 setenforce 0 后再测试。详细解决方法请见任务 13-3。

任务 13-3　设置文档根目录和首页文件的实例

【例 13-1】在默认情况下，网站的文档根目录保存在 /var/www/html 中，如果想把保存网站文档的根目录修改为 /home/www，并且将首页文件修改为 myweb.html，那么该如何操作呢？

1. 分析

文档根目录是一个较为重要的设置，一般来说，网站上的内容都保存在文档根目录中。在默认情形下，除了记号和别名将改指他处以外，所有的请求都从这里开始。而打开网站时所显示的页面即该网站的首页（主页）。首页的文件名是由 DirectoryIndex 字段定义的。在默认情况下，Apache 的默认首页名称为 index.html。当然也可以根据实际情况更改。

2. 解决方案

① 在 Server01 上修改文档的根目录为 /home/www，并创建首页文件 myweb.html。

```
[root@Server01 ~]# mkdir /home/www
[root@Server01 ~]#echo "The Web's DocumentRoot Test " > /home/www/myweb.html
```

② 在 Server01 上，先备份主配置文件，然后打开 httpd 服务程序的主配置文件，将第 122 行用于定义网站数据保存路径的参数 DocumentRoot 修改为 /home/www，同时还需要将第 127 行用于定义目录权限的参数 Directory 后面的路径也修改为 /home/www，将第 167 行修改为 DirectoryIndex myweb.html index.html。配置文件修改完毕即可保存并退出。

```
[root@Server01 ~]# vim /etc/httpd/conf/httpd.conf
……
122 DocumentRoot "/home/www"
123
124 #
125 # Relax access to content within /home/www
126 #
127 <Directory "/home/www">
128     AllowOverride None
128     # Allow open access:
130     Require all granted
131 </Directory>
……
```

```
166 <IfModule dir_module>
167     DirectoryIndex index.html myweb.html
168 </IfModule>
```

③ 让防火墙放行 HTTP，重启 httpd 服务。

```
[root@Server01 ~]# firewall-cmd --permanent --add-service=http
[root@Server01 ~]# firewall-cmd --reload
[root@Server01 ~]# firewall-cmd --list-all
[root@Server01 ~]# systemctl restart httpd
```

④ 在 Client1 测试（Server01 和 Client1 都是 VMnet1 连接，保证互相通信）。

```
[root@Client1 ~]# firefox http://192.168.10.1
```

⑤ 故障排除。

奇怪！为什么看到了 httpd 服务程序的默认首页？按理来说，只有在网站的首页文件不存在或者用户权限不足时，才显示 httpd 服务程序的默认首页。更奇怪的是，在尝试访问 http://192.168.10.1/myweb.html 页面时，竟然发现页面中显示"Forbidden,You don't have permission to access /myweb.html on this server."，如图 13-3 所示。什么原因呢？是 SELinux 的问题！解决方法是在服务器 Server01 上运行 setenforce 0，设置 SELinux 为允许。

```
[root@Server01 ~]# getenforce
Enforcing
[root@Server01 ~]# setenforce 0
[root@Server01 ~]# getenforce
Permissive
```

注意：设置完成后再一次测试，结果如图 13-4 所示。设置这个环节的目的是告诉读者，SELinux 是多么重要！强烈建议如果暂时不能很好地掌握 SELinux 细节，在做实训时一定要设置 setenforce 0。

图 13-3　在客户端测试失败

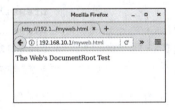

图 13-4　在客户端测试成功

任务 13-4　用户个人主页实例

现在许多网站（如网易）都允许用户拥有自己的主页空间，而用户可以很容易地管理自己的主页空间。Apache 可以实现用户的个人主页。客户端在浏览器中浏览个人主页的 URL 地址的格式一般为：

```
http:// 域名 /~username
```

其中，～username 在利用 Linux 操作系统中的 Apache 服务器来实现时，是 Linux 操作系统的合法用户名（该用户必须在 Linux 操作系统中存在）。

【例 13-2】在 IP 地址为 192.168.10.1 的 Apache 服务器中，为系统中的 long 用户设置个人主页空间。该用户的家目录为 /home/long，个人主页空间所在的目录为 public_html。

实现步骤如下。

（1）修改用户的家目录权限，使其他用户具有读取和执行的权限。

```
[root@Server01 ~]# useradd long
[root@Server01 ~]# passwd long
[root@Server01 ~]# chmod 705 /home/long
```

（2）创建存放用户个人主页空间的目录。

```
[root@Server01 ~]# mkdir /home/long/public_html
```

（3）创建个人主页空间的默认首页文件。

```
[root@Server01 ~]# cd /home/long/public_html
[root@Server01 public_html]# echo "this is long's web。">>index.html
```

（4）在 httpd 服务程序中，默认没有开启个人用户主页功能。为此，需要编辑配置文件 /etc/httpd/conf.d/userdir.conf。然后在第 17 行的 UserDir disabled 参数前面加上"#"，表示让 httpd 服务程序开启个人用户主页功能。同时，需把第 24 行的 UserDir public_html 参数前面的"#"去掉（UserDir 参数表示网站数据在用户家目录中的保存目录名称，即 public_html 目录）。修改完毕保存并退出。（在 vim 编辑状态记得使用：set nu，显示行号。）

```
[root@Server01 ~]# vim /etc/httpd/conf.d/userdir.conf
……
 17 # UserDir disabled
……
 24   UserDir public_html
……
```

（5）SELinux 设置为允许，让防火墙放行 httpd 服务，重启 httpd 服务。

```
[root@Server01 ~]# setenforce 0
[root@Server01 ~]# firewall-cmd --permanent --add-service=http
[root@Server01 ~]# firewall-cmd --reload
[root@Server01 ~]# firewall-cmd --list-all
[root@Server01 ~]# systemctl restart httpd
```

（6）在客户端的浏览器中输入 http://192.168.10.1/~long，看到的用户个人空间的访问效果如图 13-5 所示。

思考：如果分别运行如下命令，再在客户端测试，结果又会如何呢？试一试并思考原因。

图 13-5 用户个人空间的访问效果

```
[root@Server01 ~]# setenforce 1
[root@Server01 ~]# setsebool -P httpd_enable_homedirs=on
```

任务 13-5 虚拟目录实例

要从 Web 站点主目录以外的其他目录发布站点，可以使用虚拟目录实现。虚拟目录是一个位于 Apache 服务器主目录之外的目录，它不包含在 Apache 服务器的主目录中，但在访问 Web 站点的用户看来，它与位于主目录中的子目录是一样的。每一个虚拟目录都有一个别名，客户端可以通过此别名来访问虚拟目录。

由于每个虚拟目录都可以分别设置不同的访问权限，所以非常适合不同用户对不同目录拥有不同权限的情况。另外，只有知道虚拟目录名的用户才可以访问此虚拟目录，除此之外的其他用户将无法访问此虚拟目录。

在 Apache 服务器的主配置文件 httpd.conf 文件中，通过 Alias 命令设置虚拟目录。

【例 13-3】在 IP 地址为 192.168.10.1 的 Apache 服务器中，创建名为 /test/ 的虚拟目录，它对应的物理路径是 /virdir/，并在客户端测试。

（1）创建物理目录 /virdir/。

```
[root@Server01 ~]# mkdir -p /virdir/
```

（2）创建虚拟目录中的默认文件。

```
[root@Server01 ~]# cd /virdir/
[root@Server01 virdir]# echo "This is Virtual Directory sample。">>index.html
```

（3）修改默认文件的权限，使其他用户具有读和执行权限。

```
[root@Server01 virdir]# chmod 705 index.html
```

或者：

```
[root@Server01 ~]# chmod 705 /virdir -R
```

（4）修改 /etc/httpd/conf/httpd.conf 文件，添加下面的语句。

```
Alias /test "/virdir"
<Directory "/virdir">
    AllowOverride None
    Require all granted
</Directory>
```

（5）SELinux 设置为允许，让防火墙放行 httpd 服务，重启 httpd 服务。

```
[root@Server01 ~]# setenforce 0
[root@Server01 ~]# firewall-cmd --permanent --add-service=http
[root@Server01 ~]# firewall-cmd --reload
[root@Server01 ~]# firewall-cmd --list-all
[root@Server01 ~]# systemctl restart httpd
```

（6）在客户端 Client1 的浏览器中输入"http://192.168.10.1/test"后，看到的虚拟目录的访问效果如图 13-6 所示。

图 13-6　虚拟目录的访问效果

任务 13-6　配置基于 IP 地址的虚拟主机

虚拟主机在一台 Web 服务器上，可以为多个独立的 IP 地址、域名或端口号提供不同的 Web 站点。对于访问量不大的站点来说，这样可以降低单个站点的运营成本。

下面将分别配置基于 IP 地址的虚拟主机、基于域名的虚拟主机和基于端口号的虚拟主机。

基于 IP 地址的虚拟主机的配置需要在服务器上绑定多个 IP 地址，然后配置 Apache。把多个网站绑定在不同的 IP 地址上，访问服务器上不同的 IP 地址，就可以看到不同的网站。

【例 13-4】假设 Apache 服务器具有 192.168.10.1 和 192.168.10.10 两个 IP 地址（提前在服务

器中配置这两个 IP 地址）。现需要利用这两个 IP 地址分别创建两个基于 IP 地址的虚拟主机，要求不同的虚拟主机对应的主目录不同，默认文档的内容也不同。配置步骤如下。

（1）在 Server01 的桌面上依次单击"活动"→"显示应用程序"→"设置"→"网络"命令，再单击设置按钮 ✱，打开图 13-7 所示的"有线"对话框，增加一个 IP 地址 192.168.10.10/24，完成后单击"应用"按钮。这样可以在一块网卡上配置多个 IP 地址，当然也可以直接在多块网卡上配置多个 IP 地址。

（2）分别创建 /var/www/ip1 和 /var/www/ip2 两个主目录和默认文件。

```
[root@Server01 ~]# mkdir    /var/www/ip1    /var/www/ip2
[root@Server01 ~]# echo "this is 192.168.10.1's web.">/var/www/ip1/index.html
[root@Server01 ~]# echo "this is 192.168.10.10's web.">/var/www/ip2/index.html
```

（3）添加 /etc/httpd/conf.d/vhost.conf 文件。该文件的内容如下。

```
#设置基于 IP 地址为 192.168.10.1 的虚拟主机
<Virtualhost 192.168.10.1>
    DocumentRoot  /var/www/ip1
</Virtualhost>

#设置基于 IP 地址为 192.168.10.10 的虚拟主机
<Virtualhost 192.168.10.10>
    DocumentRoot /var/www/ip2
</Virtualhost>
```

（4）SELinux 设置为允许，让防火墙放行 httpd 服务，重启 httpd 服务（见前面操作）。

（5）在客户端浏览器中可以看到 http://192.168.10.1 和 http://192.168.10.10 两个网站出现相同的浏览效果，如图 13-8 所示。

图 13-7　添加 IP 地址

图 13-8　测试时出现默认页面

奇怪！为什么看到了 httpd 服务程序的默认页面？按理来说，只有在网站的页面文件不存在或者用户权限不足时，才显示 httpd 服务程序的默认页面。在尝试访问 http://192.168.10.1/ index.html 页面时，竟然发现页面中显示"Forbidden,You don't have permission to access/ index.html on this server."。这一切都是因为主配置文件中没设置目录权限！解决方法是在 /etc/ httpd/conf/httpd.conf 中添加有关两个网站目录权限的内容（只设置 /var/www 目录权限也可以）。

```
<Directory "/var/www/ip1">
    AllowOverride None
```

```
        Require all granted
    </Directory>

    <Directory "/var/www/ip2">
        AllowOverride None
        Require all granted
    </Directory>
```

注意：为了不使后面的实训受到前面虚拟主机设置的影响，做完一个实训后，请将配置文件中添加的内容删除，然后再继续下一个实训。

任务 13-7 配置基于域名的虚拟主机

基于域名的虚拟主机的配置只需服务器有一个 IP 地址即可，所有的虚拟主机共享同一个 IP 地址，各虚拟主机之间通过域名进行区分。

要建立基于域名的虚拟主机，DNS 服务器中应建立多个主机资源记录，使它们解析到同一个 IP 地址（请读者参考前面课程自行完成）。例如：

```
    www1.long60.cn.         IN      A       192.168.10.1
    www2.long60.cn.         IN      A       192.168.10.1
```

【例 13-5】假设 Apache 服务器的 IP 地址为 192.168.10.1。在本地 DNS 服务器中，该 IP 地址对应的域名分别为 www1.long60.cn 和 www2.long60.cn。现需要创建基于域名的虚拟主机，要求不同的虚拟主机对应的主目录不同，默认文档的内容也不同。配置步骤如下。

（1）分别创建 /var/www/www1 和 /var/www/www2 两个主目录和默认文件。

```
[root@Server01 ~]# mkdir    /var/www/www1    /var/www/www2
[root@Server01 ~]# echo "www1.long60.cn's web.">/var/www/www1/index.html
[root@Server01 ~]# echo "www2.long60.cn's web.">/var/www/www2/index.html
```

（2）修改 httpd.conf 文件。添加目录权限内容如下。

```
    <Directory "/var/www">
        AllowOverride None
        Require all granted
    </Directory>
```

（3）修改 /etc/httpd/conf.d/vhost.conf 文件。该文件的内容如下（原来的内容清空）。

```
    <Virtualhost 192.168.10.1>
        DocumentRoot   /var/www/www1
        ServerName   www1.long60.cn
    </Virtualhost>

    <Virtualhost 192.168.10.1>
        DocumentRoot  /var/www/www2
        ServerName   www2.long60.cn
    </Virtualhost>
```

（4）SELinux 设置为允许，让防火墙放行 httpd 服务，重启 httpd 服务。在客户端 Client1 上测试，要确保 DNS 服务器解析正确，确保给 Client1 设置正确的 DNS 服务器地址（etc/resolv.conf）。

注意：在本例的配置中，DNS 的正确配置至关重要，一定要确保 long60.cn 域名及主机正确解析，否则无法成功。正向区域配置文件如下（其他设置都与前文相同）。别忘记 DNS 特殊设置及重启操作！

```
[root@Server01 long]# vim /var/named/long60.cn.zone
$TTL 1D
@       IN SOA   dns.long60.cn. mail.long60.cn. (
                                        0       ; serial
                                        1D      ; refresh
                                        1H      ; retry
                                        1W      ; expire
                                        3H )    ; minimum

@               IN      NS              dns.long60.cn.
@               IN      MX      10      mail.long60.cn.

dns             IN      A               192.168.10.1
www1            IN      A               192.168.10.1
www2            IN      A               192.168.10.1
```

思考：为了测试方便，在 Client1 上直接设置 /etc/hosts 为如下内容，能否代替 DNS 服务器？

```
192.168.10.1   www1.long60.cn
192.168.10.1   www2.long60.cn
```

任务 13-8　配置基于端口号的虚拟主机

基于端口号的虚拟主机的配置只需服务器有一个 IP 地址即可，所有的虚拟主机共享同一个 IP 地址，各虚拟主机之间通过不同的端口号进行区分。在设置基于端口号的虚拟主机的配置时，需要利用 Listen 语句设置所监听的端口。

【例 13-6】假设 Apache 服务器的 IP 地址为 192.168.10.1。现需要创建基于 8088 和 8089 两个不同端口号的虚拟主机，要求不同的虚拟主机对应的主目录不同，默认文档的内容也不同，如何配置？配置步骤如下。

（1）分别创建 /var/www/8088 和 /var/www/8089 两个主目录和默认文件。

```
[root@Server01 ~]# mkdir    /var/www/8088    /var/www/8089
[root@Server01 ~]# echo "8088 port's  web.">/var/www/8088/index.html
[root@Server01 ~]# echo "8089 port's  web.">/var/www/8089/index.html
```

（2）修改 /etc/httpd/conf/httpd.conf 文件。该文件的修改内容如下。

```
44          Listen 80
45          Listen 8088
46          Listen 8089
128         <Directory "/home/www">
129             AllowOverride None
130             # Allow open access:
131             Require all granted
```

```
132        </Directory>
```

（3）修改 /etc/httpd/conf.d/vhost.conf 文件。该文件的内容如下（原来的内容清空）。

```
<Virtualhost 192.168.10.1:8088>
        DocumentRoot    /var/www/8088
</Virtualhost>

<Virtualhost 192.168.10.1:8089>
        DocumentRoot /var/www/8089
</Virtualhost>
```

（4）关闭防火墙和允许 SELinux，重启 httpd 服务。然后在客户端 Client1 上测试。测试结果令人大失所望！如图 13-9 所示。

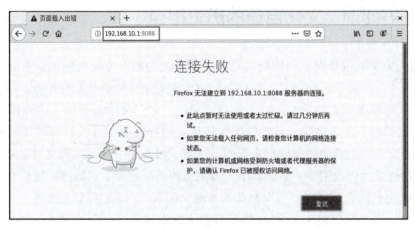

图 13-9　访问 192.168.10.1:8088 报错

（5）处理故障。这是因为 firewall 防火墙检测到 8088 和 8089 端口原本不属于 Apache 服务器应该需要的资源，但现在却以 httpd 服务程序的名义监听使用了，所以防火墙会拒绝 Apache 服务器使用这两个端口。可以使用 firewall-cmd 命令永久添加需要的端口到 public 区域，并重启防火墙。

```
[root@Server01 ~]# firewall-cmd --list-all
public (active)    ……
  services: ssh dhcpv6-client samba dns http
  ports:
  ……
[root@Server01 ~]# firewall-cmd --permanent --zone=public --add-port=8088/tcp
[root@Server01 ~]# firewall-cmd --permanent --zone=public --add-port=8089/tcp
[root@Server01 ~]# firewall-cmd --reload
[root@Server01 ~]# firewall-cmd --list-all
public (active)
  ……
  services: ssh dhcpv6-client samba dns http
  ports: 8089/tcp 8088/tcp
  ……
```

（6）再次在 Client1 上测试，结果如图 13-10 所示。

8088 port's web.　　8089 port's web.

图 13-10　不同端口虚拟主机的测试结果

技巧：在终端窗口直接输入"firewall-config"打开图形界面的防火墙配置窗口，可以详尽地配置防火墙，包括配置 public 区域的端口等，读者不妨多操作试试，定会有惊喜。但这个命令默认没有安装，读者需要使用 dnf install firewall-config -y 命令先安装，并且安装完成后，在"活动"菜单中会有单独的防火墙配置菜单，非常方便。

13.4　拓展阅读　文化自信的历史担当

担当引领人类文明进步潮流的历史自觉。从中华文明和西方文明的比较来看，中华文明素有讲仁爱、重民本、守诚信、崇正义、尚和合、求大同的精神特质和发展形态。中华文明历来重视民族团结，由此形成一个和谐统一的多民族大家庭。中华文明是亚欧大陆东部兴起的原生文明，尊崇的是文明和平发展之路，具有内生性特征；西方文明随着大航海时代的来临而逐渐兴起，形成了西方文明与生俱来的对外扩张禀性，决定了西方外生性的文明发展之路。新时代的中国以构建人类命运共同体为引领，擘画出了人类未来的美好愿景，这既是一种应对全球挑战的全新解决方案，也是一种立足自身、面向全球的新型文明观。"以文明交流超越文明隔阂、文明互鉴超越文明冲突、文明共存超越文明优越"，日益走进世界中央舞台的中国，拥有了更好担当引领人类文明进步潮流的历史主动和历史自觉。

在实现中华民族伟大复兴的战略全局和世界百年未有之大变局相互交织下，需要我们更为深入地探源中华文明，继承和弘扬中华优秀传统文化这个中华文明的根和魂，建立高度的历史自觉，发扬历史主动精神，坚定中华文化自信。

本文选自 [北京市习近平新时代中国特色社会主义思想研究中心重点项目"习近平总书记关于新发展阶段的重要论述研究（21LLMLB055）"阶段性成果]，作者：中国地质大学（北京）马克思主义学院 魏志奇 孙伟康）

视频 13-3
项目实录
配置与管理 Web
服务器

13.5　项目实训　配置与管理 Web 服务器

1. 视频位置

实训前请扫描二维码观看：项目实录 配置与管理 Web 服务器。

2. 项目实训目的
- 掌握配置与管理 web 服务器的方法和技能。
- 掌握配置 web 虚拟目录和虚拟主机的方法和技能。

3. 项目背景

假如你是某学校的网络管理员，学校的域名为 www.long60.cn。学校计划为每位教师开通个人主页服务，为教师与学生之间建立沟通的平台。该学校的 Web 服务器搭建与配置网络拓扑如图 13-11 所示。

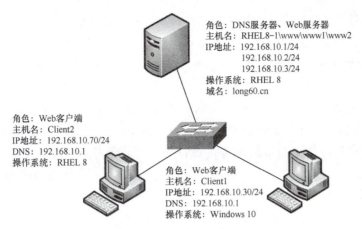

图 13-11　Web 服务器搭建与配置网络拓扑

学校计划为每位教师开通个人主页服务，要求实现如下功能。

（1）网页文件上传完成后，立即自动发布 URL 为 http://www.long60.cn/ ～的用户名。

（2）在 Web 服务器中建立一个名为 private 的虚拟目录，其对应的物理路径是 /data/private，并配置 Web 服务器对该虚拟目录启用用户认证，只允许 yun90 用户访问。

（3）在 Web 服务器中建立一个名为 private 的虚拟目录，其对应的物理路径是 /dir1/test，并配置 Web 服务器，仅允许来自网络 smile60.cn 域和 192.168.10.0/24 网段的客户机访问该虚拟目录。

（4）使用 192.168.10.2 和 192.168.10.3 两个 IP 地址，创建基于 IP 地址的虚拟主机，其中，IP 地址为 192.168.10.2 的虚拟主机对应的主目录为 /var/www/ip2，IP 地址为 192.168.10.3 的虚拟主机对应的主目录为 /var/www/ip3。

（5）创建基于 www1.long60.cn 和 www2.long60.cn 两个域名的虚拟主机，域名为 www1.long60.cn 的虚拟主机对应的主目录为 /var/www/long901，域名为 www2.long60.cn 的虚拟主机对应的主目录为 /var/www/long902。

4. 项目要求

练习配置与管理 web 服务器。

深度思考：

在观看视频时思考以下几个问题。

（1）使用虚拟目录有何好处？

（2）基于域名的虚拟主机的配置要注意什么？

（3）如何启用用户身份认证？

5. 做一做

根据视频内容，将项目完整地完成。

练习题

一、填空题

1. Web 服务器使用的协议是_____，英文全称是_____，中文名称是_____。

2. HTTP 请求的默认端口是_____。

3. RHEL 8 采用了 SELinux 这种增强的安全模式，在默认的配置下，只有_____服务可以通过。

4. 在命令行控制台窗口，输入_____命令打开 Linux 网络配置窗口。

二、选择题

1. 网络管理员可通过（　　）文件对 WWW 服务器进行访问、控制存取和运行等操作。
   A. lilo.conf　　　B. httpd.conf　　　C. inetd.conf　　　D. resolv.conf

2. 在 RHEL 8 中手动安装 Apache 服务器时，默认的 Web 站点的目录为（　　）。
   A. /etc/httpd　　B. /var/www/html　　C. /etc/home　　D. /home/httpd

3. 对于 Apache 服务器，提供的子进程的默认的用户是（　　）。
   A. root　　　　B. apached　　　　C. httpd　　　　D. nobody

4. 世界上排名第一的 Web 服务器是（　　）。
   A. Apache　　　B. IIS　　　　C. SunONE　　　D. NCSA

5. 用户的主页存放的目录由文件 httpd.conf 的参数（　　）设定。
   A. UserDir　　　B. Directory　　　C. public_html　　D. DocumentRoot

6. 设置 Apache 服务器时，一般将服务的端口绑定到系统的（　　）端口上。
   A. 10000　　　B. 23　　　　C. 80　　　　D. 53

7. 下面（　　）不是 Apache 基于主机的访问控制命令。
   A. allow　　　　B. deny　　　　C. order　　　　D. all

8. 用来设定当服务器产生错误时，显示在浏览器上的管理员的 E-mail 地址的命令是（　　）。
   A. Servername　　B. ServerAdmin　　C. ServerRoot　　D. DocumentRoot

9. 在 Apache 基于用户名的访问控制中，生成用户密码文件的命令是（　　）。
   A. smbpasswd　　B. htpasswd　　　C. passwd　　　D. password

项目 14

配置与管理 FTP 服务器

学习要点

◎ 掌握 FTP 的工作原理。
◎ 会配置 vsftpd 服务器。

素养要点

◎ 明确职业技术岗位所需的职业规范和精神，树立社会主义核心价值观。
◎ 增强历史自觉、坚定文化自信。"求木之长者，必固其根本；欲流之远者，必浚其泉源。"新时代文化自信源于五千年中华优秀传统文化基因的传承。青年学生要推动中华优秀传统文化创造性转化、创新性发展。

FTP（File Transfer Protocol）是文件传输协议的缩写，它是 Internet 最早提供的网络服务功能之一，利用 FTP 服务可以实现文件的上传及下载等相关的文件传输服务。本项目将介绍 Linux 下 vsftpd 服务器的安装、配置及使用方法。

14.1 项目相关知识

以 HTTP 为基础的 Web 服务功能虽然强大，但对于文件传输来说却略显不足。一种专门用于文件传输的 FTP 服务应运而生。

FTP 服务就是文件传输服务，FTP 的全称是 File Transfer Protocol，顾名思义，就是文件传输协议，它具备更强的文件传输可靠性和更高的效率。

14.1.1 FTP 的工作原理

FTP 大大简化了文件传输的复杂性，它能够使文件通过网络从一台计算机传送到另外一台计算机上，却不受计算机和操作系统类型的限制。无论是计算机、服务器、大型机，还是

视频 14-1
配置与管理
FTP 服务器

macOS、Linux、Windows 操作系统，只要双方都支持 FTP，就可以方便、可靠地进行文件传送。

FTP 服务的工作过程如图 14-1 所示，具体介绍如下。

（1）FTP 客户端向 FTP 服务器发送连接请求，同时 FTP 客户端系统动态地打开一个大于 1024 的端口（如 1031 端口）等候 FTP 服务器连接。

（2）若 FTP 服务器在端口 21 侦听到该请求，则会在 FTP 客户端的 1031 端口和 FTP 服务器的 21 端口之间建立起一个 FTP 会话连接。

（3）当需要传输数据时，FTP 客户端再动态地打开一个大于 1024 的端口（如 1032 端口）连接到 FTP 服务器的 20 端口，并在这两个端口之间进行数据传输。当数据传输完毕，这两个端口会自动关闭。

（4）当 FTP 客户端断开与 FTP 服务器的连接时，FTP 客户端上动态分配的端口将自动释放。

图 14-1 FTP 服务的工作过程

FTP 服务有两种工作模式：主动传输模式（Active FTP）和被动传输模式（Passive FTP）。

14.1.2 匿名用户

FTP 服务不同于 Web 服务，它首先要求登录服务器，然后再进行文件传输。这对于很多公开提供软件下载的服务器来说十分不便，于是匿名用户访问诞生了：通过使用一个共同的用户名 anonymous 和密码不限的管理策略（一般使用用户的邮箱作为密码即可），让任何用户都可以很方便地从 FTP 服务器上下载软件。

14.2 项目设计与准备

一共三台计算机，网络连接模式都设置为仅主机模式（VMnet1）。两台安装了 RHEL 8，一台作为服务器，另一台作为客户端使用，还有一台安装了 Windows 10，也作为客户端使用。计算机的配置信息如表 14-1 所示（可以使用 VM 的 "克隆" 技术快速安装需要的 Linux 客户端）。

表 14-1　Linux 服务器和客户端的配置信息

主 机 名	操 作 系 统	IP 地址	角色及网络连接模式
Server01	RHEL 8	192.168.10.1/24	FTP 服务器；VMnet1
Client1	RHEL 8	192.168.10.20/24	FTP 客户端；VMnet1
Client3	Windows 10	192.168.10.40/24	FTP 客户端；VMnet1

14.3 项目实施

任务 14-1　安装、启动与停止 vsftpd 服务

1. 安装 vsftpd 服务

安装 vsftpd 服务的过程如下。

```
[root@Server01 ~]# rpm -q vsftpd
[root@Server01 ~]# mount /dev/cdrom /media
[root@Server01 ~]# dnf clean all                    // 安装前先清除缓存
[root@Server01 ~]# dnf install vsftpd -y
[root@Server01 ~]# dnf install ftp -y               // 同时安装 ftp 软件包
[root@Server01 ~]# rpm -qa|grep vsftpd              // 检查安装组件是否成功
```

视频 14-2
配置与管理
FTP 服务器

2. 启动、重启、随系统启动、停止 vsftpd 服务

安装完 vsftpd 服务后，下一步就是启动了。vsftpd 服务可以以独立或被动方式启动。在 RHEL 8 中，默认以独立方式启动。

在此需要提醒各位读者，在生产环境中或者在 RHCSA、RHCE、RHCA 认证考试中，一定要把配置过的服务程序加入开机启动项，以保证服务器在重启后依然能够正常提供传输服务。

若要重新启动 vsftpd 服务、随系统启动，开放防火墙，开放 SELinux 和停止 vsftpd 服务，则输入下面的命令。

```
[root@Server01 ~]# systemctl restart vsftpd
[root@Server01 ~]# systemctl enable vsftpd
[root@Server01 ~]# firewall-cmd --permanent --add-service=ftp
[root@Server01 ~]# firewall-cmd --reload
[root@Server01 ~]# setsebool -P ftpd_full_access=on
[root@Server01 ~]# systemctl stop vsftpd
```

提示：上面 "setsebool -P ftpd_full_access=on" 命令也可用 "setenforce 0" 命令代替。

任务 14-2　认识 vsftpd 的配置文件

vsftpd 的配置主要通过以下几个文件来完成。

1. 主配置文件

vsftpd 服务程序的主配置文件（/etc/vsftpd/vsftpd.conf）的内容总长度达到 127 行，但其中大多数参数在开头都添加了 "#"，从而成为注释信息。

可以使用 grep 命令添加 -v 选项，过滤并反选出没有包含 "#" 的行（过滤所有注释信息），然后将过滤后的行通过输出重定向符写回原始的主配置文件中（安全起见，请先备份主配置

文件）。

```
[root@Server01 ~]# mv /etc/vsftpd/vsftpd.conf /etc/vsftpd/vsftpd.conf.bak
[root@Server01 ~]# grep -v "#" /etc/vsftpd/vsftpd.conf.bak > /etc/vsftpd/vsftpd.conf
[root@Server01 ~]# cat /etc/vsftpd/vsftpd.conf -n
     1  anonymous_enable=YES
     2  local_enable=YES
     3  write_enable=YES
     4  local_umask=022
     5  dirmessage_enable=YES
     6  xferlog_enable=YES
     7  connect_from_port_20=YES
     8  xferlog_std_format=YES
     9  listen=NO
    10  listen_ipv6=YES
    11
    12  pam_service_name=vsftpd
    13  userlist_enable=YES
```

注意：使用 man vsftpd 命令可以查看 vsftpd 的详细配置说明，使用 cat /etc/vsftpd/vsftpd.conf 命令可以查看配置文件的说明，特别是"#"部分：语句的实例，非常重要。

表 14-2 所示为 vsftpd 服务程序的常用参数。在后文的项目中将演示重要参数的用法，以帮助大家熟悉并掌握。

表 14-2　vsftpd 服务程序的常用参数

参　　数	作　　用
listen=[YES|NO]	是否以独立运行方式监听服务
listen_address=IP 地址	设置要监听的 IP 地址
listen_port=21	设置 FTP 服务的监听端口
download_enable = [YES|NO]	是否允许下载文件
userlist_enable=[YES|NO]	设置用户列表为"允许"还是"禁止"操作
userlist_deny=[YES|NO]	
max_clients=0	设置最大客户端连接数，0 为不限制
max_per_ip=0	设置同一 IP 地址的最大连接数，0 为不限制
anonymous_enable=[YES|NO]	是否允许匿名用户访问
anon_upload_enable=[YES|NO]	是否允许匿名用户上传文件
anon_umask=022	设置匿名用户上传文件的 umask 值
anon_root=/var/ftp	设置匿名用户的 FTP 根目录
anon_mkdir_write_enable=[YES|NO]	是否允许匿名用户创建目录
anon_other_write_enable=[YES|NO]	是否开放匿名用户的其他写入权限（包括重命名、删除等操作权限）
anon_max_rate=0	设置匿名用户的最大传输速率（单位为 B/s），0 为不限制
local_enable=[YES|NO]	是否允许本地用户登录 FTP
local_umask=022	设置本地用户上传文件的 umask 值
local_root=/var/ftp	设置本地用户的 FTP 根目录
chroot_local_user=[YES|NO]	是否将用户权限禁锢在 FTP 目录，以确保安全
local_max_rate=0	设置本地用户最大传输速率（单位为 B/s），0 为不限制

2. /etc/pam.d/vsftpd

vsftpd 的可插拔认证模块（Pluggable Authentication Modules，PAM）配置文件主要用来加强

vsftpd 服务器的用户认证。

3. /etc/vsftpd/ftpusers

所有位于此文件内的用户都不能访问 vsftpd 服务。当然，为安全起见，这个文件中默认已经包括了 root、bin 和 daemon 等系统账号。

4. /etc/vsftpd/user_list

这个文件中包括的用户有可能是被拒绝访问 vsftpd 服务的，也可能是允许访问的，这主要取决于 vsftpd 的主配置文件 /etc/vsftpd/vsftpd.conf 中的"userlist_deny"参数是设置为"YES"（默认值）还是"NO"。

- userlist_deny=NO 时，仅允许文件列表中的用户访问 FTP 服务器。
- userlist_deny=YES 时，这也是默认值，拒绝文件列表中的用户访问 FTP 服务器。

5. /var/ftp 文件夹

该文件夹是 vsftpd 提供服务的文件"集散地"，它包括一个 pub 子目录。在默认配置下，所有的目录都是只读的，不过只有 root 用户有写权限。

任务 14-3　配置匿名用户 FTP 实例

1. vsftpd 的认证模式

vsftpd 允许用户以如下三种认证模式登录 FTP 服务器。

（1）匿名开放模式：是一种极不安全的认证模式，任何人都无须密码验证而直接登录 FTP 服务器。

（2）本地用户模式：是通过 Linux 操作系统本地的账户密码信息进行认证的模式。与匿名开放模式相比，该模式更安全，而且配置起来也很简单。但是如果入侵者破解了账户的信息，就可以畅通无阻地登录 FTP 服务器，从而完全控制整台服务器。

（3）虚拟用户模式：是这三种模式中最安全的一种认证模式。它需要为 FTP 服务单独建立用户数据库文件，该文件用来映射口令验证的账户信息，而这些账户信息在服务器系统中实际上是不存在的，仅供 FTP 服务程序进行认证使用。这样，即使入侵者破解了账户信息，也无法登录服务器，从而有效减小了破坏范围和降低了影响。

2. 匿名用户登录的参数说明

表 14-3 所示为可以向匿名用户开放的权限参数。

表 14-3　可以向匿名用户开放的权限参数

参　　数	作　　用
anonymous_enable=YES	允许匿名访问
anon_umask=022	设置匿名用户上传文件的 umask 值
anon_upload_enable=YES	允许匿名用户上传文件
anon_mkdir_write_enable=YES	允许匿名用户创建目录
anon_other_write_enable=YES	允许匿名用户修改目录名称或删除目录

3. 配置匿名用户登录 FTP 服务器实例

【例 14-1】搭建一台 FTP 服务器，允许匿名用户上传和下载文件，匿名用户的根目录设置为 /var/ftp。

（1）新建测试文件，编辑 /etc/vsftpd/vsftpd.conf。

```
[root@Server01 ~]# touch /var/ftp/pub/sample.tar
[root@Server01 ~]# vim  /etc/vsftpd/vsftpd.conf
```

在文件后面添加如下 4 行语句（语句前后一定不要带空格，若有重复的语句，则删除或直接在其上更改，"#"及后面的内容不要写到文件里）。

```
anonymous_enable=YES
# 允许匿名用户访问
anon_root=/var/ftp
# 设置匿名用户的根目录为 /var/ftp
anon_upload_enable=YES
# 允许匿名用户上传文件
anon_mkdir_write_enable=YES
# 允许匿名用户创建目录
```

提示：anon_other_write_enable=YES 表示允许匿名用户删除文件。

（2）允许 SELinux，让防火墙放行 ftp 服务，重启 vsftpd 服务。

```
[root@Server01 ~]# setenforce 0
[root@Server01 ~]# firewall-cmd --permanent --add-service=ftp
[root@Server01 ~]# firewall-cmd --reload
[root@Server01 ~]# firewall-cmd --list-all
[root@Server01 ~]# systemctl restart vsftpd
```

在 Windows 10 客户端的资源管理器中输入 ftp://192.168.10.1，打开 pub 目录，新建一个文件夹，结果出错了，如图 14-2 所示。

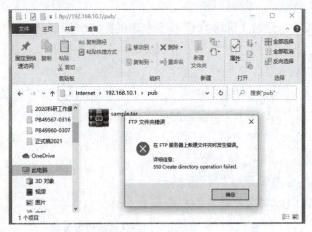

图 14-2　测试 FTP 服务器 192.168.10.1 出错

什么原因呢？系统的本地权限没有设置。

（3）设置本地系统权限，将属主设为 ftp，或者为 pub 目录赋予其他用户写权限。

```
[root@Server01 ~]# ll -ld /var/ftp/pub
drwxr-xr-x. 2 root root 6 Mar 23  2017 /var/ftp/pub      // 其他用户没有写权限
[root@Server01 ~]# chown ftp /var/ftp/pub                // 将属主改为匿名用户 ftp
```

或者：

```
[root@Server01 ~]# chmod o+w /var/ftp/pub                // 为其他用户赋予写权限
[root@Server01 ~]# ll -ld /var/ftp/pub
drwxr-xr-x. 2 ftp root 6 Mar 23  2017 /var/ftp/pub       // 已将属主改为匿名用户 ftp
[root@Server01 ~]# systemctl restart vsftpd
```

（4）在 Windows 10 客户端再次测试，在 pub 目录下能够建立新文件夹。

提示：如果在 Linux 上测试，则输入"ftp 192.168.10.1"命令，用户名输入 ftp，不必输入密码，直接按【Enter】键即可。

注意：要实现匿名用户创建文件等功能，仅仅在配置文件中开启这些功能是不够的，还需要注意开放本地文件系统权限，使匿名用户拥有写权限才行，或者改变属主为 ftp。在项目实录中有针对此问题的解决方案。另外也要特别注意防火墙和 SELinux 设置，否则一样会出问题，切记！

任务 14-4　配置本地模式的常规 FTP 服务器实例

1. FTP 服务器配置要求

企业内部现在有一台 FTP 服务器和一台 Web 服务器，其中 FTP 服务器主要用于维护企业的网站内容，包括上传文件、创建目录、更新网页等。企业现有两个部门负责维护任务，两者分别用 team1 和 team2 账号进行管理。要求仅允许 team1 和 team2 账号登录 FTP 服务器，但不能登录本地系统，并将这两个账号的根目录限制为 /web/www/html，不能进入该目录以外的任何目录。

2. 需求分析

将 FTP 服务器和 Web 服务器放在一起是企业经常采用的方法，这样方便网站维护。为了增强安全性，首先需要仅允许本地用户访问，并禁止匿名用户登录。其次，使用 chroot 功能将 team1 和 team2 锁定在 /web/www/html 目录下。如果需要删除文件，则还需要注意本地权限。

3. 解决方案

（1）建立维护网站内容的账号 team1、team2，并为其设置密码。

```
[root@Server01 ~]# useradd   team1; useradd team2; useradd   user1
[root@Server01 ~]# passwd    team1
[root@Server01 ~]# passwd    team2
[root@Server01 ~]# passwd    user1
```

（2）配置 vsftpd.conf 主配置文件并做相应修改写入配置文件时，去掉注释，语句前后不要加空格，切记！另外，要把任务 14-3 的配置文件恢复到最初状态（可在语句前面加上"#"），以免实训间互相影响。

```
[root@Server01 ~]# vim   /etc/vsftpd/vsftpd.conf
anonymous_enable=NO
#禁止匿名用户登录
local_enable=YES
#允许本地用户登录
local_root=/web/www/html
#设置本地用户的根目录为 /web/www/html
chroot_local_user=NO
#是否限制本地用户，这也是默认值，可以省略
chroot_list_enable=YES
#激活 chroot 功能
chroot_list_file=/etc/vsftpd/chroot_list
#设置锁定用户在根目录中的列表文件
allow_writeable_chroot=YES
#只要启用 chroot 就一定加入这条：允许 chroot 限制，否则会出现连接错误，切记
```

注意：chroot_local_user=NO 是默认设置，即如果不做任何 chroot 设置，则 FTP 登录目录是不做限制的。另外，只要启用 chroot，就一定要增加 allow_writeable_chroot=YES 语句。

注意：因为 chroot 是靠"例外列表"来实现的，列表内用户即例外的用户。所以根据是否启用本地用户转换，可设置不同目的的"例外列表"，从而实现 chroot 功能。因此实现锁定目录有两种实现方法。

① 锁定主目录的第一种表示是除列表内的用户外，其他用户都被限定在固定目录内，即列表内用户自由，列表外用户受限制。这时启用 chroot_local_user=YES。

```
chroot_local_user=YES
chroot_list_enable=YES
chroot_list_file=/etc/vsftpd/chroot_list
allow_writeable_chroot=YES
```

② 锁定主目录的第二种表示是除列表内的用户外，其他用户都可自由转换目录。即列表内用户受限制，列表外用户自由。这时启用 chroot_local_user=NO。本例使用第二种。

```
chroot_local_user=NO
chroot_list_enable=YES
chroot_list_file=/etc/vsftpd/chroot_list
allow_writeable_chroot=YES
```

（3）建立 /etc/vsftpd/chroot_list 文件，添加 team1 和 team2 账号。

```
[root@Server01 ~]# vim  /etc/vsftpd/chroot_list
team1
team2
```

（4）防火墙放行和 SELinux 允许 / 重启 FTP 服务。

```
[root@Server01 ~]# firewall-cmd --permanent --add-service=ftp
[root@Server01 ~]# firewall-cmd --reload
[root@Server01 ~]# setenforce 0
[root@Server01 ~]# systemctl restart vsftpd
```

思考：如果设置 setenforce 1，那么必须执行 setsebool -P ftpd_full_access=on。这样能保证目录的正常写入和删除等操作。

（5）修改本地权限。

```
[root@Server01 ~]# mkdir  /web/www/html -p
[root@Server01 ~]# touch  /web/www/html/test.sample
[root@Server01 ~]# ll  -d  /web/www/html
[root@Server01 ~]# chmod  -R  o+w  /web/www/html    // 其他用户可以写入
[root@Server01 ~]# ll  -d  /web/www/html
```

（6）在 Linux 客户端 Client1 上先安装 ftp 工具，然后测试。

```
[root@Client1 ~]# mount /dev/cdrom /so
[root@Client1 ~]# dnf clean all
[root@Client1 ~]# dnf install ftp -y
```

① 使用 team1 和 team2 用户，两者不能转换目录，但能建立新文件夹，显示的目录是"/"，其实是 /web/www/html 文件夹！

```
[root@client1 ~]# ftp 192.168.10.1
Connected to 192.168.10.1 (192.168.10.1).
220 (vsFTPd 3.0.2)
Name (192.168.10.1:root): team1              // 锁定用户测试
331 Please specify the password.
Password:                                     // 输入 team1 用户密码
230 Login successful.
Remote system type is UNIX.
Using binary mode to transfer files.
ftp> pwd
257 "/"           // 显示的目录是 "/"，其实是 /web/www/html，从列示的文件中就知道
ftp> mkdir testteam1
257 "/testteam1" created
ftp> ls
……
-rw-r--r--    1 0         0             0 Jul 21 01:25 test.sample
drwxr-xr-x    2 1001      1001          6 Jul 21 01:48 testteam1
226 Directory send OK.
ftp> get test.sample test1111.sample        // 下载到客户端的当前目录
local: test1111.sample remote: test.sample
227 Entering Passive Mode (192,168,10,1,84,24).
150 Opening BINARY mode data connection for test.sample (0 bytes).
226 Transfer complete.
ftp> put test1111.sample  test00.sample     // 上传文件并改名为 test00.sample
local: test1111.sample remote: test00.sample
227 Entering Passive Mode (192,168,10,1,158,223).
150 Ok to send data.
226 Transfer complete.
ftp> ls
227 Entering Passive Mode (192,168,10,1,44,116).
150 Here comes the directory listing.
-rw-r--r--    1 0         0             0 Feb 08 16:16 test.sample
-rw-r--r--    1 1003      1003          0 Feb 08 16:21 test00.sample
drwxr-xr-x    2 1001      1001          6 Feb 08 07:05 testteam1
226 Directory send OK.
ftp> cd /etc
550 Failed to change directory.              // 不允许更改目录
ftp> exit
221 Goodbye.
```

② 使用 user1 用户，其能自由转换目录，可以将 /etc/passwd 文件下载到主目录，但极其危险！

```
[root@client1 ~]# ftp 192.168.10.1
Connected to 192.168.10.1 (192.168.10.1).
220 (vsFTPd 3.0.2)
Name (192.168.10.1:root): user1              // 列表外的用户是自由的
331 Please specify the password.
Password:                                     // 输入 user1 用户密码
```

```
230 Login successful.
Remote system type is UNIX.
Using binary mode to transfer files.
ftp> pwd
257 "/web/www/html"
ftp> mkdir testuser1
257 "/web/www/html/testuser1" created
ftp> cd /etc                                    // 成功转换到 /etc 目录
250 Directory successfully changed.
ftp> get passwd
// 成功下载密码文件 passwd 到本地用户的当前目录（本例是 /root），可以退出后查看。不安全
local: passwd remote: passwd
227 Entering Passive Mode (192,168,10,1,70,163).
150 Opening BINARY mode data connection for passwd (2790 bytes).
226 Transfer complete.
2790 bytes received in 0.000106 secs (26320.75 Kbytes/sec)
ftp> cd /web/www/html
250 Directory successfully changed.
ftp> ls
……
ftp>exit
[root@Client1 ~]#
```

（7）最后，在 Server01 上把该任务的配置文件新增语句加上"#"注释掉。

任务 14-5 设置 vsftp 虚拟账号

FTP 服务器的搭建并不复杂，但需要按照服务器的用途，合理规划相关配置。如果 FTP 服务器并不对互联网上的所有用户开放，则可以关闭匿名访问，而开启实体账号或者虚拟账号的验证机制。但在实际操作中，如果使用实体账号访问，则 FTP 用户在拥有服务器真实用户名和密码的情况下，会对服务器产生潜在的危害。如果 FTP 服务器设置不当，则用户有可能使用实体账号进行非法操作。所以，为了 FTP 服务器安全，可以使用虚拟用户验证方式，也就是将虚拟的账号映射为服务器的实体账号，客户端使用虚拟账号访问 FTP 服务器。

要求：使用虚拟用户 user2、user3 登录 FTP 服务器，访问主目录是 /var/ftp/vuser，用户只允许查看文件，不允许上传、修改等操作。

vsftp 虚拟账号的配置主要有以下几个步骤。

1. 创建用户数据库

（1）创建用户文本文件。

① 建立保存虚拟账号和密码的文本文件，格式如下。

```
虚拟账号 1
密码
虚拟账号 2
密码
```

② 使用 vim 编辑器建立用户文件 vuser.txt，添加虚拟账号 user2 和 user3，如下所示。

```
[root@Server01 ~]# mkdir    /vftp
[root@Server01 ~]# vim    /vftp/vuser.txt
```

```
user2
12345678
User3
12345678
```

（2）生成数据库。

保存虚拟账号及密码的文本文件无法被系统账号直接调用，需要使用 db_load 命令生成 db 数据库文件。

```
[root@Server01 ~]# db_load -T -t hash -f /vftp/vuser.txt /vftp/vuser.db
[root@Server01 ~]# ls /vftp
vuser.db   vuser.txt
```

（3）修改数据库文件访问权限。

数据库文件中保存着虚拟账号和密码信息，为了防止用户非法盗取，可以修改该文件的访问权限。

```
[root@Server01 ~]# chmod  700  /vftp/vuser.db; ll  /vftp
```

2. 配置 PAM 文件

为了使服务器能够使用数据库文件，对客户端进行身份验证，需要调用系统的可插拔认证模块（PAM），不必重新安装应用程序，通过修改指定的配置文件，调整对该程序的认证方式。PAM 配置文件的路径为 /etc/pam.d。该目录下保存着大量与认证有关的配置文件，并以服务名称命名。

下面修改 vsftp 对应的 PAM 配置文件 /etc/pam.d/vsftpd，使用"#"将默认配置全部注释掉，添加相应字段，如下所示。

```
[root@Server01 ~]# vim  /etc/pam.d/vsftpd
#%PAM-1.0
#session    optional     pam_keyinit.so    force revoke
#auth required pam_listfile.so item=user sense=deny file=/etc/vsftpd/ftpusers onerr=succeed
#auth       required    pam_shells.so
#auth       include     password-auth
#account    include     password-auth
#session    required    pam_loginuid.so
#session    include     password-auth
auth            required            pam_userdb.so db=/vftp/vuser
account         required            pam_userdb.so db=/vftp/vuser
```

3. 创建虚拟账号对应的系统用户，并建立测试文件和目录

```
[root@Server01 ~]# useradd -d /var/ftp/vuser  vuser                ①
[root@Server01 ~]# chown  vuser.vuser  /var/ftp/vuser              ②
[root@Server01 ~]# chmod  555  /var/ftp/vuser                      ③
[root@Server01 ~]# touch /var/ftp/vuser/file1; mkdir /var/ftp/vuser/dir1
[root@Server01 ~]# ls -ld  /var/ftp/vuser                          ④
dr-xr-xr-x. 6 vuser vuser 127 Jul 21 14:28 /var/ftp/vuser
```

以上代码中，带序号的各行的功能说明如下。

① 用 useradd 命令添加系统账号 vuser，并将其 /home 目录指定为 /var/ftp 下的 vuser。

② 变更 vuser 目录的所属用户和组，设定为 vuser 用户、vuser 组。

③ 匿名账号登录时会映射为系统账号，并登录 /var/ftp/vuser 目录，但其没有访问该目录的权限，需要为 vuser 目录的属主、属组和其他用户和组添加读和执行权限。

④ 使用 ls 命令查看 vuser 目录的详细信息，系统账号主目录设置完毕。

4. 修改 /etc/vsftpd/vsftpd.conf

```
anonymous_enable=NO                          ①
anon_upload_enable=NO
anon_mkdir_write_enable=NO
anon_other_write_enable=NO
local_enable=YES                             ②
chroot_local_user=YES                        ③
allow_writeable_chroot=YES
write_enable=NO                              ④
guest_enable=YES                             ⑤
guest_username=vuser                         ⑥
listen=YES                                   ⑦
listen_ipv6=NO                               ⑧
pam_service_name=vsftpd                      ⑨
```

注意：①"="两边不要加空格；② 将该内容直接加到配置文件的尾部，但与原文件相同的配置选项前面需要加上"#"。

以上代码中，带序号的各行的功能说明如下。

① 为了保证服务器安全，关闭匿名访问以及其他匿名相关设置。

② 因为虚拟账号会映射为服务器的系统账号，所以需要开启本地账号的支持。

③ 锁定账号的根目录。

④ 关闭用户的写权限。

⑤ 开启虚拟账号访问功能。

⑥ 设置虚拟账号对应的系统账号为 vuser。

⑦ 设置 FTP 服务器为独立运行。

⑧ 目前网络环境尚不支持 IPv6，在 listen 设置为 Yes 的情况下会导致出现错误无法启动，所以将其值改为 NO。

⑨ 配置 vsftp 使用的 PAM 为 vsftpd。

5. 设置防火墙放行和 SELinux 允许，重启 vsftpd 服务

具体内容见前文。

6. 在 Client1 上测试

使用虚拟账号 user2、user3 登录 FTP 服务器进行测试，会发现虚拟账号登录成功，并显示 FTP 服务器目录信息。

```
[root@Client1 ~]# ftp 192.168.10.1
Connected to 192.168.10.1 (192.168.10.1).
220 (vsFTPd 3.0.2)
Name (192.168.10.1:root): user2
331 Please specify the password.
Password:
```

```
230 Login successful.
Remote system type is UNIX.
Using binary mode to transfer files.
ftp> ls                          // 可以列示目录信息
227 Entering Passive Mode (192,168,10,1,46,27).
150 Here comes the directory listing.
drwxr-xr-x    2 0        0               6 Feb 08 17:12 dir1
-rw-r--r--    1 0        0               0 Feb 08 17:12 file1
226 Directory send OK.
ftp> cd /etc                     // 不能更改主目录
550 Failed to change directory.
ftp> mkdir testuser1             // 仅能查看，不能写入
550 Permission denied.
ftp> quit
221 Goodbye.
```

说明：匿名开放模式、本地用户模式和虚拟用户模式的配置文件，请在出版社网站下载，或向作者索要。

7. 补充服务器 vsftp 的主动模式和被动模式配置

（1）主动模式配置。

```
Port_enable=YES                  // 开启主动模式
Connect_from_port_20=YES         // 指定当主动模式开启时，是否启用默认的 20 端口监听
Ftp_date_port=%portnumber%       // 上一选项使用 NO 时指定数据传输端口
```

（2）被动模式配置。

```
connect_from_port_20=NO
PASV_enable=YES                  // 开启被动模式
PASV_min_port=%number%           // 被动模式最低端口
PASV_max_port=%number%           // 被动模式最高端口
```

14.4 拓展阅读　文化自信的历史根基

　　文化自信来自对自身历史的正确认识、认知和认同，五千多年的历史文化积淀，为中国共产党和中国人民的文化自信奠定了根基。文化自信源于"古"而成于"今"，源于"古"即"源自中华民族五千多年文明历史所孕育的中华优秀传统文化"。

　　中华优秀传统文化是中华民族的根与魂。五千多年的沧桑岁月，中华民族在连绵不断的历史中创造了博大精深的中华文化，闪耀着永恒的光芒。如"天人合一"的生态观念；"得天下英才而教育之"的教育主张；"天下为公"的政治理想；"人视水见形，视民知治不"的民本思想；"天行健，君子以自强不息"的自强精神；"要留清白在人间"的清白之风；"苟利社稷，死生以之"的担当精神；"先天下之忧而忧，后天下之乐而乐"的爱国情怀；"不患寡而患不均"的公平意识；"祸兮福之所倚，福兮祸之所伏"的辩证法思维；"物有甘苦，尝之者识；道有夷险，履之者知"的实践精神；"见贤思齐焉，见不贤而内自省也"的自省品格……中华优秀传统文化是中华民族的精神命脉，不断挖掘中华优秀传统文化的思想观念、人文精神、道德规范，是当代中国

人身上肩负的重要历史使命。

本文选自［北京市习近平新时代中国特色社会主义思想研究中心重点项目"习近平总书记关于新发展阶段的重要论述研究（21LLMLB055）"阶段性成果］，作者：中国地质大学（北京）马克思主义学院 魏志奇 孙伟康）

视频14-3
项目实录
配置与管理FTP
服务器

14.5 项目实训 配置与管理FTP服务器

1. 视频位置

实训前请扫描二维码观看：项目实录 配置与管理FTP服务器。

2. 项目实训目的

- 掌握配置与管理FTP服务器的方法和技能。

3. 项目背景

某企业的FTP服务器搭建与配置网络拓扑如图14-3所示。该企业想构建一台FTP服务器，为企业局域网中的计算机提供文件传输服务，为财务部、销售部和OA系统等提供异地数据备份。要求能够对FTP服务器设置连接限制、日志记录、消息、验证客户端身份等属性，并能创建用户隔离的FTP站点。

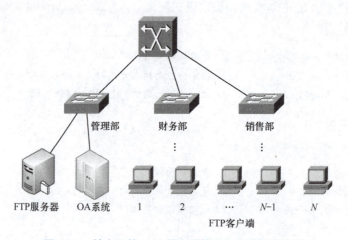

图14-3 某企业的FTP服务器搭建与配置网络拓扑

4. 项目要求

练习配置与管理FTP服务器。

深度思考：

在观看视频时思考以下几个问题。

（1）如何使用service vsftpd status命令检查vsftp的安装状态？

（2）FTP权限和文件系统权限有何不同？如何进行设置？

（3）为何不建议对根目录设置写权限？

（4）如何设置进入目录后的欢迎信息？

（5）如何锁定FTP用户在其"宿主"目录中？

（6）user_list和ftpusers文件都存有用户名列表，如果一个用户同时存在两个文件中，则最终的执行结果是怎样的？

5. 做一做

根据视频内容，将项目完整地完成。

练习题

一、填空题

1. FTP 服务就是_____服务，FTP 的英文全称是_____。
2. FTP 服务通过使用一个共同的用户名_____和密码不限的管理策略，让任何用户都可以很方便地从这些服务器上下载软件。
3. FTP 服务有两种工作模式：_____和_____。
4. ftp 命令的格式为：_____。

二、选择题

1. ftp 命令的参数（　　）可以与指定的机器建立连接。
   A. connect　　　　B. close　　　　C. cdup　　　　D. open
2. FTP 服务使用的端口是（　　）。
   A. 21　　　　　　B. 23　　　　　　C. 25　　　　　　D. 53
3. 从互联网上获得软件最常采用的是（　　）。
   A. WWW　　　　B. telnet　　　　C. FTP　　　　　D. DNS
4. 一次可以下载多个文件用（　　）命令。
   A. mget　　　　　B. get　　　　　C. put　　　　　D. mput
5. 下面（　　）不是 FTP 用户的类别。
   A. real　　　　　　B. anonymous　　C. guest　　　　D. users
6. 修改文件 vsftpd.conf 的（　　）可以实现 vsftpd 服务独立启动。
   A. listen=YES　　　　　　　　　　B. listen=NO
   C. boot=standalone　　　　　　　D. #listen=YES
7. 将用户加入以下（　　）文件中可能会阻止用户访问 FTP 服务器。
   A. vsftpd/ftpusers　　　　　　　B. vsftpd/user_list
   C. ftpd/ftpusers　　　　　　　　D. ftpd/userlist

三、简答题

1. 简述 FTP 的工作原理。
2. 简述 FTP 服务的工作模式。
3. 简述常用的 FTP 软件。

项目 15

配置与管理电子邮件服务器

学习要点

◎ 了解电子邮件服务的工作原理。
◎ 掌握 Postfix 服务器配置。
◎ 掌握 Dovecot 服务程序的配置。
◎ 掌握使用 Cyrus-SASL 实现 SMTP 认证。
◎ 掌握电子邮件服务器的测试。

素养要点

◎ 了解中国互联网之父——钱天白，并培养学生的科学精神和爱国情怀。
◎ "盛年不重来，一日难再晨。及时当勉励，岁月不待人。"盛世之下，青年学生要惜时如金，学好知识，报效国家。

电子邮件服务是互联网上最受欢迎、应用最广泛的服务之一，用户可以通过电子邮件服务实现与远程用户的信息交流。能够实现电子邮件收发服务的服务器称为邮件服务器，本项目将介绍基于 Linux 平台的 Postfix 邮件服务器的配置方法。

15.1 项目相关知识

15.1.1 电子邮件服务概述

电子邮件（electronic mail,E-mail）服务是 Internet 最基本也是最重要的服务之一。

与传统邮件相比，电子邮件服务的诱人之处在于传递迅速。如果采用传统的方式发送信件，发一封特快专递也需要至少一天的时间，而发一封电子邮件给远方的用户，通常来说，几秒之内对方就能收到。与最常用的日常通信手段—电话系统相比，电子邮件在速度上虽然不占优势，但

视频 15-1
配置与管理
Postfix 邮件
服务器

它不要求通信双方同时在场。由于电子邮件采用存储转发的方式发送邮件，发送邮件时并不需要收件人处于在线状态，收件人可以根据实际需要随时上网从邮件服务器上收取邮件，方便了信息交流。

与现实生活中的邮件传递类似，每个人必须有一个唯一的电子邮件地址。电子邮件地址的格式为"USER@RHEL6.COM"，由三部分组成。第一部分"USER"代表用户邮箱账号，对于同一个邮件接收服务器来说，这个账号必须是唯一的；第二部分"@"是分隔符；第三部分"SERVER.COM"是用户邮箱的邮件接收服务器域名，用以标志其所在的位置。这样的一个电子邮件地址表明该用户在指定的计算机（邮件服务器）上有一块存储空间。Linux 邮件服务器上的邮件存储空间通常是位于 /var/spool/mail 目录下的文件。

与常用的网络通信方式不同，电子邮件系统采用缓冲池（spooling）技术处理传递的延迟。用户发送邮件时，邮件服务器将完整的邮件信息存放到缓冲区队列中，系统后台进程会在适当的时候将队列中的邮件发送出去。RFC822 定义了电子邮件的标准格式，它将一封电子邮件分成头部（head）和正文（body）两部分。邮件的头部包含了邮件的发送方、接收方、发送日期、邮件主题等内容，而正文通常是要发送的信息。

15.1.2 电子邮件系统的组成

Linux 操作系统中的电子邮件系统包括三个组件：邮件用户代理（mail user agent,MUA）、邮件传送代理（mail transfer agent,MTA）和邮件投递代理（mail dilivery agent,MDA）。

1. MUA

MUA 是电子邮件系统的客户端程序。它是用户与电子邮件系统的接口，主要负责邮件的发送和接收以及邮件的撰写、阅读等工作。目前主流的用户代理软件有基于 Windows 平台的 Outlook、Foxmail 和基于 Linux 平台的 mail、elm、pine、Evolution 等。

2. MTA

MTA 是电子邮件系统的服务器程序，它主要负责邮件的存储和转发。最常用的 MTA 软件有基于 Windows 平台的 Exchange 和基于 Linux 平台的 qmail 和 postfix 等。

3. MDA

MDA 有时也称为本地投递代理（local dilivery agent,LDA）。MTA 把邮件投递到邮件收件人所在的邮件服务器，MDA 则负责把邮件按照收件人的用户名投递到邮箱中。

4. MUA、MTA 和 MDA 协同工作

总的来说，当使用 MUA 程序（如 mail、elm、pine）写邮件时，应用程序把邮件传给 postfix 或 postfix 这样的 MTA 程序。如果邮件是寄给局域网或本地主机的，MTA 程序应该从地址上就可以确定这个信息。如果邮件是发给远程系统用户的，那么 MTA 程序必须能够选择路由，与远程邮件服务器建立连接并发送邮件。MTA 程序还必须能够处理发送邮件时产生的问题，并且能向发件人报告出错信息。例如，当邮件没有填写地址或收件人不存在时，MTA 程序要向发件人报错。MTA 程序还支持别名机制，使用户能够方便地用不同的名字与其他用户、主机或网络通信。MDA 的作用主要是把收件人 MTA 收到的邮件信息投递到相应的邮箱中。

15.1.3 电子邮件传输过程

电子邮件与普通邮件有类似的地方，发件人注明收件人的姓名与地址（邮件地址），发送方服务器把邮件传到收件方服务器，收件方服务器再把邮件发到收件人的邮箱中。图 15-1 所示解释了电子邮件发送过程。

电子邮件传输的基本过程如图 15-2 所示。

（1）用户在客户端使用 MUA 撰写邮件，并将写好的邮件提交给本地 MTA 上的缓冲区。

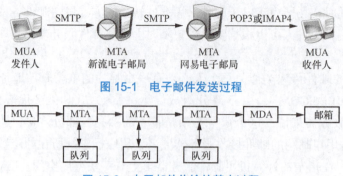

图 15-1 电子邮件发送过程

图 15-2 电子邮件传输的基本过程

（2）MTA 每隔一定时间发送一次缓冲区中的邮件队列。MTA 根据邮件的收件人地址，使用 DNS 服务器的 MX（邮件交换器）资源记录解析邮件地址的域名部分，从而决定将邮件投递到哪一个目标主机。

（3）目标主机上的 MTA 收到邮件以后，根据邮件地址中的用户名部分判断用户的邮箱，并使用 MDA 将邮件投递到该用户的邮箱中。

（4）该邮件的发件人可以使用常用的 MUA 软件登录邮箱，查阅新邮件，并根据自己的需要做相应的处理。

15.1.4 与电子邮件相关的协议

常用的与电子邮件相关的协议有 SMTP、POP3 和 IMAP4。

1. SMTP

简单邮件传送协议（simple mail transfer protocol,SMTP）默认工作在 TCP 的 25 端口。SMTP 属于客户端/服务器模型，它是一组用于由源地址到目的地址传送邮件的规则，由它来控制邮件的中转方式。SMTP 属于 TCP/IP 协议族，它帮助每台计算机在发送或中转邮件时找到下一个目的地。通过 SMTP 指定的服务器，就可以把电子邮件寄到收件人的服务器上了。SMTP 服务器是遵循 SMTP 的发送邮件服务器，用来发送或中转发出的电子邮件。SMTP 仅能用来传输基本的文本信息，不支持字体、颜色、声音、图像等信息的传输。为了传输这些内容，目前在 Internet 中广为使用的是多用途 Internet 邮件扩展（multipurpose Internet mail extension,MIME）协议。MIME 弥补了 SMTP 的不足，解决了 SMTP 仅能传送 ASCII 文本的限制。目前，SMTP 和 MIME 协议已经广泛应用于各种电子邮件系统中。

2. POP3

邮局协议的第三个版本（post office protocol 3,POP3）默认工作在 TCP 的 110 端口。POP3 同样也属于客户端/服务器模型，它规定怎样将个人计算机连接到 Internet 的邮件服务器和怎样下载电子邮件。它是 Internet 电子邮件的第一个离线协议标准，POP3 允许从服务器上把邮件存储到本地主机，即自己的计算机上，同时删除保存在邮件服务器上的邮件。遵循 POP3 来接收电子邮件的服务器是 POP3 服务器。

3. IMAP4

Internet 信息访问协议的第四个版本（Internet message access protocol 4,IMAP4）默认工作在 TCP 的 143 端口。它是用于从本地服务器上访问电子邮件的协议，也是一个客户端/服务器模型协议，用户的电子邮件由服务器负责接收保存，用户可以通过浏览邮件头来决定是否要下载此邮件。用户也可以在服务器上创建或更改文件夹或邮箱、删除邮件或检索邮件的特定部分。

注意：虽然 POP3 和 IMAP4 都用于处理电子邮件的接收，但二者在机制上有所不同。当用户访问电子邮件时，IMAP4 需要持续访问邮件服务器，而 POP3 则是将电子邮件保存在服务器上；当用户阅读电子邮件时，所有内容都会被立即下载到用户的机器上。

15.1.5 邮件中继

前文讲解了整个邮件转发的流程，实际上，邮件服务器在接收到邮件以后，会根据邮件的目的地址判断该邮件是发送至本域还是外部，然后分别进行不同的操作，常见的处理方法有以下两种。

1. 本地邮件发送

当邮件服务器检测到邮件发往本地邮箱时，如 yun@smile60.cn 发送至 ph@smile60.cn，处理方法比较简单，会直接将邮件发往指定的邮箱。

2. 邮件中继

中继是指要求用户的服务器向其他服务器传递邮件的一种请求。一个服务器处理的邮件只有两类，一类是外发的邮件，另一类是接收的邮件，前者是本域用户通过服务器向外部转发的邮件，后者是发送给本域用户的邮件。

一个服务器不应该处理过路的邮件，就是既不是你的用户发送的，也不是发送给你的用户的，而是一个外部用户发送给另一个外部用户的。这一行为称为第三方中继。如果不需要经过验证就可以中继邮件到组织外，则称为开放中继（open relay）。第三方中继和开放中继是要禁止的，但中继是不能关闭的。这里需要了解以下几个概念。

（1）中继。

用户通过服务器将邮件传递到组织外。

（2）开放中继。

不受限制地组织外中继，即无验证的用户也可提交中继请求。

（3）第三方中继。

由服务器提交的开放中继不是从客户端直接提交的。比如用户的域是 A，用户通过服务器 B（属于 B 域）中转邮件到 C 域。这时在服务器 B 上看到的是连接请求来源于 A 域的服务器（不是客户），而邮件既不是服务器 B 所在域用户提交的，也不是发送至 B 域的，这就属于第三方中继。这也是垃圾邮件的根本。如果用户直接连接你的服务器发送邮件，这是无法阻止的，比如群发软件。但如果关闭了开放中继，那么他只能发送到你的组织内用户，无法将邮件中继出组织。

3. 邮件认证机制

如果关闭了开放中继，那么只有该组织内的用户通过验证后，才可以提交中继请求。也就是说，用户要发邮件到组织外，一定要经过验证。要注意的是不能关闭中继，否则邮件系统只能在组织内使用。邮件认证机制要求用户在发送邮件时必须提交账号及密码，邮件服务器验证该用户属于该域合法用户后，才允许转发邮件。

15.2 项目设计与准备

15.2.1 项目设计

本项目选择企业版 Linux 网络操作系统提供的电子邮件系统 postfix 来部署电子邮件服务，利用 Windows 10 的 Outlook 程序来收发邮件（如果没安装请从网上下载后安装）。

15.2.2 项目准备

部署电子邮件服务应做好下列准备工作。

（1）安装好企业版 Linux 网络操作系统，并且必须保证 Apache 服务和 perl 语言解释器正常工作。客户端使用 Linux 和 Windows 操作系统。服务器和客户端能够通过网络进行通信。

（2）电子邮件服务器的 IP 地址、子网掩码等 TCP/IP 参数应手动配置。

视频 15-2
配置与管理
Postfix 邮件
服务器

（3）电子邮件服务器应拥有友好的 DNS 名称，应能够被正常解析，并且具有电子邮件服务所需的 MX 资源记录。

（4）创建任何电子邮件域之前，规划并设置好 POP3 服务器的身份验证方法。

计算机的配置信息如表 15-1 所示（可以使用 VMware workstation 的"克隆"技术快速安装需要的 Linux 客户端）。

表 15-1 Linux 服务器和客户端的配置信息

主 机 名	操作系统	IP 地址	角色及其他
邮件服务器：Server01	RHEL 8	192.168.10.1	DNS 服务器、postfix 邮件服务器，VMnet1
Linux 客户端：Client1	RHEL 8	IP 和 DNS 根据不同任务设定	邮件测试客户端，VMnet1
Windows 客户端：Client2	Windows 10	IP 和 DNS 根据不同任务设定	邮件测试客户端，VMnet1

15.3 项目实施

任务 15-1　配置 Postfix 常规服务器

在 RHEL 5、RHEL 6 以及诸多早期的 Linux 操作系统中，默认使用的发件服务是由 sendmail 服务程序提供的，而在 RHEL 8 中已经替换为 Postfix 服务程序。相较于 Postfix 服务程序，Postfix 服务程序减少了很多不必要的配置步骤，而且在稳定性、并发性方面也有很大改进。

想要成功地架设 postfix 邮件服务器，除了需要理解其工作原理外，还需要清楚整个设定流程，以及在整个流程中每一步的作用。设定一个简易 Postfix 邮件服务器主要包含以下几个步骤。

（1）配置好 DNS。

（2）配置 Postfix 服务程序。

（3）配置 dovecot 服务程序。

（4）创建电子邮件系统的登录账户。

（5）启动 Postfix 邮件服务器。

（6）测试电子邮件系统。

1. 安装 bind 和 postfix 服务

```
[root@Server01 ~]# rpm -q postfix
[root@Server01 ~]# mount /dev/cdrom /media
[root@Server01 ~]# dnf clean all          // 安装前先清除缓存
[root@Server01 ~]# dnf install bind postfix -y
[root@Server01 ~]# rpm -qa|grep postfix   // 检查安装组件是否成功
```

2. 开放 dns、smtp 服务

打开 SELinux 有关的布尔值，在防火墙中开放 dns、smtp 服务。重启服务，并设置开机重启生效。

```
[root@Server01 ~]# setsebool -P allow_postfix_local_write_mail_spool on
[root@Server01 ~]# systemctl restart postfix
[root@Server01 ~]# systemctl restart named
[root@Server01 ~]# systemctl enable named
[root@Server01 ~]# systemctl enable postfix
[root@Server01 ~]# firewall-cmd --permanent --add-service=dns
[root@Server01 ~]# firewall-cmd --permanent --add-service=smtp
[root@Server01 ~]# firewall-cmd --reload
```

3. Postfix 服务程序主配置文件

Postfix 服务程序主配置文件 /etc/postfix/main.cf 有 679 行左右的内容，其主要参数如表 15-2 所示。

表 15-2 Postfix 服务程序主配置文件中的主要参数

参数	作用
myhostname	邮局系统的主机名
mydomain	邮局系统的域名
myorigin	从本机发出邮件的域名名称
inet_interfaces	监听的网卡接口
mydestination	可接收邮件的主机名或域名
mynetworks	设置可转发哪些主机的邮件
relay_domains	设置可转发哪些网域的邮件

使用如下命令可以查看带行号的主配置文件内容。

```
[root@Server01 ~]# cat /etc/postfix/main.cf -n
```

在 Postfix 服务程序的主配置文件中，总计需要修改以下 5 处。

① 在第 95 行定义一个名为 myhostname 的变量，用来保存服务器的主机名。还要记住以下的参数，有时需要调用它。

```
myhostname = mail.long60.cn
```

② 在第 103 行定义一个名为 mydomain 的变量，用来保存邮件域的名称。后文也要调用这个变量。

```
mydomain = long60.cn
```

③ 在第 119 行调用 mydomain 变量，用来定义发出邮件的域。调用变量的好处是避免重复写入信息，以及便于日后统一修改。

```
myorigin = $mydomain
```

④ 在第 135 行定义网卡监听地址。可以指定要使用服务器的哪些 IP 地址对外提供电子邮件服务；也可以直接写成 all，代表所有 IP 地址都能提供电子邮件服务。

```
inet_interfaces = all
```

⑤ 在第 187 行定义可接收邮件的主机名或域名列表。这里可以直接调用前面定义好的 myhostname 和 mydomain 变量（如果不想调用变量，则也可以直接调用变量中的值）。

```
mydestination = $myhostname , $mydomain,localhost
```

4. 别名和群发设置

用户别名是经常用到的一个功能。顾名思义，别名就是给用户起的另外一个名字。例如，给用户 A 起个别名为 B，以后发给 B 的邮件实际是 A 用户来接收的。为什么说这是一个经常用到的功能呢？第一，root 用户无法收发邮件，如果有发给 root 用户的邮件，就必须为 root 用户建立别名。第二，群发设置需要用到这个功能。企业内部在使用邮件服务时，经常会按照部门群发邮件，发给财务部门的邮件只有财务部的人才会收到，其他部门的人则无法收到。

要使用别名设置功能，首先需要在 /etc 目录下建立文件 aliases，然后编辑文件内容，其格式为：

```
alias: recipient[,recipient,…]
```

其中,alias 为邮件地址中的用户名(别名),recipient 是实际接收该邮件的用户。下面通过几个例子来说明用户别名的设置方法。

【例 15-1】为 user1 账号设置别名为 zhangsan,为 user2 账号设置别名为 lisi。方法如下。

```
[root@Server01 ~]# vim    /etc/aliases
//添加下面两行:
zhangsan: user1
lisi: user2
```

【例 15-2】假设网络组的每位成员在本地 Linux 操作系统中都拥有一个真实的电子邮件账号,现在要给网络组的所有成员发送一封相同内容的电子邮件。可以使用用户别名机制中的邮件列表功能实现,方法如下。

```
[root@Server01 ~]# vim    /etc/aliases
network_group: net1,net2,net3,net4
```

这样,通过给 network_group 发送邮件就可以给网络组中的 net1、net2、net3 和 net4 都发送一封同样的邮件。

最后,在设置过 aliases 文件后,还要使用 newaliases 命令生成 aliases.db 数据库文件。

```
[root@Server01 ~]# newaliases
```

5. 利用 Access 文件设置邮件中继

Access 文件用于控制邮件中继和邮件的进出管理。可以利用 Access 文件来限制哪些客户端可以使用此邮件服务器来转发邮件。例如,限制某个域的客户端拒绝转发邮件,也可以限制某个网段的客户端可以转发邮件。Access 文件的内容会以列表形式体现出来。其格式如下:

```
对象    处理方式
```

对象和处理方式的表现形式并不单一,每一行都包含对象和对它们的处理方式。下面简单介绍常见的对象和处理方式的类型。

Access 文件中的每一行都具有一个对象和一种处理方式,需要根据环境需要进行二者的组合。来看一个示例,使用 vim 命令查看默认的 access 文件。

默认的设置表示来自本地的客户端允许使用 Mail 服务器收发邮件。通过修改 Access 文件,可以设置邮件服务器对电子邮件的转发行为,但是配置后必须使用 postmap 建立新的 access.db 数据库。

【例 15-3】允许 192.168.0.0/24 网段和 long60.cn 自由发送邮件,但拒绝客户端 clm.long60.cn,及除 192.168.2.100 以外的 192.168.2.0/24 网段的所有主机。

```
[root@Server01 ~]# vim    /etc/postfix/access
192.168.0                              OK
.long60.cn                             OK
clm.long60.cn                          REJECT
192.168.2.100                          OK
192.168.2                              OK
```

还需要在 /etc/postfix/main.cf 中增加以下内容。

```
smtpd_client_restrictions = check_client_access hash:/etc/postfix/access
```

注意：只有增加最后一行内容，访问控制的过滤规则才生效！

最后使用 postmap 生成新的 access.db 数据库。

```
[root@Server01 ~]# postmap  hash:/etc/postfix/access
[root@Server01 ~]# ls -l /etc/postfix/access*
-rw-r--r--. 1 root root 20986 Aug  4 18:53 /etc/postfix/access
-rw-r--r--. 1 root root 12288 Aug  4 18:55 /etc/postfix/access.db
```

6. 设置邮箱容量

（1）设置用户邮件的大小限制。

编辑 /etc/postfix/main.cf 配置文件，限制发送的邮件大小最大为 5 MB，添加以下内容。

```
message_size_limit=5000000
```

（2）通过磁盘配额限制用户邮箱空间。

① 使用 df -hT 命令查看邮件目录挂载信息，如图 15-3 所示。

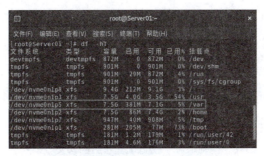

图 15-3　查看邮件目录挂载信息

② 使用 vim 编辑器修改 /etc/fstab 文件，如图 15-4 所示（一定保证 /var 是单独的 xfs 分区）。

图 15-4　修改 /etc/fstab 文件

在项目 1 的硬盘分区中已经考虑了独立分区的问题，这样就保证了该实训的正常进行。从图 15-3 可以看出，/var 已经自动挂载了。

③ /dev/nvme0n1p5（这是非易失性硬盘的表示，类似于 /dev/sda5，在项目 1 中有介绍）分区格式为 xfs，查看是否自动开启磁盘配额功能。

```
[root@Server01 ~]# mount |grep /var
/dev/nvme0n1p5 on /var type xfs (rw,relatime,seclabel,attr2,inode64,noquota)
sunrpc on /var/lib/nfs/rpc_pipefs type rpc_pipefs (rw,relatime)
```

④ "noquota" 说明没有自动开启磁盘配额功能，所以要编辑 /etc/fstab 文件，在 defaults 后面增加 ",usrquota,grpquota"，配额开启参数，如下所示。

```
UUID=f2a5970d-e577-4ebb-af7d-5e92a06c4172/var    xfs    defaults,usrquota,grpquota    0 0
```

usrquota 为用户的配额参数，grpquota 为组的配额参数。保存退出，重新启动系统，使操作系统按照新的参数挂载文件系统。

⑤ 重启系统后再次查看配额激活情况。

```
[root@Server01 ~]# mount |grep /var
/dev/nvme0n1p5 on /var type xfs (rw,relatime,seclabel,attr2,inode64,usrquota,grpquota)
sunrpc on /var/lib/nfs/rpc_pipefs type rpc_pipefs (rw,relatime)
[root@Server01 ~]# quotaon -p /var
group quota on /var (/dev/nvme0n1p5) is on
user quota on /var (/dev/nvme0n1p5) is on
```

⑥ 设置磁盘配额。

下面为用户和组配置详细的配额限制，使用 edquota 命令设置磁盘配额，命令格式如下。

```
edquota -u 用户名 或 edquota -g 组名
```

为用户 bob 配置磁盘配额限制，执行 edquota 命令，打开用户配额编辑文件，如下所示（bob 用户一定是存在的 Linux 系统用户）。

```
[root@Server01 ~]# useradd bob; passwd bob
[root@Server01 ~]# edquota  -u  bob
Disk quotas for user bob (uid 1015):
  Filesystem         blocks       soft       hard     inodes     soft       hard
  /dev/nvme0n1p5       0            0          0        1          0          0
```

磁盘配额参数的含义如表 15-3 所示。

表 15-3 磁盘配额参数的含义

参 数	含 义
Filesystem	文件系统的名称
blocks	用户当前使用的块数（磁盘空间），单位为 KB
soft	可以使用的最大磁盘空间。可以在一段时期内超过软限制规定
hard	可以使用的磁盘空间的最大绝对值。达到该限制后，操作系统将不再为用户或组分配磁盘空间
inodes	用户当前使用的索引节点数量（文件数）
soft	可以使用的最大文件数。可以在一段时期内超过软限制规定
hard	可以使用的文件数的最大绝对值。达到了该限制后，用户或组将不能再建立文件

设置磁盘空间或者文件数限制，需要修改对应的 soft、hard 值，而不要修改 blocks 和 inodes 值，根据当前磁盘的使用状态，操作系统会自动设置这两个字段的值。

注意：如果 soft 或者 hard 设置为 0，则表示没有限制。

这里将磁盘空间的硬限制设置为 100 MB，编辑完成后存盘退出。

```
[root@Server01 ~]# edquota  -u  bob
Disk quotas for user bob (uid 1015):
  Filesystem         blocks       soft       hard     inodes     soft       hard
  /dev/nvme0n1p5       0            0        100000     1          0          0
```

任务 15-2　配置 dovecot 服务程序

在 postfix 邮件服务器 Server01 上进行基本配置以后，Mail Server 就可以完成电子邮件的发送工作，但是如果需要使用 POP3 和 IMAP 接收邮件，则还需要安装 dovecot 软件包。

1. 安装 dovecot 服务程序软件包
（1）安装 POP3 和 IMAP。

```
[root@Server01 ~]# mount /dev/cdrom /media
[root@Server01 ~]# dnf install dovecot -y
[root@Server01 ~]# rpm -qa |grep dovecot
dovecot-2.3.8-2.el8.x86_64
```

（2）启动 POP3 服务，同时开放 POP3 和 IMAP 对应的 TCP 端口 110 和 143。

```
[root@Server01 ~]# systemctl restart  dovecot
[root@Server01 ~]# systemctl enable  dovecot
[root@Server01 ~]# firewall-cmd --permanent --add-port=110/tcp
[root@Server01 ~]# firewall-cmd --permanent --add-port=25/tcp
[root@Server01 ~]# firewall-cmd --permanent --add-port=143/tcp
[root@Server01 ~]# firewall-cmd --reload
```

（3）测试。

使用 netstat 命令测试是否开启 POP3 的 110 端口和 IMAP 的 143 端口。

```
[root@Server01 ~]#netstat    -an|grep    :110
tcp      0      0 0.0.0.0:110           0.0.0.0:*              LISTEN
tcp6     0      0 :::110                :::*                   LISTEN
[root@Server01 ~]#netstat    -an|grep    :143
tcp      0      0 0.0.0.0:143           0.0.0.0:*              LISTEN
tcp6     0      0 :::143                :::*                   LISTEN
```

如果显示 110 和 143 端口开启，则表示 POP3 以及 IMAP 服务已经可以正常工作。

2. 配置部署 dovecot 服务程序

（1）在 dovecot 服务程序的主配置文件中进行如下修改。首先是第 24 行，把 Dovecot 服务程序支持的电子邮件协议修改为 IMAP、POP3 和 lmtp。不修改也可以，默认就是这些协议。

```
[root@Server01  ~]# vim /etc/dovecot/dovecot.conf
protocols = imap pop3 lmtp
```

（2）在主配置文件中的第 48 行，设置允许登录的网段地址，也就是说，可以在这里限制只有来自于某个网段的用户才能使用电子邮件系统。如果想允许所有人都能使用，则修改本参数如下。

```
login_trusted_networks = 0.0.0.0/0
```

也可修改为某网段，如 192.168.10.0/24。

注意：本字段一定要启用，否则在连接 telnet 使用 25 号端口收邮件时会出现错误："-ERR [AUTH] Plaintext authentication disallowed on non-secure (SSL/TLS) connections.。"

3. 配置邮件格式与存储路径

在 dovecot 服务程序单独的子配置文件中，定义一个路径，用于指定将收到的邮件存放到服务器本地的哪个位置。这个路径默认已经定义好了，只需要将该配置文件中第 24 行前面的 "#" 删除即可，然后存盘退出。

```
[root@Server01 ~]# vim /etc/dovecot/conf.d/10-mail.conf
mail_location = mbox:~/mail:INBOX=/var/mail/%u
```

4. 创建用户，建立保存邮件的目录

以创建 user1 和 user2 为例。创建用户完成后，建立相应用户的保存邮件的目录（这是必须的，否则会出错）。

```
[root@Server01 ~]# useradd user1
[root@Server01 ~]# useradd user2
[root@Server01 ~]# passwd user1
[root@Server01 ~]# passwd user2
[root@Server01 ~]# mkdir -p /home/user1/mail/.imap/INBOX
[root@Server01 ~]# mkdir -p /home/user2/mail/.imap/INBOX
```

至此，对 dovecot 服务程序的配置部署全部结束。

任务 15-3　配置一个完整的收发邮件服务器并测试

postfix 邮件服务器和 DNS 服务器的地址为 192.168.10.1，利用 telnet 命令，使邮件地址为 user3@long60.cn 的用户向邮件地址为 user4@long60.cn 的用户发送主题为 "The first mail: user3 TO user4" 的邮件，同时使用 telnet 命令从 IP 地址为 192.168.10.1 的 POP3 服务器接收电子邮件。

1. 任务分析

当 postfix 邮件服务器搭建好之后，应该尽可能快地保证服务器正常使用，一种快速、有效的测试方法是使用 telnet 命令直接登录服务器的 25 端口，并收发邮件以及对 postfix 进行测试。

在测试之前，先确保 Telnet 的服务器软件和客户端软件已经安装（分别在 Server01 和 Client1 上安装，不再一一分述）。为了避免原来的设置影响本次实训，建议将计算机恢复到初始状态。具体操作过程如下。

2. 在 Server01 上安装 dns、postfix、dovecot 和 telnet，并启动

（1）安装 dns、postfix、dovecot 和 telnet。

```
[root@Server01 ~]# mount /dev/cdrom /media
[root@Server01 ~]# dnf clean all                          // 安装前先清除缓存
[root@Server01 ~]# dnf install bind postfix dovecot telnet-server telnet -y
```

（2）打开 SELinux 有关的布尔值，在防火墙中开放 DNS、SMTP 服务。

```
[root@Server01 ~]# setsebool -P allow_postfix_local_write_mail_spool on
[root@Server01 ~]# firewall-cmd --permanent --add-service=dns
[root@Server01 ~]# firewall-cmd --permanent --add-service=smtp
[root@Server01 ~]# firewall-cmd --permanent --add-service=telnet
[root@Server01 ~]# firewall-cmd --reload
```

（3）启动 POP3 服务，同时开放 POP3 和 IMAP 对应的 TCP 端口 110 和 143。

```
[root@Server01 ~]# firewall-cmd --permanent --add-port=110/tcp
[root@Server01 ~]# firewall-cmd --permanent --add-port=25/tcp
[root@Server01 ~]# firewall-cmd --permanent --add-port=143/tcp
[root@Server01 ~]# firewall-cmd --reload
```

3. 在 Server01 上配置 DNS 服务器，设置 MX 资源记录

配置 DNS 服务器，并设置虚拟域的 MX 资源记录。具体步骤如下。

（1）编辑修改 DNS 服务器的主配置文件，添加 long60.cn 域的区域声明（options 部分省略，按常规配置即可，完全的配置文件见 www.ryjiaoyu.com 或向作者索要）。

```
[root@Server01 ~]# vim /etc/named.conf
zone "long60.cn" IN {
     type master;
     file "long60.cn.zone";  };

zone "10.168.192.in-addr.arpa" IN {
     type         master;
     file         "1.10.168.192.zone";
  };
#include "/etc/named.zones";
```

注释掉 include 语句，避免受影响，因为本例在 named.conf 中已经直接写入了域的声明，所以不再需要再定义 named.zones。也就是该例已将 named.conf 和 named.zones 两个文件的内容合并到了 named.conf 一个文件中了。

（2）编辑 long60.cn 区域的正向解析数据库文件。

```
[root@Server01 ~]# vim /var/named/long60.cn.zone
$TTL 1D
@     IN SOA  long60.cn.  root.long60.cn. (
                          2013120800    // serial
                          1D            // refresh
                          1H            // retry
                          1W            // expire
                          3H )          // minimum

@               IN      NS         dns.long60.cn.
@               IN      MX    10   mail.long60.cn.
dns             IN      A          192.168.10.1
mail            IN      A          192.168.10.1
smtp            IN      A          192.168.10.1
pop3            IN      A          192.168.10.1
```

（3）编辑 long60.cn 区域的反向解析数据库文件。

```
[root@Server01 ~]# vim /var/named/1.10.168.192.zone
$TTL 1D
@     IN SOA   @   root.long60.cn. (
                          0             // serial
                          1D            // refresh
                          1H            // retry
                          1W            // expire
                          3H )          // minimum

@               IN      NS         dns.long60.cn.
@               IN      MX    10   mail.long60.cn.

1               IN      PTR        dns.long60.cn.
1               IN      PTR        mail.long60.cn.
1               IN      PTR        smtp.long60.cn.
1               IN      PTR        pop3.long60.cn.
```

（4）利用下面的命令重新启动 DNS 服务，使配置生效，并测试。

```
[root@Server01 ~]# systemctl restart named
[root@Server01 ~]# systemctl enable named
[root@Server01 ~]# nslookup
> mail.long60.cn
Server:         127.0.0.1
Address: 127.0.0.1#53

Name:   mail.long60.cn
Address: 192.168.10.1
> 192.168.10.1
1.10.168.192.in-addr.arpa    name = smtp.long60.cn.
1.10.168.192.in-addr.arpa    name = mail.long60.cn.
1.10.168.192.in-addr.arpa    name = dns.long60.cn.
1.10.168.192.in-addr.arpa    name = pop3.long60.cn.
>exit
```

4. 在 server1 上配置邮件服务器

先配置 /etc/ postfix/main.cf，再配 Dovecot 服务程序。

（1）配置 /etc/ postfix/main.cf（前面配置过）。

```
[root@Server01 ~]# vim /etc/postfix/main.cf
myhostname = mail.long60.cn
mydomain = long60.cn
myorigin = $mydomain
inet_interfaces = all
mydestination = $myhostname,$mydomain,localhost
```

（2）配置 dovecot.conf（前面配置过）。

```
[root@Server01 ~]# vim /etc/dovecot/dovecot.conf
protocols = imap pop3 lmtp
login_trusted_networks = 0.0.0.0/0
```

（3）配置邮件格式和路径（默认已配置好，在第 25 行左右），建立邮件目录（极易出错）。

```
[root@Server01 ~]# vim /etc/dovecot/conf.d/10-mail.conf
mail_location = mbox:~/mail:INBOX=/var/mail/%u
[root@Server01 ~]# useradd user3
[root@Server01 ~]# useradd user4
[root@Server01 ~]# passwd user3
[root@Server01 ~]# passwd user4
[root@Server01 ~]# mkdir -p /home/user3/mail/.imap/INBOX
[root@Server01 ~]# mkdir -p /home/user4/mail/.imap/INBOX
```

（4）启动各种服务，配置防火墙，允许布尔值等。

```
[root@Server01 ~]# systemctl restart postfix
[root@Server01 ~]# systemctl restart named
[root@Server01 ~]# systemctl restart  dovecot
[root@Server01 ~]# systemctl enable postfix
```

```
[root@Server01 ~]# systemctl enable dovecot
[root@Server01 ~]# systemctl enable named
[root@Server01 ~]# setsebool -P allow_postfix_local_write_mail_spool on
```

5. 在 Client1 上使用 telnet 发送邮件

使用 telnet 发送邮件（在 Client1 客户端测试，确保 DNS 服务器设为 192.168.10.1）。

（1）在 Client1 上测试 DNS 是否正常，这一步至关重要。

```
[root@Client1 ~]# vim /etc/resolv.conf
nameserver 192.168.10.1
[root@Client1 ~]# nslookup
> set type=MX
> long60.cn
Server:         192.168.10.1
Address: 192.168.10.1#53

long60.cn       mail exchanger = 10 mail.long60.cn.
> exit
```

（2）在 Client1 上依次安装 telnet 所需的软件包。

```
[root@Client1 ~]# rpm -qa|grep telnet
[root@Client1 ~]# dnf install telnet-server -y    // 安装 telnet 服务器软件
[root@Client1 ~]# dnf install telnet -y           // 安装 telnet 客户端软件
[root@Client1 ~]# rpm -qa|grep telnet             // 检查安装组件是否成功
telnet-0.17-73.el8.x86_64
telnet-server-0.17-73.el8.x86_64
```

（3）在 Client1 客户端测试。

```
[root@Client1 ~]# telnet 192.168.10.1 25       // 利用 telnet 命令连接邮件服务器的 25 端口
Trying 192.168.10.1...
Connected to 192.168.10.1.
Escape character is '^]'.
220 mail.long60.cn ESMTP postfix
helo long60.cn                   // 利用 helo 命令向邮件服务器表明身份，不是 hello
250 mail.long60.cn
mail from:"test"<user3@long60.cn>  // 设置邮件标题以及发件人地址。其中邮件标题
                                   // 为"test"，发件人地址为 client1@smile60.cn
250 2.1.0 Ok
rcpt to:user4@long60.cn          // 利用 rcpt to 命令输入收件人的邮件地址
250 2.1.5 Ok
data                             //data 表示要求开始写邮件内容了。输入完 data 命令
                                 // 后，会提示以一个单行的 "." 结束邮件
354 End data with <CR><LF>.<CR><LF>
The first mail: user3 TO user4   // 邮件内容
.                                // "." 表示结束邮件内容。千万不要忘记输入 "."
250 2.0.0 Ok: queued as 456EF25F

quit                             // 退出 telnet 命令
221 2.0.0 Bye
Connection closed by foreign host.
```

细心的读者一定已经注意到，每当输入命令后，服务器总会响应一个数字代码给用户。熟知这些代码的含义对于判断服务器的错误是很有帮助的。常见的邮件响应代码及其说明如表 15-4 所示。

表 15-4　常见的邮件响应代码及其说明

响应代码	说　　明
220	表示 SMTP 服务器开始提供服务
250	表示命令指定完毕，响应正确
354	可以开始输入邮件内容，并以"."结束
500	表示 SMTP 语法错误，无法执行命令
501	表示命令参数或引述的语法错误
502	表示不支持该命令

6. 利用 telnet 命令接收电子邮件

```
[root@Client1 ~]# telnet 192.168.10.1 110     // 利用 telnet 命令连接邮件服务器 110 端口
Trying 192.168.10.1...
Connected to 192.168.10.1.
Escape character is '^]'.
+OK Dovecot ready.
user user4                  // 利用 user 命令输入用户的用户名为 user4
+OK
pass 12345678               // 利用 pass 命令输入 user4 账户的密码为 12345678
+OK Logged in.
list                        // 利用 list 命令获得 user4 账户邮箱中各邮件的编号
+OK 1 messages:
1 263
.
retr 1                      // 利用 retr 命令收取邮件编号为 1 的邮件信息，下面各行为邮件信息
+OK 291 octets
Return-Path: <user3@long60.cn>
X-Original-To: user4@long60.cn
Delivered-To: user4@long60.cn
Received: from long60.cn (unknown [192.168.10.20])
     by mail.long60.cn (postfix) with SMTP id 235DC1485
     for <user4@long60.cn>; Sun, 21 Feb 2021 12:09:51 -0500 (EST)
.
quit                        // 退出 telnet 命令
+OK Logging out.
Connection closed by foreign host.
```

运行 telnet 命令后有以下命令可以使用，其命令格式及参数说明如表 15-5 所示。

表 15-5　telnet 命令格式及参数说明

命　令	格　　式	详细功能
stat	stat 无须参数	stat 命令不带参数，对于此命令，POP3 服务器会响应一个正确应答，此响应为一个单行的信息提示，它以"+OK"开头，接着是两个数字，第一个是邮件数目，第二个是邮件的大小，如"+OK 4 1603"
list	list [n] 参数 n 可选，n 为邮件编号	list 命令的参数可选，该参数是一个数字，表示邮件在邮箱中的编号。可以利用不带参数的 list 命令获得各邮件的编号，并且每一封邮件均占用一行显示，前面的数为邮件的编号，后面的数为邮件的大小

续表

命令	格式	详细功能
uidl	uidl [n] 参数 n 可选，n 为邮件编号	uidl 命令与 list 命令用途差不多，只不过 uidl 命令显示邮件的信息比 list 命令的更详细、更具体
retr	retr n 参数 n 不可省略，n 为邮件编号	retr 命令是收邮件中最重要的一条命令，它的作用是查看邮件的内容，它必须带参数运行。该命令执行之后，服务器应答的信息比较长，其中包括发件人的电子邮箱地址、发件时间、邮件主题等，这些信息统称为邮件头，紧接在邮件头之后的信息便是邮件正文
dele	dele n 参数 n 不可省略，n 为邮件编号	dele 命令用来删除指定的邮件（注意：dele n 命令只是给邮件做删除标记，只有在执行 quit 命令之后，邮件才会真正删除）
top	top n m 参数 n、m 不可省略，n 为邮件编号，m 为行数	top 命令有两个参数，形如 top n m。其中 n 为邮件编号，m 是要读出邮件正文的行数，如果 m=0，则只读出邮件的邮件头部分
noop	noop 无须参数	noop 命令发出后，POP3 服务器不做任何事，仅返回一个正确响应"+OK"
quit	quit 无须参数	quit 命令发出后，telnet 断开与服务器的连接，系统进入更新状态

7. 用户邮件目录 /var/spool/mail

可以在邮件服务器 Server01 上查看用户邮件，确保邮件服务器已经正常工作了。postfix 在 /var/spool/mail 目录中为每个用户分别建立单独的文件用于存放每个用户的邮件，这些文件的名称和用户名是相同的。例如，邮件用户 user3@long60.cn 的文件是 user3。

```
[root@Server01 ~]# ls    /var/spool/mail
user3    user4    root
```

8. 邮件队列

邮件服务器配置成功后，就能够为用户提供电子邮件的发送服务了，但如果接收这些邮件的服务器出现问题，或者因为其他原因导致邮件无法安全地到达目的地，而发送的 SMTP 服务器又没有保存邮件，这封邮件就可能会"失踪"。无论是谁都不愿意看到这样的情况，所以 postfix 采用了邮件队列来保存这些发送不成功的邮件，而且，服务器会每隔一段时间重新发送这些邮件。通过 mailq 命令来查看邮件队列的内容。

```
[root@Server01 ~]# mailq
```

邮件队列的说明如下。
- Q-ID：表示此封邮件队列的编号（ID）。
- Size：表示邮件的大小。
- Q-Time：邮件进入 /var/spool/mqueue 目录的时间，并且说明无法立即传送出去的原因。
- Sender/Recipient：发件人和收件人的邮件地址。

如果邮件队列中有大量的邮件，那么请检查邮件服务器是否设置不当，或者是否被当作了转发邮件服务器。

任务 15-4 使用 Cyrus-SASL 实现 SMTP 认证

无论是本地域内的不同用户，还是本地域与远程域的用户，要实现邮件通信都要求邮件服务器开启邮件的转发功能。为了避免邮件服务器成为各类广告与垃圾邮件的中转站和集结地，对转发邮件的客户端进行身份认证（用户名和密码验证）是非常必要的。postfix 邮件服务器使用 SMTP 认证。SMTP 认证，简单地说就是要求必须在提供了账户名和密码之后才可以登录 SMTP 服务器，这就使得那些垃圾邮件的散播者无可乘之机。SMTP 认证机制是通过 Cryus-SASL 包来实现的。

实例：建立一个能够实现 SMTP 认证的服务器，邮件服务器和 DNS 服务器的 IP 地址是 192.168.10.1，客户端 Client1 的 IP 地址是 192.168.10.20，系统用户是 user3 和 user4，DNS 服务器的配置沿用任务 15-3。其具体配置步骤如下。

1. 编辑认证配置文件

（1）安装 cyrus-sasl 软件。

```
[root@Server01 ~]# dnf install cyrus-sasl -y
```

（2）查看、选择、启动和测试所选的密码验证方式。

```
[root@Server01 ~]# saslauthd -v                    // 查看支持的密码验证方式
saslauthd 2.1.27
authentication mechanisms: getpwent kerberos5 pam rimap shadow ldap httpform
[root@Mail ~]# vim /etc/sysconfig/saslauthd        // 将密码验证机制修改为 shadow
……
MECH=shadow       // 指定对用户及密码的验证方式，由 pam 改为 shadow，本地用户认证
……
[root@Server01 ~]# systemctl restart saslauthd     // 重启认证服务
[root@Server01 ~]# ps aux | grep saslauthd         // 查看 saslauthd 进程是否已经运行
root  5253  0.0  0.0  112664  972 pts/0  S+  16:15  0:00 grep --color=auto saslauthd
// 开启 SELinux 允许 saslauthd 程序读取 /etc/shadow 文件
[root@Server01 ~]# setsebool -P allow_saslauthd_read_shadow on
[root@Server01 ~]# testsaslauthd -u user3 -p '12345678'  // 测试 saslauthd 的认证功能
0:OK "Success."                        // 表示 saslauthd 的认证功能已起作用
```

（3）编辑 smtpd.conf 文件，使 Cyrus-SASL 支持 SMTP 认证。

```
[root@Server01 ~]# vim /etc/sasl2/smtpd.conf
pwcheck_method: saslauthd
mech_list: plain login
log_level: 3                           // 记录 log 的模式
saslauthd_path:/run/saslauthd/mux      // 设置 smtp 寻找 cyrus-sasl 的路径
```

2. 编辑 main.cf 文件，使 postfix 支持 SMTP 认证

（1）在默认情况下，postfix 并没有启用 SMTP 认证机制。要让 postfix 启用 SMTP 认证，就必须在 main.cf 文件中添加如下配置（放文件最后）。

```
[root@Server01 ~]# vim /etc/postfix/main.cf
smtpd_sasl_auth_enable = yes                   // 启用 CYrus-SASL 作为 SMTP 认证
smtpd_sasl_security_options = noanonymous      // 禁止采用匿名登录方式
broken_sasl_auth_clients = yes                 // 兼容早期非标准的 SMTP 认证（如 OE4.x）
smtpd_recipient_restrictions = permit_sasl_authenticated, reject_unauth_destination
                                               // 允许 SMTP 认证的用户，拒绝没有认证的用户
```

最后一句设置基于收件人地址的过滤规则，允许通过 SMTP 认证的用户向外发送邮件，拒绝不是发往默认转发和默认接收的连接。

（2）重新载入 postfix 服务，使配置文件生效（防火墙、端口、SELinux 的设置同前文内容）。

```
[root@Server01 ~]# postfix check
[root@Server01 ~]# postfix reload
[root@Server01 ~]# systemctl restart saslauthd
[root@Server01 ~]# systemctl enable saslauthd
```

3. 测试普通发信验证

```
[root@Client1 ~]# telnet mail.long60.cn 25
Trying 192.168.10.1...
Connected to mail.long60.cn.
Escape character is '^]'.
helo long60.cn
220 mail.long60.cn ESMTP postfix
250 mail.long60.cn
mail from:user3@long60.cn
250 2.1.0 Ok
rcpt to:68433059@qq.com
554 5.7.1 <68433059@qq.com>: Relay access denied    //未认证，所以拒绝访问，发送失败
```

4. 字符终端测试 postfix 的 SMTP 认证（使用域名来测试）

（1）由于前文采用的用户身份认证方式不是明文方式，所以首先要通过 printf 命令计算出用户名和密码的相应编码。

```
[root@Server01 ~]# printf "user3" | openssl base64
dXNlcjM=                //用户名 user3 的 Base64 编码
[root@Server01 ~]# printf "12345678" | openssl base64
MTIzNDU2Nzg=            //密码 12345678 的 Base64 编码
```

（2）字符终端测试认证发信。

```
[root@Client1 ~]# telnet 192.168.10.1 25
Trying 192.168.10.1...
Connected to 192.168.10.1.
Escape character is '^]'.
220 mail.long60.cn ESMTP postfix
ehlo localhost          //告知客户端地址
250-mail.long60.cn
250-PIPELINING
250-SIZE 10240000
250-VRFY
250-ETRN
250-AUTH PLAIN LOGIN
250-AUTH=PLAIN LOGIN
250-ENHANCEDSTATUSCODES
250-8BITMIME
250 DSN
auth login              //声明开始进行 SMTP 认证登录
334 VXNlcm5hbWU6        //"Username:" 的 Base64 编码
dXNlcjM=                //输入 user3 用户名对应的 Base64 编码
334 UGFzc3dvcmQ6
MTIzNDU2Nzg=            //用户密码 "12345678" 的 Base64 编码，前后不要加空格
235 2.7.0 Authentication successful      //通过了身份认证
mail from:user3@long60.cn
250 2.1.0 Ok
rcpt to:68433059@qq.com
```

```
250 2.1.5 Ok
data
354 End data with <CR><LF>.<CR><LF>
This a test mail!
.
250 2.0.0 Ok: queued as 5D1F9911    // 经过身份认证后的发信成功
quit
221 2.0.0 Bye
Connection closed by foreign host.
```

5. 在客户端启用认证支持

当服务器启用认证机制后，客户端也需要启用认证支持。以 Outlook 2010 为例，在图 15-5 所示的对话框中一定要勾选"我的发送服务器（SMTP）要求验证"复选框，否则，不能向其他域的用户发送邮件，而只能给本域内的其他用户发送邮件。

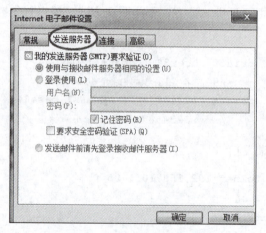

图 15-5　在客户端启用认证支持

15.4　拓展阅读　中国 Internet 的先驱——钱天白

钱天白（1945 年—1998 年 5 月 8 日）——中国互联网之父。人们能够享受到网络带来的方便，应该感谢钱天白教授的付出。事实上，钱教授之于中国网络事业，就等同于詹天佑之于中国的铁路运输事业。1987 年 9 月 20 日，钱天白教授发出中国第一封电子邮件"越过长城，通向世界"，揭开了中国人使用 Internet 的序幕。1990 年 11 月 28 日，钱天白教授代表中国正式在国际互联网络信息中心的前身 DDN--NIC 注册登记了中国的顶级域名 CN。1994 年 5 月 21 日，在钱天白教授和德国卡尔斯鲁厄大学的协助下，中国科学院计算机网络信息中心完成了中国国家顶级域名（CN）服务器的设置，改变了中国的 CN 顶级域名服务器一直放在国外的历史。中国科技领域中投资最多、规模最大、技术最先进的大型计算机网络 NCFC（National Computing and Networking Facility of China）也是在钱天白的规划和参与下建设成功的。其时，钱天白以 NCFC 为核心建成了全国性的中国科学技术网（CSTNET），并将 CN 域名服务器从国外移到 CSTNET 上运行。而为网民所瞩目和信任的 CNNIC（国家互联网络信息中心），也是由钱天白和其他专家一起积极筹备而成的，他为 CNNIC 的筹备、运行、管理，中国第一个域名管理政策法规的制定以及中国信息网络的安全运行做出了重大贡献。

15.5 项目实训　配置与管理电子邮件服务器

视频 15-3
项目实录
配置与管理电子
邮件服务器

1. 视频位置
实训前请扫描二维码观看：项目实录 配置与管理电子邮件服务器。

2. 项目实训目的
- 能熟练完成企业 POP3 邮件服务器的安装与配置。
- 能熟练完成企业邮件服务器的安装与配置。
- 能熟练测试邮件服务器。

3. 项目背景与任务
企业需求：企业需要构建自己的邮件服务器供员工使用；该企业已经申请了域名 long60.cn，要求企业内部员工的邮件地址为 username@long60.cn 格式。员工可以通过浏览器或者专门的客户端软件收发邮件。

任务：假设邮件服务器的 IP 地址为 192.168.10.2，域名为 mail.long60.cn。请构建 POP3 和 SMTP 服务器，为局域网中的用户提供电子邮件；邮件要能发送到 Internet 上，同时 Internet 上的用户也能把邮件发到企业内部用户的邮箱。

4. 项目要求
（1）复习 DNS 在邮件中的使用。
（2）练习 Linux 操作系统下邮件服务器的配置方法。
（3）使用 Telnet 进行邮件的发送和接收测试。

5. 做一做
根据项目实录视频进行项目实训，检查学习效果。

练习题

一、填空题
1. 电子邮件地址的格式是 user@RHEL6.com。一个完整的电子邮件由三部分组成，第一部分代表_____，第二部分是_____，第三部分是_____。
2. Linux 系统中的电子邮件系统包括三个组件：_____、_____和_____。
3. 常用的与电子邮件相关的协议有_____、_____和_____。
4. SMTP 默认工作在 TCP 的_____端口，POP3 默认工作在 TCP 的_____端口。

二、选择题
1. 用来将电子邮件下载到客户端的协议是（　　）。
   A. SMTP　　　　B. IMAP4　　　　C. POP3　　　　D. MIME
2. 利用 Access 文件设置邮件中继需要转换 access.db 数据库，转换 access.db 数据库需要使用命令（　　）。
   A. postmap　　　B. m4　　　　C. access　　　D. macro
3. 用来控制 postfix 邮件服务器邮件中继的文件是（　　）。
   A. main.cf　　　B. postfix.cf　　C. postfix.conf　　D. access.db
4. 邮件转发代理也称邮件转发服务器，邮件转发代理可以使用 SMTP，也可以使用（　　）。
   A. FTP　　　　B. TCP　　　　C. UUCP　　　　D. POP

5. (　　) 不是邮件系统的组成部分。
   A. 用户代理　　　B. 代理服务器　　　C. 传输代理　　　D. 投递代理
6. 在 Linux 下可用哪些 MTA 服务器？(　　)
   A. postfix　　　B. qmail　　　C. IMAP　　　D. sendmail
7. postfix 常用 MTA 软件有(　　)。
   A. sendmail　　　B. postfix　　　C. qmail　　　D. exchange
8. postfix 的主配置文件是(　　)。
   A. postfix.cf　　　B. main.cf　　　C. access　　　D. local-host-name
9. Access 数据库中的访问控制操作有(　　)。
   A. OK　　　B. REJECT　　　C. DISCARD　　　D. RELAY
10. 默认的邮件别名数据库文件是(　　)。
    A. /etc/names　　　B. /etc/aliases
    C. /etc/postfix/aliases　　　D. /etc/hosts

三、简答题

1. 简述电子邮件系统的构成。
2. 简述电子邮件的传输过程。
3. 电子邮件服务与 HTTP、FTP、NFS 等程序的服务模式的最大区别是什么？
4. 电子邮件系统中 MUA、MTA、MDA 这三种服务角色的用途分别是什么？
5. 能否让 Dovecot 服务程序限制允许连接的主机范围？
6. 如何定义用户别名信箱以及让其立即生效？如何设置群发邮件。

学习情境五

拓展与提高（电子活页视频）

> 吾尝终日而思矣，不如须臾之所学也。
> ——《荀子·劝学》

电子活页

视频 X-1
项目实录
进程管理与系统监视

视频 X-2
项目实录
OpenSSL 及证书服务

视频 X-3
项目实录
配置与管理 Web 服务器（SSL）-1

视频 X-4
项目实录
配置与管理 Web 服务器（SSL）-2

视频 X-5
项目实录
配置与管理 chrony 服务器

视频 X-6
项目实录
配置远程管理

视频 X-7
项目实录
配置与管理 VPN 服务器

视频 X-8
项目实录 安装 Linux Nginx MariaDB PHP（LEMP）

视频 X-9
项目实录
安装和管理软件包

视频 X-10
项目实录
使用 Cyrus-SASL 实现 SMTP 认证

视频 X-11
项目实录
实现邮件 TLS/SSL 加密通信

视频 X-12
项目实录
排除系统和网络故障

参 考 文 献

[1] 杨云，林哲 . Linux 网络操作系统项目教程（RHEL 8/CentOS 8）：微课版 [M]. 4 版 . 北京：人民邮电出版社，2022.

[2] 杨云 . RHEL 7.4 & CentOS 7.4 网络操作系统详解 [M]. 2 版 . 北京：清华大学出版社，2019.

[3] 杨云，唐柱斌 . 网络服务器搭建、配置与管理：Linux 版（微课版）[M]. 4 版 . 北京：人民邮电出版社，2022.

[4] 杨云，戴万长，吴敏 . Linux 网络操作系统与实训 [M]. 4 版 . 北京：中国铁道出版社有限公司，2020.

[5] 杨云，吴敏，郑丛 . Linux 系统管理项目教程（RHEL 8/ CentOS 8）：微课版 [M]. 北京：人民邮电出版社，2022.

[6] 鸟哥 . 鸟哥的 Linux 私房菜：基础学习篇 [M]. 4 版 . 北京：人民邮电出版社，2018.

[7] 刘遄 . Linux 就该这么学 [M]. 北京：人民邮电出版社，2017.

[8] 刘晓辉，张剑宇，张栋 . 网络服务搭建、配置与管理大全：Linux 版 [M]. 北京：电子工业出版社，2009.

[9] 陈涛，张强，韩羽 . 企业级 Linux 服务攻略 [M]. 北京：清华大学出版社，2008.

[10] 曹江华 . Red Hat Enterprise Linux 5.0 服务器构建与故障排除 [M]. 北京：电子工业出版社，2008.

[11] 夏栋梁，宁菲菲 . Red Hat Enterprise Linux 8 系统管理实战 [M]. 北京：清华大学出版社，2020.

[12] 鸟哥 . 鸟哥的 Linux 私房菜：服务器架设篇 [M]. 3 版 . 北京：机械工业出版社，2012.